浙江省哲学社会科学重点研究基地重点课题
"浙江近代海洋文明史"（11JDHY01Z）最终成果

浙江近代海洋文明史（晚清卷）

陈君静　著

商务印书馆
The Commercial Press
创于1897

2017年·北京

图书在版编目（CIP）数据

浙江近代海洋文明史. 晚清卷 / 陈君静著. —北京：
商务印书馆，2017
ISBN 978-7-100-13422-4

Ⅰ. ①浙… Ⅱ. ①陈… Ⅲ. ①海洋－文化史－浙江－
清后期 Ⅳ. ① P7-092

中国版本图书馆 CIP 数据核字（2017）第 080060 号

浙江近代海洋文明史（晚清卷）

陈君静　著

商 务 印 书 馆 出 版
（北京王府井大街36号　邮政编码 100710）
商 务 印 书 馆 发 行
三河市尚艺印装有限公司印刷
ISBN 978 - 7 - 100 - 13422 - 4

2017年5月第1版　　开本 710×1000　1/16
2017年5月第1次印刷　印张 20　字数 323 千

定价：60.00 元

总　序

近代西方学术史与研究方法的传入使得中国的历史学研究突破了传统的大陆史观，开始认识到中华文明的传承除了农耕文明外，游牧文明与海洋文明的兴衰也是不可或缺的要素。自大一统的秦朝建立之后，中华文明已经从中原开始向草原和海洋扩张，东南沿海的文明进程在与农耕文明的交互影响中缓慢发展。经历两次人口迁移和中国经济重心南移后，江、浙、闽、粤等东南沿海区域的海洋经济发展呈加速趋势，在此基础上所形成的文化与社会形态则构成了中国海洋文明的轮廓。与此同时，中华文明政治领域中涉及海洋的顶层架构则在农耕政权收编与控制海洋区域的进程中逐步完成。中国农耕文明的强大使得海洋文明的发展很难像欧美国家一样成为区域文明与世俗政权的主导力量，这也是中国海洋文明与欧美海洋文明发展差异所在。

中国近代海洋文明在西方文明侵入下经历了一个从被动到主动的发展过程，它在与农耕文明同步转型并借鉴欧美海洋文明发展经验的基础上最终形成了当代中国海洋文明演进的独特轨迹。在中国海洋文明从传统向现代变迁的过程中，近代浙江海洋文明的历史演变是一个重要的观察窗口。

作为东南沿海的主要省份，浙江的海洋文明在远古时期就已经孕育，并随着中华文明的发展而演进。资源贫乏、人多地少的困境使得浙江沿海居民纷纷下海，通过海洋资源开发与贸易拓展以获取粮食、食盐等生活与生产资料。近海与远洋贸易使得浙江沿海的城乡发展与生产活动带有明显的海洋痕迹。以港口和贸易线路为纽带，浙江的社会发展已经融入东亚海洋文明发展中。而农耕政权的强大使得古代浙江的海洋文明发展受到极大制约。直到外力冲击下，近代浙江海洋文明的发展才获得国家政权力量的支持。在中外文明冲突与相互影响中，近代浙江沿海经济的转型比内地省份更加灵活和彻底。而以宁波帮为代表的浙江商人群体在浙江乃至全国的近代经济转型与制度重建中发挥了非常重要的作用。自近代以来，中国涉及海洋制度的构建则是在清政府、北京政府和南京国民政府的更迭中逐次完善起来的。与此同时，作为浙江海洋文明重要组成部分的各海洋经济产业的转型呈现出先后次序。浙江海洋贸易的合法发展自晚清开埠后就迅速崛起，而海洋渔业的现代转型发端于20世纪初期，受国家管控最为严格的海洋盐业则到南京国民政府时期才出现实质性的改进。与经济转型的缓慢相比，浙江交通航运建设与文化交流更为迅速。新式港口的建立和现代轮船航运业的发展使得浙江沿海人口与商品的流动速度与辐射区域呈阶梯增长态势。在外来文明和经济发展的影响与推动下，近代浙江沿海城乡社会新陈代谢的进程明显加快，以通商口岸为代表的沿海地区文化转型也取得显著成效。

　　《浙江近代海洋文明史》在掌握丰富史料的基础上，以海洋政策变迁、经济转型、社会重建为主线，揭示近代浙江海洋文明发展进程。具体则涵盖沿海政权更迭与军事冲突、海关与海警、渔盐产业与临港工业孕育、交通航运与海洋贸易、沿海城乡变迁与海洋灾害应对、社会结构与信仰习俗演变、外来文明影响与作用、涉海教育与科技等诸多领域，力图呈现浙江近代海洋文明发展的历史脉络与丰富内涵及其在近代中国海洋文明发展变迁中的重要地位。由于是拓荒之作，本书存在着一些不足与缺憾。但21世纪是人类全面认识、开发利用和保护海洋的世纪，现实召唤我们更加重视海洋历史诸问题的研究，从这个意义上，其筚路蓝缕之功与勇气更应该值得肯定。

　　是为序。

2016 年 12 月

目　录

第一章
浙江沿海自然环境与沿海地域社会

第一节　开埠前浙江沿海环境、资源与交通

浙江是中国的海洋大省，拥有的海洋面积是陆地面积的 2.60 倍，面积大于 500 平方米的海岛有 3061 个，是全国岛屿最多的省份；海岸线总长 6400 多公里，居全国首位，其中大陆海岸线 2200 公里，列全国第 5 位。浙江辽阔的海域、漫长的海岸，造就了相对独特的海洋环境。

一、自然环境

自然环境是人类赖以生存的基础，它不仅提供了人类生存与活动的场所，也为人类提供了生产和生活资料，直接影响着人类的社会活动和发展。

（一）地理环境

浙江位于中国大陆海岸线中段，背靠大陆，向西连接安徽、江西，北邻江苏、上海，南接福建，东面大海，省境陆地轮廓呈六角形。全省地形受地质构造的内外力作用，呈现出自西南向东北呈阶梯状倾斜，西南以山地为主，中部以丘陵为主，东北部是低平的冲积平原山地、丘陵约占省境面积的 70.40%，平原和盆地占 23.20%，而河湖水面占 6.40%，陆地表面结构特征常被概括为"七山一水二分田"。①

---

① 参见陈桥驿、臧威霆、毛必林：《浙江省地理》，浙江教育出版社 1985 年版，第 1—63 页。

除了多山少地的陆地，浙江还拥有资源十分丰富的海洋。北起金沙湾，南到虎头鼻，2200多公里的大陆海岸线曲折绵长，形成了独特的沿海地貌。中国沿海地貌依照海岸地貌类型可分为：基岩港湾淤泥质海岸、基岩港湾沙砾质海岸、淤泥质平原海岸、沙砾质平原海岸、三角洲海岸、断层海岸和珊瑚礁海岸。[①] 浙江沿海的地貌属于基岩港湾淤泥质海岸，近海地形以水下台地和浅海平原为主。在地质作用的影响下，浙江沿海地区形成了许多优良的港湾，如杭州湾、象山湾、三门湾、乐清湾、温州湾等，以及肥沃的滨海平原，如杭嘉湖平原、宁绍平原等。有学者将浙江沿海地貌分为杭州湾区、浙东滨海区、沿海岛屿区等三个区域。[②] 其中酷似喇叭口的杭州湾区是钱塘江的入海口，有养料丰富的泥沙，形成了土地肥沃的杭嘉湖平原；而浙东滨海区的特点是丘陵海岸，基岩港湾和小型河口平原相间排列，岸线曲折，港湾众多，气候温和，物产丰富；沿海岛屿是板块碰撞的结果，浙江沿海岛屿众多，占全国总数的三分之一，散布于浙东近海地区，是海洋运输的前沿阵地，并拥有丰富的渔业和盐业资源，亦为渔民出海捕鱼提供了便利的活动场所。

漫长的海岸给浙江带来了广阔的海域发展空间，向东出海可达朝鲜、日本以及南洋诸国，历来是国家对外贸易和海防的前沿阵地，经济和军事位置极其重要。此外，浙江沿海地区多入海河流，如钱塘江、瓯江、甬江等，形成了密集的河网，内河航运便利，有助于江南富庶地区的物资流转，漕运价值亦比较突出。

（二）气候环境

浙江地处东南沿海，属于亚热带季风气候。亚热带季风气候是分布在亚热带大陆东岸的一种特殊的气候，四季分明；光照较多，雨量充沛，空气湿润。受亚热带季风气候控制，浙江沿海区域，冬季盛行西北风，气温较低，降水量相对较少；夏季盛行东南风，从海洋上带来充足的水汽，降水量大。温和湿润，非常适合农业生产；四季分明的气候则有利于沿海鱼盐的晾晒、运销。另外，沿海洋流对近海渔业和盐业资源的利用、开发也有很大的影响。浙江海域是一个多种洋流

---

① 参见李孝聪：《中国区域历史地理》，北京大学出版社2004年版，第294页。

② 参见李家芳：《浙江省海岸带自然环境基本特征及综合分区》，《地理学报》1994年第6期。

系统交替消长的区域。"直接影响浙江海域的海流有黑潮及其分支台湾暖流、黄海冷水团和江浙沿岸流。黑潮及其分支台湾暖流是高温、高盐水系，春夏间分为内、外两路流经浙江海域后北上；黄海冷水团及容纳了江河入海径流的江浙沿岸流则是低温、低盐水系，于秋末开始南下直至福建。"[1]不同温度、盐度的海流在浙江海域交汇和交替的消长，给沿海鱼类提供了丰富的养料，而盐度较高的海水又为海盐的生产提供了极为便利的资源。优良的气候状况使浙江沿海地区成为环境条件比较复杂、自然资源比较丰富的海区。

总之，背山面海的优越的地理位置，温和适宜的气候状况和独特的地质构造，使得浙江沿海资源相当丰富，为沿海民众的生产和生活提供了丰厚的物质基础和足够的活动空间。

二、沿海资源

浙江省山清水秀，土地肥沃，物产丰富，自宋元以来就享有"上有天堂，下有苏杭"的美誉。司马迁曾赞誉古越之地："东有海盐之饶，章山之铜，三江、五湖之利，亦江东一都会也。"[2]明朝梦觉道人在《三刻拍案惊奇》中则称："浙江一省，杭、嘉、宁、绍、台、温都边着海。这海里，出的是珊瑚、玛瑙、夜明珠、砗磲、玳瑁、鲛鮹。这还是不容易得的对象，有两件极大利，人常得的，乃是鱼盐。"[3]清代学者也有这样论述："浙西蚕桑之利，浙东鱼盐之饶，与江苏相伯仲，故东南财赋必数浙江。"[4]这些表述虽有文人的夸张笔法存在，但都展现了浙江丰富的自然资源。

（一）渔业资源

浙江地处东海之滨，海岸线较长，历来就是捕捞海洋鱼的重要基地。浙江沿海多有入海的淡水河，如钱塘江、曹娥江、甬江、椒江、瓯江、飞云江、鳌江等。

---

① 中国农业全书总编辑委员会等编：《中国农业全书·浙江卷》，中国农业出版社 1997 年版，第 30—31 页。

② （汉）司马迁：《史记》卷 129《货殖列传》，中华书局 1982 年版，第 3267 页。

③ （明）梦觉道人、（明）西湖浪子辑：《三刻拍案惊奇》第 25 回《缘投波浪里　恩向小窗亲》，上海古籍出版社 1990 年版。

④ 刘锦藻：《皇朝续文献通考》卷 316《舆地考》十二《浙江省》，浙江古籍出版社 2000 年版。

这些流入海洋的大陆河，水质肥沃，生物饵料丰富，冲淡入海口的海水盐度，形成了多种鱼类、虾类的产卵场所，形成了许多产量颇丰的优良渔场，如象山的爵溪渔场、石浦渔场，舟山的沈家门渔场、洋山渔场、岱山渔场、陈（嵊）山渔场，台州的临海渔场、黄岩渔场、宁海渔场，宁波的大目洋渔场等。渔场之于渔业犹如田地之于农业，"盖渔业性质与工商业迥异，为独立之产业，必先由一定之渔场，始可采捕。故渔场又可成为渔业生产之基本"①。

浙江沿海的鱼类十分繁多。据考古发现，河姆渡文化遗址中的水生动物有海龟、中华鳖、鲸、鲟、真鲨、鲤鱼、鲫鱼等。②明朝的梦觉道人曾这样描述浙东沿海富饶的渔业资源："每日大小鱼船出海，管甚大鲸小鲵，一罾打来货卖。还又有石首、鲳鱼、鳓鱼、呼鱼、鳗鲡，各样可以做鲞；乌贼、海菜、海僧可以做干；其余虾子、虾干、紫菜、石花、燕窝、鱼翅、蛤蜊、龟甲、吐蚨、风馔、蟾涂、江蟊、鱼螵，那件不出海中，供人食用、货贩。"③据弘治《温州府志》记载，仅温州一带的鱼类资源就有70余种。④康熙《宁波府志》卷二《物产》"鳞之属"也记载了包括石首鱼、鳓鱼在内的50余种水产品。渔民们"随潮进退，采蚌捕鱼，其蚌蛤之属，目所未见耳所未闻，品类数百，难可尽言"⑤。

随着沿海捕鱼业的发展，许多农民也加入到渔业生产行列，出现了身兼渔农两职的民众。他们在渔汛时期打鱼，汛期结束后从事农业生产。例如在镇海，每到黄鱼汛期和乌贼渔汛期，农民便纷纷加入捕捞阵营，汛期结束后，"除渔户终年捕鱼外，农民仍归垄亩"⑥。每年鱼汛期，当地渔业一片繁忙，"渔船出洋，乘潮捕鱼，不避风浪"，招宝山下"樯帆如织，四房商贾争先贸易"，如遇夏季天气炎

① 王刚编著：《渔业经济与合作》，正中书局1937年版，第4页。

② 参见傅璇琮主编：《宁波通史·六朝卷》，宁波出版社2009年版，第135页。

③ （明）梦觉道人、（明）西湖浪子辑：《三刻拍案惊奇》第25回《缘投波浪里　恩向小窗亲》，上海古籍出版社1990年版。

④ 参见（明）王瓒、（明）蔡芳编：弘治《温州府志》卷7《土产·海族》，上海社会科学院出版社2006年版，第120—124页。

⑤ （清）李卫、（清）嵇曾筠等修：雍正《浙江通志》卷103《物产》三，光绪二十五年（1899）重刊本。

⑥ （清）王梦弼修：乾隆《镇海县志》卷3《风俗》。

热，渔民"置窖藏冰，以为明岁渔期之用"。[①]至嘉、道时期，镇海解浦的大流网船达 300 余艘，作业渔场北起山东石岛，南至温州、台州外侧海域。

渔业生产的发展，促进了浙江沿海水产品交易的兴盛。每当渔汛季节，一些重要城镇渔船云集，渔商纷至沓来。例如，宁波城区三江口一带渔船密集，半边街沿江岸有数十家鱼行，江东的后塘街也布满鱼摊，正所谓"千万鱼叠水涯，常行怕到后塘街，腥风一市人吹惯，夹路都将水族排"[②]。

（二）盐业资源

在传统社会中，盐业是支撑中央集权统治的重要产业部门，盐课的收入，从南宋起，就占全国财政收入的一半。明清时期，朝廷为满足国家需要，对盐业的生产和运销控制更加严格。由于海盐生产居当时池盐、井盐、土盐等四大盐类生产之首，所以朝廷极其重视。浙江沿海地区的海盐业及其发达，这得益于它丰富的海盐资源和优越的地理位置。

地处东南沿海的浙江，拥有漫长的海岸线和大片滩涂，其地理条件非常适合进行盐业生产。温暖湿润的气候，对植物生长十分有利，煎盐所需的大量柴草有保证。浙江沿海还有大量"荡地"——濒海滩涂地。清人叶梦珠对荡地曾有这样的描述："沙滩渐长，内地渐肯，于是同一荡地，有西熟、有稍熟，有长荡，有沙头之异。西熟、稍熟可植五谷，几与下田等。既而长荡亦半堪树艺，惟沙头为芦苇之所，长处海滨，殆不可计。萑苇之外，可以渔；长荡之间，可以盐。"[③]这里所谓的"西熟"是指开垦较早的熟荡，因位于东向外延荡地的西部，故以方向名之。明清时期是我国沿海荡地大规模开发的重要时期。沿海荡地的开发分别由濒海都转运盐使司及盐课提举司、卫所屯军和地方府县三个系统共同完成，并受到严格的控制。在煎盐作业的盐场，荡地主要是煎盐燃料——柴草的供应地，进行盐业生产的民户叫灶户，灶户与荡地的结合是沿海荡地开发、海盐生产的重要条件。经过历代荡地的开发整顿，浙江盐场迅速发展，并在乾隆年间达到了鼎盛。盐场

---

① 丁世良、赵放主编：《中国地方志民俗资料汇编·华东卷》，书目文献出版社 1995 年版，第 784—785 页。

② （清）李邺嗣：《鄞东竹枝词》，《杲堂诗文集》（下），浙江古籍出版社 2013 年版。

③ （清）叶梦珠撰，来新夏点校：《阅世编》卷 1，中华书局 2007 年版，第 185 页。

由顺治时期的 23 场、雍正时期的 25 场，增加到乾隆时期的 32 场。[①] 钱塘江河口两岸的盐场，特别是南岸盐场和温、台、宁沿海盐场发展更为迅速，其中余姚盐场后来成为浙江省最大的盐场。

当然，浙江沿海盐业资源的开发并不是一帆风顺。清朝初年从顺治到康熙时期，由于沿海地区战乱不已，"宁波、温州、台州三府，沿海十五场，商灶逃窜，庐舍多墟"[②]。顺治十八年（1661）开始的迁界政策，使这三幅盐场被弃于界外，"场灶既废，引地空悬"，"灶无煎办，商无买补"。康熙时期的三藩之乱，又使得金华、衢州、严州等地干戈遍野，盐商遭到袭劫。虽然如此，浙江的盐业在清代总体上还是在不断增长的。据乾隆十八年（1753）奏销册计算，当时两浙年行正引、票引盐达 2.8975 亿斤，比顺治时增加近一倍。盐课税额收入也由年 23 万余两增加到 73.77 万余两。这仅仅是正引、票引盐税，余引盐税尚未计算在内。[③]

（三）海涂资源

浙江境内水资源十分丰富。沿海地区的杭嘉湖平原和浙东滨海平原（萧绍平原、姚江平原、温黄平原等），水网密布，湖泊繁多；钱塘江、甬江、瓯江等水系覆盖全省，其境内农业皆受其水资源的恩泽。但浙江的水资源利弊并存，水旱灾害也时常发生。就沿海地区来说，最大的水患来自于海潮的侵袭。自唐宋以来，沿海民众就开始重视海塘修筑，以减少海潮对沿海居民生产和生活的侵扰。浙东的上虞、余姚、慈溪、镇海、鄞县、象山、乐清、舟山，以及宁海、黄岩、温岭、三门、温州、瑞安、平阳、苍南、玉环等地，皆建有大小不一的海塘。清代加大了海塘修筑力度，如上虞段清代修过三次，其中雍正三年到四年（1725—1726）建成无桩基的石塘 1467 丈。余姚、慈溪段，雍正二年至四年（1724—1726）建成榆柳石塘 1300 丈；乾隆十三、十六、二十七（1748、1751、1762）年先后以工代赈，筑成济塘 3400 余丈；嘉庆年间又修筑了五塘、六塘等。镇海段在清代修筑了后海塘、涨河塘等。温州则建有永强的长安塘、北山塘，瑞安的新横塘，平阳的

---

① 参见叶建华：《浙江通史·清代卷》（上），浙江人民出版社 2005 年版，第 256 页。
② 参见叶建华：《浙江通史·清代卷》（上），浙江人民出版社 2005 年版，第 255 页。
③ 参见蒋兆成：《明清杭嘉湖社会经济研究》，浙江大学出版社 2002 年版，第 281—303 页。

江口塘、下横塘、宋埠塘、新塘，乐清的十一塘、山屿塘等。[①]海塘的修筑，既有效地护卫了沿海地区民众正常的生产与生活，又新增了不少土地，减轻了人口增长的压力。《清史稿》指出："于滨海卫以塘，所以捍御咸潮，奠民居而便耕稼也。……清代易土塘为石塘，更民修为官修，巨工累作，力求巩固，滨海生灵，始获乐利矣。"[②]

三、沿海交通

明清时期，江浙一带的商品经济比较繁荣，民众的商品意识也日益浓郁。明朝王士性在《广志绎》中对浙江地区的民风进行了描述：本地"以商贾为业"，滨海之民"以有海利为生不甚穷，以不通商贩不甚富"；杭嘉湖一带养蚕之家"桑月，夫妇不共榻，贫富彻夜搬箔摊桑"。[③]

商品经济的发展，促进了市场形成和拓展，也推动了交通网络形成。明清时期，浙江的陆路交通网络更加严密，驿站制度更为完善；水路航运也有较大发展，除江南运河、浙东运河以及钱塘江、苕溪、甬江、瓯江、飞云江等自然河道的航运条件均有较大改善外，海路航运也得到了较大的发展。明代学者张瀚在论及浙江沿海交通时写道："浙江右联圻辅，左邻江右，南入闽关，遂达瓯越。嘉禾边海东，有鱼盐之饶。吴兴边湖西，有五湖之利。杭州其都会也，山川秀丽，人慧俗奢，米资于北，薪资于南，其地实啬而文侈。然而桑麻遍野，茧丝绵苎之所出，四方取给焉。虽秦、晋、燕、周大贾，不远数千里而求罗绮缯币者，必走浙之东也。宁、绍、温、台并海而南，跨引汀、漳，估客往来，人获其利。"[④]在这里，张瀚提及了浙江水陆交通的主要路线：陆路交通以浙东和浙西两条线为主干，水路交通既有内河航运，又有以宁、绍、温、台为交通要地的沿海航运。

---

① 参见钱塘江志编纂委员会编：《钱塘江志》，方志出版社 1998 年版，第 466、470 页。
② 赵尔巽等撰：《清史稿》卷 128《河渠》三，中华书局 2015 年版，第 3815 页。
③ （明）王士性：《广志绎》卷 4《江南诸省》，中华书局 1981 年版。
④ （明）张瀚：《松窗梦语》卷 4《商贾纪》，中华书局 1985 年版。

（一）陆上交通

明清时期，由京畿通往全国各省城的驿道，称为"官马大道"或简称"官道"；由省城通往省内重要城市的道路叫官路支路，又称"大路"。这些官道或大路沿途多为商业发达地区，因此又是重要的商路。清代浙江境内的"大路"主要有两条：一为天台官路，由绍兴、嵊县、新昌、天台至临海；一为温州官路，由衢州、龙游至遂昌、松阳，经瓯江过丽水至温州，但也有走兰溪—金华—永康—缙云—丽水—温州线。这两条"大路"沟通浙江东西，并与沿海交通的重要结点相连。

除此之外，浙江还有通过驿站联结起来的沿海陆上交通道路。驿站是中国古代供传递官府文书和军事情报的人或来往官员途中食宿、换马的场所。清代浙江陆路交通驿站比明代有所增加。据统计，明代全国驿站数为 1000 到 1300 个左右，浙江境内为 30 到 40 个左右。到了清代全国驿站发展为 2000 个左右，浙江驿站有60 个左右。[①] 其中浙江沿海地区的有：蓬莱驿、会稽县驿、上虞县驿、余姚县驿、姚江驿、慈溪县驿、鄞县县驿、思明驿、奉化县驿、宁海县驿、朱家峧驿、临海县驿、赤城驿、桑洲驿等。驿与驿之间的联系就构成了陆路交通的主要路线，这些驿站因此也就成了浙江沿海陆上交通的重要结点。

（二）水路交通

浙江沿海的水路交通可分为：沿海内河航运、近海航运和远洋航运三类。

1. 内河航运

内河航运是浙江沿海交通的重要组成部分，尤其是在清朝实行海禁政策时，沿海地区的交通主要依靠内河航运来实现的。清代浙江的水路航运网基本沿袭明代，仍以钱塘江、苕溪、甬江、灵江、瓯江、飞云江等自然河道以及江南运河、浙东运河为主要内河航道。这些河道在清代均得到过多次治理，使得航运条件有了较大的改善。明代徽商黄汴编纂的《天下水陆路程》和清代憺漪子编纂的《天下路程图引》两书均较为全面地记述了当时的水路交通状况。据记载，当时杭州

---

① 参见叶建华：《浙江通史·清代卷》（上），浙江人民出版社 2005 年版，第 263 页。

至省内各府县的交通，除浙东南有些地段系山区必须走陆路外，其余都有水路相交通。

自然河道的交通由其走向决定，而位于杭、嘉、湖、宁、绍地区的内河航运则以两条运河为主干。这两条运河是江南河和浙东运河。江南河是京杭大运河的最南段，自江苏镇江经丹阳、常州、无锡、苏州、吴江等地至杭州。大运河是清代运输漕粮的主要渠道，所以又称"漕河"，俗称"运粮河"。江南河沟通江南富庶地区，尤其是富庶的杭嘉湖平原，是江南漕运的主要河段，其南段称浙江运河，又称"浙漕"，受到政府的高度重视。雍正七年（1729）设江南河道，直到咸丰八年（1858）才撤销。江南河道秉承皇帝的旨意，负责抗洪抢险、工程修建、催攒漕粮、治安巡视等诸多事务，确保运河通畅。

宁绍平原为冲积平原，平原内分布着许多向北流淌的河流，其间有一些孤丘、湖泊，北部是连片的海涂和沼泽。公元前 5 世纪，越王勾践在越国国都大成（今绍兴）向东南开凿人工水道，将平原内南北走向的天然河道贯通，成为浙东运河的前身。[①]东晋时期，贺循进一步治理了这条"山阴故水道"，形成了沟通钱塘江、甬江的浙东运河，成为浙江沿海内河航运的重要组成部分。

2. 近海航运

明代张瀚在《松窗梦语》在描述浙江近海航运时说："虽秦、晋、燕、周大贾，不远数千里而求罗绮缯币者，必走浙之东也。宁、绍、温、台并海而南，跨引汀、漳，估客往来，人获其利。"[②]近海航线是浙江沿海陆上交通的重要补充。鸦片战争前，浙江民间帆船的近海行航线是：茶山—花鸟山—尽山（陈钱山）—两广山（狼冈山）—外甩山—东福山—普陀山—朱家尖—韭山群岛—渔山—东矶岛—台州港口—石堂（松门山）—大小鹿山—温州港口—南北麂山—台山岛（位于浙闽交界海面）。[③]近海航运主要是在几个重要的港口之间的运输。以宁波港为例，鸦片战争前宁波港的沿海贸易已经北至关东、河北、山东等地，中至

---

① 参见（汉）袁康：《越绝书》卷 8《越绝外传记地传》。

② （明）张瀚：《松窗梦语》卷 4《士人纪》，中华书局 1985 年版。

③ 参见章巽：《古航海图考释》，海洋出版社 1980 年版。

江苏，南至温州、福建、广东等地，内河转运贸易则遍及省内各地以及周边省份，且"凡番舶商舟停泊，俱在来远亭至三江口一带"，整个港口"帆樯蝟竖，樯端各立风鸟，青红相间，有时夜燃樯灯。每遇广船初到或初开，邻舟各鸣钲迎送，番货海错，俱聚于此"。①

3. 远洋航运

浙江的外洋交通可以追溯到唐宋时期，其外洋航运主要以明州港、温州港为依托，贸易对象从日本、高丽到东南亚各国。宋代的明州由于"得会稽郡之三县，三面际海，带江汇湖，土地沃衍，视昔有加。古鄞县乃取贸易之义，居民喜游，贩鱼盐，颇易抵冒，而镇之以静，亦易为治。南通闽、广，东接倭人，北距高丽，商舶往来，物货丰溢"②。

元代，浙江的海外贸易得到了蓬勃发展，贸易规模超过宋代。至元十四年（1277）朝廷在全国设立 7 个市舶司，浙江独占其四，其余 3 个是泉州、上海和广州。当时浙江境内的外贸港口主要有庆元（宁波）、澉浦、温州、杭州。从浙江港口出口到海外各国的物资，包括生丝、绸缎、棉布、瓷器，以及各种日用品、中药材和矿产品；而从海外各国进口的商品，主要是珍宝、象牙、犀角、玳瑁、钻石、铜器、檀香、木材等。

明清时期，受迁界、海禁等政策的影响，对外贸易的开放程度虽难以达到宋元时期的水平，但与日本、南洋、西洋的贸易仍时断时续地发展着。例如，康熙二十八年（1689）清朝赴日本的春夏两季的商船为 46 艘，其中宁波为 14 艘（宁波 11 艘，普陀 3 艘），居第一位。③康熙三十七年（1698），清廷在宁波设立浙海关，并在定海设立浙海关分关，吸引大批英国商人来到宁波从事贸易，"仅康熙四十九年（1710）来定海、宁波的商船即达 110 多艘"④。

①　〔清〕徐兆昺：《四明谈助》卷 29，宁波出版社 2003 年版，第 964 页。
②　〔宋〕罗濬：宝庆《四明志》卷 1《郡志·风俗》，文渊阁四库全书本。
③　参见〔日〕木宫泰彦著，胡锡年译：《日中文化交流史》，商务印书馆 1980 年版，第 585 页。
④　〔美〕马士著，张汇文等译：《中华帝国对外关系史》第 1 卷，上海书店出版社 2006 年版，第 479 页。

第二节　清政府海洋政策调整及影响

一、浙江沿海的海盗问题

海盗是出没海洋上或沿海地带的海贼。海盗的历史源远流长，可以说有了海上行驶的船也就有了海盗。在中国，海盗是个极其复杂的群体，他们大多是沿海地区居民，在倚靠海洋谋生时会从事抢劫活动，但也反抗官府和土豪，被称为海贼、海寇、洋匪、岛寇、绿客。入明以来，由于政府实行较为严格的海禁政策，反而促使许多土豪大家、富商巨贾私自出海贸易，与倭寇、海盗等结盟，从事武装走私活动，出现一些亦商亦盗的海盗集团。他们建造巨舰，结穴于海中岛屿，不仅从事武装走私活动，而且还勾引倭寇行烧杀劫掠活动，其著名的头目有许栋（徽州歙县人）、李光头（闽人）、汪直（或作王直，徽州歙县人）、徐海（徽州人）等。清初，一些"海盗"集团加入武装抗清活动，成为反清复明的一支重要力量。之后，随着清政府实行更为严格的海禁政策，东南沿海的海盗虽时有活动，但相对于16—17世纪明中叶盛势，已渐趋衰落。

清初，浙江沿海的海盗是以抗清武装来拉开帷幕的。当时，沿海居民为了逃避清政府的烧杀掳掠和豪强的压迫，许多人出海参加亦盗亦商抗清武装斗争，如首领李九成就领导了一支"战舰千艘"的强大船队在海上抗击清兵。①

康熙二十三年（1684），清政府在平台后有限制地开放海禁，开设了宁波、广州、漳州、云台山四个通商口岸。这之后，东南沿海的海盗活动暂有消沉，但到乾嘉年间，随着社会矛盾激化，出海参加海盗活动的人员又有增加。浙江沿海再度爆发了规模较大的海盗武装活动。

乾隆五十二年（1787）十月，经查获的海盗案多达30余起，涉案的海盗有250余人。乾隆五十四年（1789），福建洋盗陈三三为了躲避官军的追捕，由福建

---

① 参见（清）徐鼒：《小腆纪年》卷10，中华书局2010年版。

进入浙江海面，有船只 6 条，将近 200 个海盗。[①]乾隆六十年（1795），一支 30 条船组成的福建洋盗船队，突袭石浦港，公开地抢劫官船物资。[②]

嘉庆元年（1796），越南海盗借道福建，并在福建洋盗首领李发枝的引导下进入浙江海域。越南海盗为浙江土盗的整合提供了契机。一方面，越南海盗在长期的海战中，积累了大量的实战经验，具有一定的纪律性，浙江土盗可以依仗越南海盗提高战斗力；另一方面，越南海盗也需要浙江土盗来为他们引导航道、供给物资、泊船、取水等方便。由此，浙江的海盗活动步入了浙江土盗、福建洋盗与越南海盗三足鼎立的全盛时期。

浙江土盗势力最强的是林彩、庄有美为首的凤尾帮，鼎盛时期有海盗船 70 多只。势力紧随其后的是箬黄帮，以江文武为首，主要活动区域是太平县狗洞门至松门一带，拥有海盗船将近 20 只。活跃在浙江海域的福建洋盗有水澳帮、蔡牵帮、林发枝帮、张表帮、纪培帮等。浙江土盗、福建洋盗和越南海盗在浙江海域一度形成了掎角之势，人数达到近万人，海盗船 200 多只。但是嘉庆五年（1800）六月，一场飓风改变了浙江海域的局势。这场飓风将驻泊在台州洋面上的海盗卷入了大海，数千名海盗葬身鱼腹，逃上岸的也被官兵抓获。[③]自此，浙江沿海海盗仅存蔡牵帮、穷嘴帮、黄葵帮还比较活跃。

嘉庆十四年（1809），浙闽水师在浙江定海渔山与蔡牵帮交战。双方激战两日，蔡牵等体力不支，"知无救，乃首尾举炮，自裂其船沉于海"[④]而死。蔡牵海盗集团覆灭后，浙江沿海大规模的海盗活动趋于缓和，小规模的、季节性的海盗活动再次成了海上的生活常态，这种现象一直持续到鸦片战争。

二、清政府对海洋政策的调整

清政府的海洋政策与东南沿海反清力量的消长、海盗活动频度直接相关。清初，由于东南沿海海盗武装与反清势力的崛起，清政府实行了严格的海禁政策。

---

① 参见《清高宗实录》卷 1335，中华书局 1986 年版。
② 参见《清高宗实录》卷 5，中华书局 1986 年版。
③ 参见〔清〕张鉴等：《阮元年谱》，中华书局 1995 年版，第 23 页。
④ 〔清〕魏源：《圣武记》卷 8《嘉庆东南靖记》。

顺治十三年（1656），清政府发布《申严海禁敕谕》，严禁浙江、福建、广东、江南、天津等沿海"商民船只私自出海"，下令不准"片船入口，一贼登岸"，并实行十家连坐法。^① 顺治十八年（1661），清政府正式颁布"迁界令"，规定"诏徙沿海居民，严海禁"^②，强迫浙江、福建、广东等省的沿海居民内迁30里—50里，所有民房、船只一律焚毁，并且筑垣墙、立界石、驻兵警戒，出界者格杀勿论。是年，"温、台、宁三府边海居民迁内地"^③。这份诏令使得浙江宁波、温州、台州三府的沿海居民遭受了空前的灾难，因触犯禁令而被杀戮的人不计其数。康熙二年（1663），清政府立定界桩，遣派官员巡阅边海诸郡县，宁波、温州、台州沿海的居民悉数被内迁，直到康熙八年（1669）政策才有所放宽，开始允许居民近海采补。康熙十八年（1679），清廷又以"欲灭海寇，必断内地私贩"为由，在浙江沿海设立巡海官员，若有越界出海贸易者，一律严惩，并且派户部侍郎布詹等人赴浙海关巡海，以此来杜绝浙江沿海往来贩卖。^④

康熙二十二年（1683），清政府彻底打败了郑成功的后裔，统一了台湾。次年，康熙帝认为"百姓乐于沿海居住，原因海上可以贸易捕鱼……先因海寇，故海禁不开为是，今海氛廓清，更何所待"^⑤。同时，清政府还下令开"江、浙、闽、粤海禁，于云台山、宁波、漳州、澳门设四海关"^⑥。这就是康熙时期有限制地开放海禁。此后一段时期，清政府对浙江实行的基本上是一种有限制的、相对宽松的海洋政策。

宁波是浙海关驻地，下设有宁波、乍浦、温州三大口，三大口下又设立了15个分口，有些分口下又设有若干个旁口，均分布于浙江沿海。15个分口为：宁波江东的大关口，慈溪的古窑口，镇海的镇海口（另有蟹浦、邱洋2个旁口），鄞县的湖头渡、小港口（另有穿山、大矸2个旁口），象山的象山口（另有泗州1个旁

---

① 〔清〕崑冈、〔清〕李鸿章等修：《钦定大清会典事例》卷776《刑部历年事例》。
② 赵尔巽等撰：《清史稿》卷159《邦交》七，中华书局1977年版。
③ 〔清〕李卫、〔清〕嵇曾筠等修：雍正《浙江通志》卷96《海防》二，光绪二十五年〔1899〕重刊本。
④ 参见浙江通志局修：民国《浙江续通志稿·大事记》第3册，浙江图书馆古籍部藏稿本。
⑤ 《清圣祖仁皇帝实录》卷116，中华书局1986年版。
⑥ 赵尔巽等撰：《清史稿》卷125，中华书局1996年版。

口），宁波的白峤口（另有健跳 1 个旁口），平湖的乍浦口，海盐的兴围口（即澉浦口），绍兴的沥海口（另有王家路 1 个旁口），临海的海门口（另有金清巷 1 个旁口），太平（今黄岩）的江下埠，永嘉的温州口（另有宁林、状元桥、黄华关、蒲岐 4 个旁口），瑞安的瑞安口，平阳的平阳口（另有大渔 1 个旁口）。① 虽说这一时期清政府的海洋政策有所松动，但还是设置了许多限制。除了对外贸易限于四口外，还对商渔船只、人员、所携物品做了相当严格、精细的规定，要求民船"凡直隶、山东、江南、浙江等省民人，情愿在海上贸易捕鱼者，许令乘载五百石以下船只，往来行走"②，"出洋贸易商船许用双桅头不得过一丈八"③。此外，商渔船出海前必须禀报地方官，登记姓名，取具保结，给发印票，并在船头上烙号，若有违反将会被发边充军。

康熙二十七年（1688），清廷鉴于中国的丝绸能换取日本的铜等物品，允许丝绸输出，之后浙江商船往往带上大量的丝织品运往国外。康熙三十七年（1698），清廷在浙江定海设立红毛馆，供外商住宿，英国商人始来互市，并且在宁波、定海设立浙海关分关。康熙四十一年（1702），清廷许可英国人在舟山设贸易站，主要采购浙江的园茶。根据马士统计，仅康熙四十九年（1710）英国来定海、宁波的商船就达 110 多艘。④

康熙五十六年（1717），为了防范海外华侨与内地居民联合起来反清，清廷又颁布了《商船出洋贸易法》，规定：商船只准与东洋贸易，不准与南洋等地贸易；不准运粮出口，出洋船只每日每人只准带食米一升、余米一升，超额者严拿治罪；禁止将船卖与外国，违者造船与卖船之人及知情不报者皆立斩，知情目击之人也要枷号三个月。雍正即位后，对康熙年间的海洋政策做了微调，一度废除了康熙五十六年不准沿海居民与南洋进行贸易的规定，"洋禁新开"⑤。雍正七年（1729）允许浙江商船依照福建商船到南洋贸易的规定，"准其一体贸易"。但是雍

---

① 参见叶建华：《浙江通史·清代卷》（上），浙江人民出版社 2005 年版，第 474 页。

② （清）崑冈、（清）李鸿章等修：《钦定大清会典事例》卷 776《刑部历年事例》。

③ （清）薛传源：《防海备览》卷 2，望山堂藏版。

④ 参见〔美〕马士著，张汇文等译：《中华帝国对外关系史》第 1 卷，上海书店出版社 2006 年版，第 479 页。

⑤ 《清世宗实录》卷 58，雍正五年六月丁未条，中华书局 1986 年版。

正年间的海洋政策依旧非常严格，清政府对于出海的商船、渔船的颜色做了详细的规定，对海外贸易的物品种类更是详之又详，雍正九年（1731）废铁可以在内地进行买卖，但是严禁售往海外。

乾隆时期，清政府的海洋政策再次出现了紧缩迹象。乾隆元年（1736），下令凡康熙五十六年例禁以后出国的人，永远不准回国，把华侨看成是"天朝弃民"，背叛祖宗的人。乾隆十三年（1748），清政府严禁内地居民偷渡出海，并且禁止杂粮、麦、豆等出海贸易。乾隆十八年（1753），英政府向在华的英商下令"务必开始在宁波通商"，在总商喀喇生、通事洪仁辉等人的活动下，宁绍台道准予英商在定海验税，然后运货到宁波销售。乾隆二十年（1755），英商等商船离开广东，来浙贸易。自此"外洋番船收泊定海，舍粤就浙，岁岁来宁（宁波）"[1]。

然而，不到二年情况发生了根本性变化。由于担忧西洋人会对东南沿海构成威胁，清廷发布谕令废定海红毛馆，规定："将来只许在广东收泊贸易，不得再赴宁波。如或再来，必令原船返棹至广，不准入浙江海口。与会粤海关传谕该商等知悉。"[2] 之后，英国先后派出马戛尔尼、阿美士为使臣，于乾隆五十八年（1793）、嘉庆二十一年（1816）来华，请求开放宁波、舟山作为通商口岸，均被清政府拒绝。这样，浙海关除了少量的对日本、南洋的贸易，对外贸易的大门几近关闭。

乾隆后期，随着越南海盗、浙江土盗、福建海盗在浙江海域形成掎角之势，清政府对于浙江沿海对外贸易的控制更加严格，下令封禁海岛，规定只要发现海岛上住人，立即"概行驱逐"，将庐舍"悉行烧毁"。乾隆五十五年（1790），官府发现浙江所属海岛 561 处，大多都有百姓居住，于是下令督抚清查。经官府清查后，发现除了个别属窜入的"匪徒"外，大多数是定居多年的良民，有的地方甚至已是"烟户稠密"，"已成市肆"，"不便概行焚毁驱逐"，于是上奏请求保留良民的居宅。乾隆答复是"所有各省海岛，除例应封禁者，久已遵行外"，其余可以保留，但是

---

① 姚贤镐编：《中国近代对外贸易史资料（1840—1895）》第 1 册，中华书局 1962 年版，第 253 页。

② 《清高宗实录》卷 553，乾隆二十二年二月甲申条，中华书局 1986 年版。

得编列保甲，也可任其"出洋采捕"，同时要求沿海地方官要加强"实力稽查"，一旦发现"有盗匪混入，及窝藏为匪者，一经查出，即将该犯所住寮房，概行烧毁，俾知儆惧"，对于渔船出入则更要"严行盘诘"，如遇"形迹可疑"者，"立时拿获"。①乾隆五十九年（1794），清政府再次对嘉兴、宁波、台州、温州4府和玉环厅所辖各岛进行清查，要求除部分岛屿允许居民居住外，其余的继续封禁、驱逐。

嘉庆四年（1799）年底，阮元任浙江巡抚，全权处理浙江剿灭海盗事宜。阮元上任后重新整顿沿海的保甲制度，要求"甲有定人，人有实事，一丁一口，不得私自出海"，同时规定，打造新船须由保甲作保，建成后得经官府查验，并在桅杆上涂漆书写商渔字样。②

总之，清政府的海洋政策随着海上局势的变化而变化。清初，鉴于入关不久，内政不稳，海盗、反清势力频发，实施了严格地海禁政策，确保政权的稳定。康熙年间，随着台湾的收复、反清势力基本肃清，清政府一度对浙江沿海实行驰海禁的政策，试图从海外贸易中获利。但是，到了乾嘉时期，随着浙江沿海海盗问题的再次恶化，以及对"番商"有可能对东南沿海构成威胁的担忧，清政府再次收紧了海洋政策，除了将海岛居民迁至内地、对沿海居民的出海作各种规定外，还严格限定"番商"只许在广州一口进行贸易，最大程度地限制了浙江沿海的海外贸易。这一保守的海洋政策一直延续到第一次鸦片战争结束。

三、海洋政策调整对传统海洋经济的影响

通常所说的传统海洋经济指的是人类在海洋中以及以海洋资源为对象所进行的社会生产、交换、分配和消费等活动，包括海洋渔业、海洋盐业、海洋交通和海洋贸易等诸多领域。浙江海域辽阔，海岸线绵长曲折，多港湾和岛屿，拥有丰富的海洋资源，自古以来"会稽数郡，川泽沃衍，有海陆之饶，珍异所聚，故商贾并凑"③。但应当看到，受清政府海洋政策的影响，入清以来浙江沿海地区传统海

---

① 《清高宗实录》卷1363，乾隆五十五年九月甲辰条，中华书局1986年版。
② 〔清〕曾镛：《答秦观察问防海事宜》，见〔清〕贺长龄等编：《皇朝经世文编》卷85《兵政》十六《海防》下，台北文海出版社1966年版。
③ 〔宋〕罗濬：宝庆《四明志》卷1《郡志·叙郡》，文渊阁四库全书本。

洋经济的发展还是比较缓慢的。

（一）渔业生产

浙江拥有中国渔业资源最为丰富的舟山渔场。舟山渔场位于浙江东海海域，面积约有 14350 平方海里。舟山渔场水产资源丰富繁多，约有鱼类 365 种，虾类 60 种，蟹类 11 种，海栖哺乳动物 20 余种，贝类 134 种，海藻类 154 种。其中属暖水性鱼类和暖温性鱼类分别占 49.30% 和 47.50%，冷温性鱼类比重则相对较小。其中以带鱼、大黄鱼、白姑鱼、鲳鱼、小黄鱼、蓝点马鲛、绿鳍马面鲀、鳓鱼、鲐鱼、鳀鱼、海蜇、乌贼、太平洋褶柔鱼、梭子蟹、细点圆趾等水生动物著称。在浙江沿海，不论是大小渔船，只要出海，便有所得。这些水产不论是稀有的还是常见，都可以让这一带的渔民们旱涝保收。像珊瑚、玛瑙、夜明珠、砗磲、玳瑁、鲛鮹等这些极为稀有的货物，都可以从海洋中获得，有的甚至价值连城，颇丰的利润驱使浙人"穷日夜之力，以逐锱铢之利，而遂忘日夜之疲瘁也"[①]。浙江沿海的渔民们捕鱼的船队数量、规模庞大，桅杆数量每天可达数兆，远远超过淮北、胶东、登州以及蓬莱地区。另外，浙东一带渔民，不仅能够根据时令按季节来进行水产的捕捞，而且还能对捕捞到的水产进行进一步的深加工，以尽其利。陆容在《菽园杂记》中有这样的记载："浙东温、台、宁波近海之民，岁驾船出海，直抵金山、太仓近处网之……温、台、宁波之民，取以为鲞，又取其胶，用广而利博。"[②]

但是，明清以来统治者出于政权稳定的需要，渔政管理的重心偏于避免海洋社会的主体——渔民"因失其生理转而为盗"，从而影响王朝的统治。在他们看来，渔业经济只是蝇头小利，无足轻重。

雍正六年（1728），雍正就两广总督孔毓珣请求宽限渔船梁头以便渔民能出远海作业的奏议，毫不含糊地朱批："禁海宜严，余无多策，尔等封疆大吏不可因眼前小利而遗他日之害，当依此实力奉行。"[③]另外，为了严禁渔船私自下海，

---

① （明）张瀚：《松窗梦语》卷 4《士人纪》，中华书局 1985 年版。
② （明）陆容撰，李健莉校点：《菽园杂记》卷 13，上海古籍出版社 2012 年版。
③ 《两广总督孔毓珣等奏覆会议广东渔船事宜折》（雍正六年三月二十二日），见中国第一历史档案馆编：《雍正朝汉文朱批奏折汇编》第 2 册，江苏古籍出版社 1989 年版，第 6 页。

清政府还采取了"连舢互结"的方式，即"渔船出洋必取十船连舢互结，一船为匪，九船定行连坐"①。总之，清政府实施的各种禁海措施抑制了沿海渔业经济的发展。

（二）盐业生产

在传统社会中，盐业封建王朝加强中央集权、获取稳定税入，所要控制的关键产业部门。由于海盐的产量比井盐、池盐、土盐高，所以历代政府极其重视海盐的生产与销售。

制盐和制盐是浙江海洋生产的重要内容之一。浙江沿海海涂资源丰富，海水盐度年平均值为 26.75%，再加上亚热带海洋性季风气候，四季分明，盐业生产具有得天独厚的条件，是制盐的天然盐场。因此，浙江在全国盐业生产中一直居有重要的地位。明洪武期间，两浙产盐量已居全国第二位，仅次于两淮盐区。②清前期，浙江经历战乱，盐业生产一度处于停滞状态，但总的来说产量一直还是比较高的，长期维持在 70 万—80 万盐引之间（每引一般为 200 斤）。③

"浙盐取暑天海涂晒裂咸土而埽归之，用海水洒汁煎成。"④制盐的方式有多种，大体说来分煎、晒两种。煎盐，即通过煎熬海水结晶成盐，其煎盐工具大致有铁盘、铁锅、篾盘三种：铁盘"以铁打成叶片，铁钉栓合，其底平如盂，其四周高尺二寸，其合缝处一经卤汁结塞，永无隙漏。其下列灶燃薪，多者十二三眼，少者七八眼，共煎此盘"⑤。晒盐，主要是把海水引入盐田，利用日光和风力蒸发、浓缩海水，当海水达到饱和状态后，便结晶出食盐。根据宋应星的《天工开物》记载，这一过程大致是："海丰有引海水直接入池晒成者，凝结之时，扫食不加人力。与解盐同。但成盐时日，与不借南风则大异。"⑥浙江沿海气候温和，光照充

---

① 《闽浙总督满条奏遵旨逐条查覆金铎所陈海疆事宜折》（雍正二年闰四月十三日），见中国第一历史档案馆编：《雍正朝汉文朱批奏折汇编》第 2 册，江苏古籍出版社 1989 年版，第 935 页。

② 参见唐仁粤主编：《中国盐业史（地方编）》，人民出版社 1997 年版，第 337 页。

③ 参见陈锋：《清代盐政与盐税》，中州古籍出版社 1988 年版，第 5 页。

④ （明）王士性：《广志绎》卷 4《江南诸省》，中华书局 1981 年版。

⑤ （明）宋应星著，钟广言注释：《天工开物》卷 5《作咸》，广东人民出版社 1976 年版。

⑥ （明）宋应星著，钟广言注释：《天工开物》卷 5《作咸》，广东人民出版社 1976 年版。

足，又有大片平坦的海涂，为建造盐田提供了优良的条件。

制盐是浙江沿海民众赖以生计的重要营生。滨海居民或以煎盐为业，或以贩盐为生，由此形成了一条环杭州湾到甬、台、温沿海的采盐带，"浙以东滨海诸郡，利饶鱼盐，商舶辏集，民逐什一而拥厚资，独台途错，孔道无末业而鲜合藏"①。从而使得"浙西蚕桑之利，浙东鱼盐之饶……故东南财赋必数浙"②。

（三）造船业

沿海造船业的发展关乎海洋交通的命脉，但在清政府看来，海上贸易纵然利润最大，与其政权的稳定比起来，只不过是蝇头小利。为了防范沿海居民参与海上反清活动，甚至直接沦为海盗，清政府严格规定民间造船的规模，限制民间造船业的过多发展。首先，打造新船必须经过官府严格审查、批示和验查，规定闽浙"两省造船者必令各报实在姓名，地方官查果殷实良民，取具澳甲亲邻方许成造"③。"如有不遵，例报官，偷造者责四十板，徒三年，失察之州县洵口各官各降一级调用。"④ 其次，统一制式，对具有远洋能力海船必须"改"、"拆"、"烧"。就渔船来说，"梁头不得过一丈，水手不得过二十人，桅之用单用双听其从便"⑤。康熙四十六年（1707），清政府规定："福建渔船单双桅都可以用，包括浙江在内的其余省份都要用单桅。"⑥ 这种对民船样式的规定是一种消极的海上政策，限制了造船业的发展。

清政府的这些规定，严重阻碍了浙江沿海造船业的发展。但是，由于这一时期东南沿海海盗活跃，出现了许多海盗集团和武装海商集团。他们希望最大限度地扩充船队，建造吨位比较大的海船。一些海盗首领还与民间联系，不顾朝廷不

---

① （清）李卫、（清）嵇曾筠等修：雍正《浙江通志》卷99《风俗》，光绪二十五年（1899）重刊本。

② 刘锦藻：《皇朝续文献通考》卷316《舆地考》十二《浙江省》，浙江古籍出版社2000年版。

③ 《闽浙总督满条遵旨逐条查覆金铎所陈海疆事宜折》（雍正二年闰四月十三日），见中国第一历史档案馆编：《雍正朝汉文朱批奏折汇编》第2册，江苏古籍出版社1989年版，第935页。

④ 《广东巡抚杨文乾奏陈粤省海洋渔船应禁革事宜管见折》（雍正四年十月二十一日），见中国第一历史档案馆编：《雍正朝汉文朱批奏折汇编》第8册，江苏古籍出版社1989年版，第305页。

⑤ 《广东巡抚陈世倌等奏遵旨议覆兵船扼要巡防等疆事宜四条折》（雍正四年八月初四日），见中国第一历史档案馆编：《雍正朝汉文朱批奏折汇编》第7册，江苏古籍出版社1989年版，第825页。

⑥ （清）薛传源：《防海备览》卷3，望山堂藏版。

准打造“通番海船”的禁令，突破“梁头以一丈八尺为准”的限制，“私造大船”，下海“通番”。[①]

（四）海洋贸易

清入关后，浙江海洋贸易受清政府海洋政策影响，波动较大。清初，为防范东南沿海以郑氏为代表的反清力量，清政府实施严厉的海禁政策。台湾收复后，海禁政策有所松弛，浙江海洋贸易出现了新的发展态势。康熙二十三年（1684），清政府在宁波设立浙江海关，主要职能是监管船只、货物，征收关税等。由此，以宁波港为代表的浙江海上转运贸易一度十分繁荣：“滨江庙左，今称大道头，凡番舶商舟停泊，俱在来远亭至三江口一带。帆樯矗竖，樯端各立风鸟，青红相间，有时夜燃樯灯。每遇广船初到或初开，邻舟各鸣钲迎送，番货海错，俱聚于此。”[②]这种繁荣景象大致延续到乾隆二十二年（1757）清政府颁布洋商“将来只许在广东收泊贸易，不得再赴宁波”条例。[③]至此，浙海关的职能大大缩小，仅负责处理国内贸易和对日本、南洋的贸易事宜。

在国内贸易方面，当时宁波港的沿海贸易已经北至关东、河北、山东，中至江苏，溯长江内达四川、湖南、湖北，南到台、温、闽、广，都有船只直接频繁来往，与浙江省内的杭、嘉、绍、定海、象山等地也是往来不断。

宁波港是对日贸易的主要港口。道光十年（1830），共有10艘船完成了对日贸易，对日贸易的输出品主要是丝绸和丝织品，输入品最重要的是铜和金、银。从宁波港出海走南洋线的每年约有585船次，主要从南洋输入大米、木材、糖、象牙、珍珠、药材、机制毛、棉织品等，输出的则主要是丝、茶、瓷品、海产品、干果、药材等。[④]

另外，海禁政策的实行，并不能阻挡浙江沿海居民走私出海。由于“宁、台、温三府属，口岸繁多，四通八达”[⑤]，走私者不走官方指定的贸易交通路线，

① （明）胡宗宪、（明）郑若曾辑：《筹海图编》卷11《经略》一。
② （清）徐兆昺：《四明谈助》卷29，宁波出版社2003年版，第964页。
③ 《清高宗实录》卷553，乾隆二十二年二月甲申条，中华书局1986年版。
④ 参见姚贤镐编：《中国近代对外贸易史资料（1840—1895）》，中华书局1962年版，第60页。
⑤ （清）李卫、（清）嵇曾筠等修：雍正《浙江通志》卷96《海防》二，光绪二十五年（1899）重刊本。

也可以从其他的港口走私出海，比如乍浦、海门（台州）、温州等处的港口。乍浦是浙海关的分关，不仅是从事海洋贸易的闽粤船舶的停泊地，也是对日贸易的始发港。五口通商前，乍浦"不断有福建、广东的蔗糖，福建的木材、纸张等商品，经此输向江南，而且江南的丝绸、棉布、书籍等大宗手工业品也是由此销往海外的"①。

　　清政府实行海禁政策的最初动机是隔绝大陆人民与台湾郑氏抗清力量的联系，防范沿海居民集聚海上为"盗"、"匪"；以后则着重针对外国商人，防范"民夷交错"，并以条规立法形式，严加限制对外贸易，最终走上了闭关锁国道路。闭关锁国政策限制了航海事业和对外贸易的发展，严重阻碍了本国的经济发展和社会进步。它使中国在文化、经济、科学等方面无法和世界接轨，并最终导致近代落后挨打局面。

第三节　人口与人口流动

　　海洋社会，是指在直接或间接的各种海洋活动中，人与海洋之间、人与人之间形成的各种关系的组合，包括海洋社会群体、海洋区域社会、海洋国家等不同层次的社会组织及其结构系统。②浙江沿海地区与内陆地域相比，其社会特性多了因海洋经济利益驱动的商品性和开放性。在农业社会时期，沿海地区作为向海洋发展的前沿，其社会特性具有陆地与海洋的双重性格，特别是与内陆地区相比多了因海洋经济利益驱动的流动性、开放性。

一、人口与人口流动

　　明代浙籍人文地理学家王士性，把整个浙江民众按照地理位置分为三类："杭、嘉、湖平原水乡，是为泽国之民；金、衢、严、处丘陵险阻，是为山谷之

---

① 范金民：《明清时期江南与福建广东的经济联系》，《福建师范大学学报》2004 年第 1 期。

② 参见杨国桢：《论海洋人文社会科学的概念磨合》，《厦门大学学报》2000 年第 1 期。

民；宁、绍、台、温连山大海，是为海滨之民。"①他把宁、绍、台、温等地的居民归为"滨海之民"，而杭嘉湖平原地区的民众则被称为"泽国之民"。由于杭嘉湖地区濒临杭州湾，亦属浙江沿海地区。

清代浙江沿海行政区域主要有：嘉兴府（下辖：嘉兴、秀水、嘉善、石门、平湖、桐乡、海盐），杭州府（下辖：仁和、钱塘、富阳、新城、余杭、临安、于潜、昌化、海宁），绍兴府（下辖：山阴、会稽、萧山、诸暨、余姚、上虞、嵊县、新昌），宁波府（下辖：鄞、慈溪、奉化、镇海、象山、南田），定海直隶厅（道光二十一年省定海县为直隶厅），台州府（下辖：临海、黄岩、宁海、太平、天台、仙居），温州府（下辖：永嘉、瑞安、乐清、平阳、泰顺、玉环厅）。②在这六府，一厅，四十二县中，拥有海岸线的县或者区有：平湖、海盐、海宁、余杭、萧山、山阴、会稽、上虞、慈溪、余姚、鄞县、镇海、象山、南田、宁海、临海、太平、三门、玉环、乐清、永嘉、瑞安、平阳、苍南等过半数县（厅）。若近沿海县（厅）为单元统计，浙江沿海陆域面积为60769平方公里。③在这六万多平方公里的土地内，生活着浙江近半数的民众。

靠山吃山，靠海吃海。沿海民众"半年生计在田，半年生计在海"④。他们"餐风宿水，百死一生，以有海利为生不甚穷，以不通商贩不甚富"⑤，因此人口的流动性相比于内陆地区要强些。

需要指出的是，鸦片战争前浙江沿海地区的人口流动，除了上述自发性迁徙外，还受到清初战乱、迁界、移民垦荒等因素的影响直接相关。

清入关后，先后在浙东地区与南明政权、郑氏政权、"三藩"发生了多次战争。战争导致人口大量流失。康熙十三年（1674），靖南王耿精忠自称总统兵马大将军，分三路出兵：东路攻浙江温、台、处三州；西路攻江西广信、建昌、饶州；中路攻浙江金华、衢州。耿精忠所部进入浙江后，对浙东沿海影响较大，致使浙

---

① （明）王士性：《广志绎》卷4，中华书局1981年版，第68页。

② 参见叶建华：《浙江通史·清代卷》（上），浙江人民出版社2005年版，第31—32页。

③ 参见曹纯贫：《浙江省地图册》，中国地图出版社2010年版。

④ （清）顾炎武：《天下郡国利病书·浙江下》，上海古籍出版社2012年版。

⑤ （明）王士性：《广志绎》卷4，中华书局1981年版，第68页。

东各府"土寇蜂起，乡城百姓惨罹荼毒"。在仙居，叛军所过之所"已成空野空城，见经招回难民，合坊里烟户共计不及原数十分之二三，又皆妻离子析，其前赴寻赎，饿死道途者，又不知凡几，今见在惨伤难民男妇大小丁口，虽然安插在籍，其如糊口无资，啼饥之声不绝"①，"民死于盗者已十去六七"，"路绝行踪，村断验货。从来被贼之惨，未有如此之久"②。此外，"绍之余姚、上虞、新昌、嵊县，宁之鄞县、慈溪、奉化七邑之民，遍遭荼毒"③。"三藩之乱"使战区人口锐减、人口流动加剧。

清初的"迁界令"又称"迁海令"，其最初的动机是隔绝沿海民众与郑氏政权的联系。顺治十八年（1661），清政府规定：以福建闽安镇为中心，北起闽浙交界的福鼎沙埕，南至广东的分水关，所有居民皆退离海边30里。康熙时期，清政府为了解决台湾郑氏集团，进一步强化迁海政策。他们认为"海贼皆从海边取饷，使空其土而徙其人，寸板不许下海，则彼无食，而贼自散矣"，于是又将"迁界令"扩大至"上自山东，下至广东"。④对此，福建总督姚启圣在一份奏疏曾作了明确的解释。他指出，当初"因福建海贼猖獗而议迁界"，而"贼势蔓延"致使"迁福建一省之界不足困贼"，故"并迁及广东、浙江、江南、山东、北直五省之界，是迁五省之界者其祸实始于福建之郑贼也"。⑤当然，"迁海令"执行得最严格的是福建和同福建相邻的广东、浙江三省，但程度有所不同，"江浙稍宽，粤为严，闽尤甚"⑥。迁徙规定的时间也非常短促，一般是三天，过期则派官兵驱赶。⑦为了断绝迁民后顾之心，政府在迁界时"即将拆毁民房木料，照界造作木城，高三丈徐，至海口要路复加一层二层，缤密如城陷。防兵于木城内或三里，或五里搭盖茅厂看守"⑧。

---

① （清）王寿颐等修，（清）王棻等纂：光绪《仙居集》卷14。
② （清）王寿颐等修，（清）王棻等纂：光绪《仙居集》卷15。
③ （清）李前泮修，（清）张美翊纂：光绪《奉化县志》卷11《大事记·附录》。
④ （清）魏荔彤修，（清）蔡世远等纂：康熙《漳州府志》卷33《灾祥》。
⑤ 《总督福建少保兵部尚书姚公奏疏》卷6，见《台湾文献汇刊》（第二辑）《闽颂汇编》，九州出版社2004年版。
⑥ 葛剑雄主编，曹树基著：《中国人口史》第4卷，复旦大学出版社2005年版，第37页。
⑦ 道光《香山县志》卷8《事略》记："官折界期三日，贫无依者不能逮如令。五月，夷其地。"
⑧ （清）洪若皋：《南沙文集》卷8《奏疏》。

　　"迁海令"使浙江沿海民众流离失所，沿海民众不得不离开故土，迁往界内。顺治十八年（1661），开始有大量温、台、宁三府近海居民迁往内地。康熙二年（1663），浙江沿海奉檄钉界桩，筑墩堠台寨，"设目兵若干名昼夜巡探，编传烽火歌词，互相警备"①。濒海，尤其是海岛居民更加是"迁界"的重点。雍正《宁波府志》卷二"定海县"条说："国初为明季遗顽所据，顺治八年固山金汝砺等平之，仍徙其民。康熙二十三年展复海界，特赐名定海山。"又"镇海县"条说："康熙二十三年展复海界，赐舟山名定海山，后遂以名其县，而改定海为镇海。"②但"迁海令"迫使沿海民众强制性流动，给他们带来的深重灾难，正如黄宗羲在《舟山兴废》所说的："北人以舟山不可守，迁其民过海，迫之海水之间，溺死者无算，遂空其地。"③

　　战乱与"迁界"的直接后果是非正常人口死亡激增。以宁波为例，镇海、奉化两县的人口数量经过清初战争急剧减少。根据相关统计，在明中叶，镇海（定海）县有14017户，38748口；奉化为18865户、60334口，但到康熙元年两县人口分别为11957户、30081口和11547户、40193口。其中镇海人口减少2060户、8667口，奉化减少7318户、20141口。而奉化一县仅在顺治元年到康熙元年的18年中，就减少了6297户、6503口。④

　　与战乱与"迁界"不同，清政府的移民垦荒政策在一定程度上弥补了人口流失的缺口。明末清初受战乱影响，浙江有近一半的土地遭到荒弃，尤其在宁波、金华、台州等沿海地区"荒田尤多"。"迁界令"使许多已经开发成熟的土地、盐场被抛弃在了界外。如在耕地方面，临海县因顺治十八年"奉文迁界"，就"弃田一十九万九千二百九十三亩"；宁海县"民田一千一百五十顷六十六亩"，涂田"二百一十二顷三十三亩"，也在"顺治十八年全迁"。⑤在盐场方面，温州府属的

---

① 〔清〕李卫、〔清〕嵇曾筠等修：雍正《浙江通志》卷96《海防》二，光绪二十五年（1899）重刊本。
② 傅璇琮主编：《宁波通史·清代卷》，宁波出版社2009年版，第5页。
③ 〔清〕黄宗羲：《行朝录》卷7《舟山兴废》，《黄宗羲全集》第2册，浙江古籍出版社2005年版，第179页。
④ 参见傅璇琮主编：《宁波通史·清代卷》，宁波出版社2009年版，第463—464页。
⑤ 〔清〕鲍复泰等修：康熙《台州府志》卷4《屯赋》。

乐清县长林盐场、瑞安县双穗盐场，在顺治十八年迁海时皆被弃之界外。[①] 台州府属的三个主要产盐地（杜渎场、黄岩场、长亭场），都成了迁海政策的牺牲品，直到康熙九年局部开禁后，才逐渐恢复起来。[②]

清政府在战事初定后，为了解决土地荒芜问题，开始间或推出一些招徕流民垦荒的政策。顺治六年，规定各地招徕流民垦荒，不论原籍何处，一律编入保甲，发给印信执照，永准为业，确保其产权，使其安居乐业，并且六年内免征赋税。[③] "乾隆三十四年奏准。官圈畜养。设牧厂于钱塘江南岸地方。共八万四千余亩。留牧厂二万余亩。其余六万余亩。交地方官召民开垦。"[④] 这些垦荒的政策促进了浙东沿海人口的流动，一些滨海荒地、荡地得到了有效的开发。

玉环岛属于浙东沿海岛屿，方圆 700 余里，有可垦土地 10 万余亩，土性肥沃，又有盐利。但自从明初政府迁其民于内地后，犹如被"弃置海外"。雍正五年（1727），浙江总督李卫呈请朝廷开发玉环岛，以解决浙江日益严重的人地矛盾，获得朝廷应允，并由原桐庐县张坦熊任"展复玉环同知"，主管垦殖之事。结果招邻近的太平、乐清两县良民前往垦种，共上报科田 94420 余亩。这是一次由政府组织的大规模土地开发活动，整个过程有序而平静，并取得了很大的成功。雍正六年（1728），设玉环厅，隶属温州府管辖。据光绪《玉环厅志》卷三《户口》所记载，至雍正十年，已有垦户 2782 户，民 19616 人。南田地处象山县南端，属宁波、台州二府联界之地，自明朝封禁以来，到清朝嘉庆年间也得到了大规模的开发，当时山内 11 岙[⑤]，共有垦户 1574 家，民 4098 人。而到了道光初年，已开垦18 岙，垦户达到 2400 余家，垦田达到 16700 余亩。[⑥]

移民垦荒是政府强制移民的表现形式之一。浙江沿海地区在这一政策的影响下人口逐渐增加，人地关系渐趋紧张，人口流动也呈现出新的景象。

---

① 参见（清）汪莅任、（清）李璋等撰修：康熙《温州府志》卷 13《盐法》。
② 参见（清）鲍复泰等修：康熙《台州府志》卷 4《盐课》。
③ 参见叶建华：《浙江通史·清代卷》（上），浙江人民出版社 2005 年版，第 84 页。
④ （清）崑冈、（清）李鸿章等修：《钦定大清会典事例》卷 647《兵部》九。
⑤ 岙：浙江、福建沿海一带的山地称为岙。
⑥ 参见（清）贺长龄等编：《皇朝经世文编》卷 34《户政·屯垦》，台北文海出版社 1966 年版。

　　浙江的人地关系自宋以来就已经表现出紧张的态势，尤其是沿海地区"土狭人稠，日以开辟为事，凡山巅水湄，有可耕者，垒石堑土，高寻丈而延袤数百尺不以为劳"①。到了清朝康乾时期，人地关系更为紧张。康熙四十八年（1709），浙江巡抚黄秉中上奏："浙省宁波、绍兴二府，人稠地狭，连年薄收，米价腾贵。"②当然，人地关系紧张并非是宁、绍地区的个别现象，而是明清以来整个浙江的普遍现象。

　　人地关系的紧张促进了人口自发性迁移。所谓人口流动，在一个区域内它既可指区域外人口的流入，也涵盖区域内部人口的自身迁移，包括居住地、社会职业等的内部变动。根据清代雍正《浙江通志·户口》的记载，明代全省人口大多数集中于浙江北部的湖州、嘉兴、绍兴、杭州、宁波诸府，而严州、处州、金华、衢州和温州等山区诸府，人口就要稀少得多。因此，空旷的山区吸引了周边江西、福建、两湖、安徽及本省宁、绍、温、台等省内外移民前来开垦。由于浙江沿海地区人口密度过大，以及如迁海令、海禁等政策的影响，沿海民众只有两条路可以选择：或者改变生产区域，或者改变生产性质。例如，海洋经济的缓慢恢复和发展使得从事工商业的人数逐渐激增，也促使了人口流动速度加快。如嘉兴"富商大贾，长桅巨舶，夷蟎海错鱼盐米布之属辐辏，城市居民富饶，市邑繁盛"③。宁波"商贾鬻鱼盐，工共日用"④。温州"商贾贸迁，鱼盐充牣，其俗剽悍以啬，其货纤靡"，"其人多贾"，"地不宜桑而织纤，工不宜漆而器用，备不宜粟麦而杭稻足"。⑤

二、海洋民众的活动区域

　　所谓"海洋民众"，是指以海为生的民众。浙江海洋民众的活动区域是由浙东沿海的海洋资源所决定的，但是在长期的发展中也受到了政府政策的调配，因

---

① （宋）罗濬：宝庆《四明志》卷 14《奉化县志》卷 1《风俗》，文渊阁四库全书本。
② 《清实录·康熙实录》卷 238，康熙四十八年己亥戊寅条。
③ （清）李卫、（清）嵇曾筠等修：雍正《浙江通志》卷 99《风俗》，光绪二十五年（1899）重刊本。
④ （清）李卫、（清）嵇曾筠等修：雍正《浙江通志》卷 99《风俗》，光绪二十五年（1899）重刊本。
⑤ （清）和珅等撰：《钦定大清一统志》卷 235《温州府》，文渊阁四库全书本。

此，海洋民众的活动区域是由政策和自然环境双方面决定的。大致说来，浙江海洋民众的活动区域可以划分为沿海陆地和海岛。

（一）沿海陆地

沿海陆地是海洋民众的主要活动区域，无论是渔业还是制盐业，沿海陆地都是海洋民众进行生产的主要场所。不仅如此，沿海陆地还为渔业和盐业生产提供粮食、燃料、晾晒场地，同时还提供了海洋产品的运销市场。浙江沿海民众的陆地活动区域，由北向南主要可以分为杭嘉、宁绍和温台三个地区。

杭嘉地区。杭嘉湖地区地理环境优越，气候温和湿润，雨量充沛，全年无霜期可达二百余天，十分适于农作物的生产，是历史上著名的水道产区。唐代李瀚说："嘉禾一穰，江淮为之康；嘉禾一歉，江淮为之俭。"[1]北宋时期，沈括称："稻蟹之利，转徙数州。"[2]到南宋更有"苏湖熟，天下足"的美誉。富庶肥沃的土地养活了众多人口。唐宋以来，由于大量北方人口的流入，杭嘉地区人地关系渐趋紧张，至明清时期这一地区已成为人口密集较高的区域。到嘉庆二十五年嘉兴府的人口密度已经达到每平方公里 720 人。[3]

人口剧增，使人均耕地不断减少。明朝洪武时，杭嘉湖地区的人均耕地面积分别为 3.01 亩、3.50 亩、6 亩，但乾隆时期仅为人均 1.01 亩、3.50 亩、1.20 亩。[4]如此严重的人地矛盾，在加深精耕细作力度的同时，还从土地上稀释出很多剩余劳动力。这些剩余劳动力要么种植经济作物缓解人地矛盾，要么转变生产方式，从事手工业生产和商业贸易。因此，杭嘉湖地区也是中国历史上商品经济发展的前沿阵地。如乍浦镇是杭州湾北岸重要的商铺和海防重镇。依山面海，位于中国浙江省平湖市东南，是浙东重要的滨海市镇。乍浦自南宋以来即为海港，元曾设市舶司，开港对外贸易。到明清时期作为浙北地区对外经济文化交往的重要门户，有"江浙门户"、"海口重镇"之称。清初的海禁政策曾使这里"地瘠民

---

① （明）李贤、（清）彭时等纂修：《大明一统志》卷 39 引《嘉兴屯田政绩记》。

② （清）李卫、（清）嵇曾筠等修：雍正《浙江通志》卷 99《风俗》，光绪二十五年（1899）重刊本。

③ 参见梁方仲：《中国历代户口、田地、田赋统计》，上海人民出版社 1980 年版，第 273 页。

④ 参见范金民：《明清杭嘉湖农村经济结构的变化》，《中国农史》1988 年第 2 期。

稀"，但自"禁令既弛"，这一濒临海角的乍浦又"南通闽粤，东达日本，商贾云集，人眼辐辏，遂为海滨重镇"①。

宁绍地区。宁、绍两府境内山海相连，人口密度仅次于杭嘉湖平原。根据统计，到嘉道年间，两府的人口密度均已超过每平方公里500人。②

宁绍地区境内山海相连，尤其是宁波府境内岛屿罗列，港湾纵横，素有鱼盐之利。沿海民众多为渔农兼营，平时耕种，渔汛时期入海捕鱼，一些居民还从事盐业活动。据雍正《宁波府志》卷一三记载，宁波有煎盐户9294丁，其中鸣鹤场灶丁2215，清泉场灶丁1711，穿山场灶丁402，长山场灶丁437，大嵩场灶丁648，玉泉场灶丁496。③光绪《定海厅志》卷十五《风俗》记载说："定海自宋以来，居山者以耕凿为生，滨海者以鱼盐为业。……康熙间县邑初展，地浮于人，有土荒之忧；乾嘉以来，生齿日蕃，人浮于地，有人荒之忧；道光以后，四出营生，遂多商旅之民矣。"④光绪《鄞县志》卷二《风俗》载："乡民力田者十之六七，渔于海者二三，江北岸、梅墟一带，或操海舟往来南北洋"，"野有荒土而人习风涛"。鄞县渔业可分东乡、南乡两处。东乡多捕黄鱼，南乡则多捕墨鱼，"乡民力田者什六七，渔于海者什二三"⑤。

温台地区。温、台两府地处浙江沿海南翼，地理位置优越，"鱼盐充牣，商贾辐辏"⑥。清代虽以海禁为主，但这一地区民间走私一直不绝。康熙二十四年（1685）有限开禁，设浙海关温州分口，二十七年即有商船通航日本长崎。水路交通便利，商业发达，推动了城乡商品经济的发展，在沿海形成了许多沿海民众的聚集地。平阳县沿海一带在明代原为海防要地，设有卫所，市镇因军事因素而兴起，但明末清初因受倭寇和"迁海令"的影响曾一度衰败。清政府基本平定海上反清势力后，经过一段时间的恢复与发展，又逐渐形成了以茶叶、糖、烟草、柑

① 〔清〕彭润章等修、〔清〕叶廉锷等纂：光绪《平湖县志》卷4《建置》下，上海书店1993年版。
② 参见梁方仲：《中国历代户口、田地、田赋统计》，上海人民出版社1980年版，第273页。根据其统计，当时绍兴府人口密度为579.55，宁波府为523.26。
③ 参见傅璇琮主编：《宁波通史·清代卷》，宁波出版社2009年版，第179页。
④ 叶建华：《浙江通史·清代卷》（上），浙江人民出版社2005年版，第275页。
⑤ 〔清〕戴枚修纂：光绪《鄞县志》卷2《风俗》，清光绪三年（1877）刻本。
⑥ 〔清〕汪莅任、〔清〕李璋等撰修：康熙《温州府志》卷2《疆域》。

橘、鱼盐等业为主的市镇。乐清县地处沿海山区，在清初还是物产不丰、商业不发达地区："吾温限山阻海，而乐尤土瘠民贫，竭力稼穑，仅支一岁，或遇水旱，即多艰食。地鲜桑柘，女勤纺织，滨海之家，多借鱼盐。"① 但至乾隆时期，以县城为中心，在四周较开阔的少量平原地区形成了 9 个市镇，到光绪年间又增至 23 个市镇，至道光年间人口达到 228855 人。②

（二）海岛的开发

随着沿海陆地人口的增加，为了缓解日益紧张的人地矛盾，沿海人口开始向海岛迁徙。浙江沿海岛屿众多，其中面积在五百平方米以上的大小海岛就有 3061 个，占全国岛屿总量的 41.52%，其中舟山群岛有七百多个岛屿组成，总面积达 1258 平方公里，面积最大的舟山岛有 523 平方公里。此外，还有韭山列岛、南田岛、渔山列岛、东矶列岛、一江山岛、台州列岛、玉环岛、洞头岛、北南麂山列岛、官山岛、北关岛、七星岛等。这些岛屿星罗棋布地环列在浙江海域上，给近海居民提供了新的生活场所。

"海民生理，半年生计在田，半年生计在海，故稻不收者谓之田荒，鱼不收者谓之海荒。"③ 正是由于如此，到渔汛时期，渔民不得不远离陆地，为了捕捉到足够的鱼类产品，渔民一般要在海上停留数十天，因此，这些浅海的岛屿就成了渔民们临时搭建住所用以补给生活用品和休息中转的场所。由于"凡沿海一带穷民俱以海为田，藉渔为活，春夏天和日暖，鱼浮水面，近岸者多，民可近洋取鱼。一交冬季，凡鱼俱就水极深处潜伏，非深入大洋，在洲岛间搭厂，何从撒网施笙？"④ 渔民多在海岛上搭建临时住所，这些近海岛屿也就成了渔民们的活动场所之一。浙江沿海地区的岛屿开发比较早。早在远古时期舟山群岛就已有人类活动的足迹。唐朝在舟山设立县治。明清以来，受禁海政策的影响，海岛开发虽时断时续，但人们向大海进军的步伐始终未停下来，到乾隆五十九年（1794），浙江沿

---

① （清）徐化民修：康熙《乐清县志》卷 2《风俗志》。
② 参见叶建华：《浙江通史·清代卷》（上），浙江人民出版社 2005 年版，第 277 页。
③ （清）顾炎武：《天下郡国利病书·浙江下》，《绍兴府志·军制》，上海古籍出版社 2012 年版。
④ 中国第一历史档案馆：《康熙朝汉文朱批奏折汇编》第 3 册，档案出版社 1984 年版，第 338—339 页。

海有人居住的岛屿就有 127 个，渔汛时期使用的岛屿有 27 个。[①]

　　当然，并非所有的海岛都能用于开发和搭建临时住所，因为多数海岛面积狭小，岛上淡水资源稀少，资源匮乏，并不适宜居住。因此，早期得到开发的海岛大都类似于舟山岛那样面积大、资源丰富、位置优越的岛屿。例如玉环岛在清代得到了大规模开发。玉环岛居民多以渔农为业，也有以煮盐为业者，市镇经济较为落后。雍正六年（1728）始设厅，驻以同知治理。自此，厅治所在的玉环城内，开始有鱼类商品交易集市，到清末玉环厅已发展有黄旗大街等 13 个街市，居民"半耕半渔，每年禾麦及山芋仅足八月之食"[②]。

　　浙江海岸线曲折绵长，居住在那里的民众世代相承开发濒海地区。他们为了生计，不断拓展生存空间，向海要地，向海要食，走向海洋。

---

① 参见〔清〕崑冈、〔清〕李鸿章等修：《钦定大清会典事例》卷 158《户部·户口·流寓异地》。

② 〔清〕朱正元辑：《浙江省沿海图说》，台北成文出版社 1974 年版，第 68 页。

第二章
浙江沿海地区海防建设与中外战争

第一节　鸦片战争前浙江海防

一、"门户"与"藩篱"

　　浙江地处东南，东界大海，洋面辽阔，海疆线漫长，"沿海程路由松江金山、三姑山入海盐县界平阳县浦门所止共计二千七百余里"[①]。清代浙江十一府中滨海者六，从北至南分别是嘉兴府、杭州府、绍兴府、宁波府、台州府和温州府。以海为境，浙江沿海各府承担着重要的海防任务。

　　杭州"东接于海，北枕大江。外带涛江涨海之险，内抱湖山竹树之胜"[②]。钱塘江自西南穿流而入海，江口两岸有龛、赭二山，南北对峙，旁边有座小山叫鳖子山，为入海必经之地，称鳖子门（或称龟子门），"龟子门控扼要害乃省会之锁钥"[③]。海宁东达澉浦，南临大洋，石墩、凤凰、黄湾诸山皆沿海险要。顾炎武在《天下郡国利病书》中认为杭州有三重门户："鳖子门乃省城第一门户，石墩凤凰外峙乃第二门户。羊、许山独立海中，东接衢洋，西控吴淞口，此为第三门

---

①　（清）严如煜：《洋防辑要》，《中国南海诸群岛文献汇编之四》，台湾学生书局 1975 年版，第 22 页。

②　龚嘉儁修，李楁纂：《杭州府志》卷 4，1922 年铅印本。

③　（清）李卫、（清）嵇曾筠等修：雍正《浙江通志》卷 97《海防》三，光绪二十五年（1899）重刊本。

户。"① 他认为"石墩、凤凰有蔽，然后钱塘鳖子门可守，鳖子门可守然后省城无恐"②。

"绍兴北乃海之支港，北流薄于海盐，东极镇海之蛟门，西历龛赭，入鳖子门抵钱塘所属，山会等五县并皆边海"③，绍兴重要的门户有三江、沙门。

嘉兴外滨大海，内障省垣，其中平湖、海盐二县临海。海盐澉浦、平湖、乍浦倚山面海，地势险要，延绵一百七十余里，其中"乍浦一关尤为紧要"④。乍浦位于平湖东南三十六里，地处江、浙之间，"控据海岸，翼蔽金山，外通羊洴大洋，实与江省相为唇齿"⑤。朱正元在《浙江省沿海图说》一书中也称乍浦"固浙省之外户，实苏松之后路"⑥。

宁波南、北、东三面环海，北面与江苏吴淞相呼应。镇海是宁波的门户，甬江入海口金鸡山、招宝山隔岸对峙，地势十分险要。薄海而城的镇海"内蔽全郡外控各岛"，实为"甬郡之咽喉"⑦。

台州，北起宁波昌国南，南抵温州浦岐，有海岸五百余里。台州最重要的门户是松门和海门，府治临海去松门仅百里，离海门有八十里，"设或海寇弃舟登陆，皆可卒至城下"⑧。

温州，北接台州，南连闽粤。明清时期，由闽粤来浙海盗必经温州海域，"惟先严浦门镇下关屿南台之险以扼其来"⑨。此外飞云关、海安、黄华、浦岐也是温州的重要门户。

门户之外，还有藩篱。沿海岛屿是浙江的藩篱，是门户之外的一道重要的天

---

① （清）顾炎武：《天下郡国利病书（上）》，续修四库全书编委会：《续修四库全书史部·地理类》，上海古籍出版社，第 1 页。
② （清）顾炎武：《天下郡国利病书（上）》，续修四库全书编委会：《续修四库全书史部·地理类》，上海古籍出版社，第 1 页。
③ （清）李亨特修：《绍兴府志》卷 4。
④ （清）李卫、（清）嵇曾筠等修：雍正《浙江通志》卷 97《海防》三，光绪二十五年（1899）重刊本。
⑤ （清）李卫、（清）嵇曾筠等修：雍正《浙江通志》卷 97《海防》三，光绪二十五年（1899）重刊本。
⑥ （清）朱正元辑：《浙江省沿海图说》，台北成文出版社 1974 年版，第 8 页。
⑦ （清）朱正元辑：《浙江省沿海图说》，台北成文出版社 1974 年版，第 21 页。
⑧ （清）杜臻：《海防述略》，中华书局 1991 年版，第 9 页。
⑨ （清）杜臻：《海防述略》，中华书局 1991 年版，第 9 页。

然屏障。在浙江诸多岛屿中，舟山与玉环两岛尤为重要。舟山"为浙江之屏翰，而凤凰、马迹、马墓等山辅之洋山又为江、浙两省之屏翰"，而玉环岛则是"温、台两府之锁钥，乐、太两县之门户"。① 关于浙江沿海各岛屿在海防中地位，杜臻在《海防述略》也有详细的论述："论洋海之要害，则金盘之凤凰山、南麂山，松海之大陈、大佛头，昌国之韭山，定海之舟山。远而陈钱、马迹、下八山。临观之烈港、海宁之洋山、许山。皆洋寇必经之地，沿海之藩篱也。"②

时人形容浙江海防形势喜欢用藩篱、门户与堂奥来描述浙江海防的现状。由外而内，分别是藩篱、门户与堂奥。藩篱是沿海岛屿，重要的海口是门户，堂奥则为内陆用地。藩篱和门户是重要的海防要塞，它们外截海洋，内资保障，守护着堂奥。因此，历代统治者遵循的海防策略是：守藩篱以蔽门户，蔽门户而安堂奥。

二、海防制度

（一）巡洋会哨制

"巡洋会哨制"始于明朝，目的是为了防止海上反明势力和愈演愈烈的倭患。"巡洋"是各水军按其驻防位置与武备力量划分一定洋面作为其巡逻信（汛）地；"会哨"是相邻的两支或多支巡洋船队于信（汛）地连界处约期相会，交换凭证，并受一定官员稽查。清代沿袭了明代这一海防制度。

会哨是各镇、各营巡洋后相互交会、见证的一种制度安排。清初，浙江水师各镇会哨的安排：温州镇于五月十五日与福建海坛镇会哨于镇下关；定海镇于五月十五日与江南崇明镇会哨于大洋山，三月十五日、九月十五日与黄岩镇会哨于九龙港；黄岩镇于三月初一、九月初一日与温州镇会哨于沙角山。雍正时期，改每两月会哨一次，即旧法未尽周详，自二月出巡，至九月撤巡，为时太久，乃令各镇总兵官每两月会哨一次。③

---

① （清）李卫、（清）嵇曾筠等修：雍正《浙江通志》卷 97《海防》三，光绪二十五年（1899）重刊本。
② （清）杜臻：《海防述略》，中华书局 1991 年版，第 10 页。
③ 参见赵尔巽等撰：《清史稿》卷 130，中华书局 1977 年版，第 3854 页。

会哨制度一开始非常严格。按规定，会哨的两水师碰面后，要当面交换官方文书，"如各镇玩视偷安并不亲赴会哨该道，立即据实揭参，倘该道有故不亲身前往，或通同捏饰者一并参办"①。总兵不亲身出洋监督官兵巡哨，总督可以参奏后将其革职。副将以下官兵不亲自出洋巡哨，经总兵揭报可以将其革职。而总督、总兵不据实禀报，按例降三级调用。乾隆五十四年（1789），温州镇李定国巡洋会哨时因风大难行，停泊在小门洋而未去沙角山会哨，结果被流放伊犁。②后来因为这个事件，规定允许遭遇大风天气难以前行时，可以据实报明督、抚，并由督、抚稽查核实，"若有藉词捏饰即应严参治罪，若果为风所阻方准改展口期以期体恤而崇实政"③。

巡洋、会哨的初衷是各镇首尾呼应，相互支援，守护海疆。时人认为"于大洋要害处及附近紧要港澳，分哨以为防限。而于道里适均处，定为两塞，会哨之。联络呼应，戈船相望，更于每塞之中，添游翼以巡之。错综迭出，虽支洋穷澳，无不按焉，此防寇之良策也"④。当时的实际情况也的确如此。由于大海相连，若分界以守，缺乏协调，各镇防卫区域必然势单力薄，容易被突破。浙江南连闽、粤，北接苏、松，"利害安危各有辅车相依之势协调巡洋"，对于海上盗匪"福建捕之而广浙不捕不可也，广浙捕之而福建不捕亦不可也"。⑤因此，对传统海防来说实行巡洋、会哨制度是十分有必要的。

巡洋与会哨的目的是打破界限，协同防御，但由于驻防官员缺乏大局观，往往不愿承担过多的巡洋区域，存在相互推诿责任的现象。

康熙二十九年（1690），两江总督、闽浙总督分别委托江南苏松镇左奇营游击丁际昌与浙江定海镇左右两营游击叶纪会同勘测两省洋面分界。丁际昌认为马迹山与羊山东西对峙，应以马迹山、羊山为界，划分两省水师巡洋界线；叶纪则

① （清）严如煜：《洋防辑要》，《中国南海诸群岛文献汇编之四》，台湾学生书局1975年版，第46页。
② 参见（清）严如煜：《洋防辑要》，《中国南海诸群岛文献汇编之四》，台湾学生书局1975年版，第49页。
③ （清）薛传源：《防海备览》卷2，望山堂藏版。
④ （清）沈德潜：《防海》，见（清）贺长龄等编：《皇朝经世文编》卷83，台北文海出版社1966年版。
⑤ （清）薛传源：《防海备览》卷2，望山堂藏版。

抱怨小羊山尚且属于江南省管辖，位置偏北的马迹山反而成为两省界山。① 地方官员各自画地为牢，很难相互呼应，还体现在海案的处理上。如乾隆三十一年（1766），江苏、浙江、广东等省擒获海盗数百名，其中有涉及数省之要犯，但各地因涉及洋面管辖问题，"畏难不肯访缉"，他们"相互推诿，彼此捺搁"，"遂致纵盗养奸，酿成积案"。②

划界巡洋极度限制了沿海地方水师的视野，使得地方水师只了解本处的情况而不熟悉他处的情况，进而导致水师的出洋作战能力大为削弱，作战半径大为削减。

雍正四年（1726），浙闽总督高其倬在给雍正的上书中陈述了划界巡洋的积弊。高其倬把水师中的人大致分为三等：第一等者，不但对自己管辖的水域十分熟识，对别处海域的港口、沙线、岛屿、潮流等情况也十分熟悉；第二等者，"或熟知数处情形，或熟知本处情形"；第三等者，对本处情形知道大概，在船不晕，能上下跳动、运使器械。那些不甚晕吐，只能坐在舱内，而不能上下跳动、使用器械的人不过是凑数而已。③ 据高其倬的调查，福建水师有许多"不谙水务之人，千、把多系中等，将备亦然"，"浙江水师与福建相仿，而本领更觉不及"。他认为造成这一局面的原因是划界巡洋，划界巡洋导致"本处巡哨之兵，只在本处洋面巡哨。即总巡分巡之员，亦只福建者巡福建，浙江者巡浙江。如此行走操练，止熟本处，不知他处；止知本省，不知外省"④。

（二）海禁制度

海禁是明代经常采用的一种政治和军事手段。明代为了防止沿海奸民与倭寇勾结，禁止沿海居民私自出海。清军入关南下，在浙江、福建沿海地区，遭到了郑成功等人的顽强抵抗，为了切断沿海民众与海上反清势力的联系，达到"寇无所掠食，势将自困"⑤ 的目的，清廷承袭了明代的海禁政策，规定"不许片帆入口，

---

① 参见〔清〕李卫、〔清〕嵇曾筠等修：雍正《浙江通志》卷97《海防》三，光绪二十五年（1899）重刊本。
② 赵之恒标点：《大清十朝圣训》，北京燕山出版社1998年版，第4328页。
③ 〔清〕高其倬：《操练水师疏》，见〔清〕贺长龄等编：《皇朝经世文编》卷52，台北文海出版社1966年版。
④ 〔清〕高其倬：《操练水师疏》，见〔清〕贺长龄等编：《皇朝经世文编》卷52，台北文海出版社1966年版。
⑤ 〔清〕姜宸英：《海防总论拟》，见〔清〕贺长龄等编：《皇朝经世文编》卷83，台北文海出版社1966年版。

一贼登岸"①。

康熙二十二年（1683）台湾告平，清廷方开海禁，但对出海船只、人员、所携物品的规定相当严格、精细。如海船"许令乘载五百石以下船只，往来行走"②，"出洋贸易商船许用双桅头不得过一丈八"③。"议准渔船梁头不得过一丈舵水，不得过二十人，取鱼不许越出本省"，除福建渔船单双桅都可以用，"包括浙江在内的其余省份都要用单桅"。④此外，海船出港不仅要登记船上人员的年貌籍贯，还要有人担保，并在船刻烙记号。守口官将出海情况编造成册，呈报上级；船只返港时则在查明情况后，再呈报上级。⑤

海禁政策是清政府海防政策的重要组织部分，它企图通过限制民船的规模、性能达到"重防其出"的目的，但这一种消极的极其不自信的政策。民船是一种重要的海防力量，清政府限制民船意在保持战船对民船的优势。然而，这种限制却阻碍了造船业的发展，使整个国家的造船水平得不到提高，同时也间接影响了清军水师战船战斗力。清政府一方面是限制民间造船业，一方面也没有大力发展水师的船只，这相当于直接放弃了海上的控制权。

（三）保甲制度

保甲制度是宋代以来封建王朝采取的一种社会统治手段，它的本质特征是以"户"为基本单位带有军事管理性质的户籍管理制度。清代保甲制度保甲编组以户为单位，设甲长、保长，"保长长十甲，甲长长百户，分百户而十人长之，谓之牌头。牌头则庶民之朴直者为之，保长、甲长，则必择士之贤者能者而为之"⑥。保长、甲长没有直接治理乡村的权利，只有举报、教导的责任。清代保甲制还实行连坐法，各户出事，保长、甲长都要担当一定的责任，所以一旦有事，保长、甲长就会向上汇报，从而闻于州县，"如身之使臂。臂之使指，节节而制之，故

---

① （清）崑冈、（清）李鸿章等修：《钦定大清会典事例》卷 776《刑部历年事例》。
② （清）崑冈、（清）李鸿章等修：《钦定大清会典事例》卷 776《刑部历年事例》。
③ （清）薛传源：《防海备览》卷 2，望山堂藏版。
④ （清）薛传源：《防海备览》卷 3，望山堂藏版。
⑤ 参见（清）薛传源：《防海备览》卷 2，望山堂藏版。
⑥ （清）沈彤：《保甲论》，见（清）贺长龄等编：《皇朝经世文编》卷 74，台北文海出版社 1966 年版。

易治也"①。

　　清政府将保甲制度推广应用于沿海和海岛居民。"浙江海岛居民，除不准增添居屋外，其现住居民一律编甲稽查，并责成该管镇道于出洋之时严密查察。"②乾隆五十九年（1794），清政府在稽查海岛居民搭寮时，发现浙江所属海岛数百处"有搭盖寮房零星散处者，有建盖瓦房已编保甲者，有渔汛时暂行搭厂者"，于是下令除编甲输粮者被免于驱逐外，其他都全部烧毁。③清廷对出海的渔船也实行保甲制，并规定"欲出洋者将十船编为一甲，取具一船为匪，余船并坐连环保结。若船主在籍而船出洋生事者罪坐船主"④。

　　保甲制度与海禁政策一样目的是"重防其出"，它试图通过限制沿海民众的自由活动，稳定海上的局势，但这种以"禁"与"控"为主的海防策略，随着大航海时代的来临已越来越不适应海防的需要。

三、海防部署与海防对象

　　清前中期，浙江的海防力量以绿营为主，沿海府县的绿营步兵是浙江海防的主要力量。由于清政府在海防策略上执行"重岸轻海"的方针，因此无论是陆师还是水师，大多被部署在各河口、海口的要隘用来"防堵"。这样的兵力部署，一是兵力过于分散，二是机动兵力少。在浙海防驻军主要被分散在各汛口，用来盘查来往的船只，他们很难组织规模较大的军事训练，更不能做到各口协同作战。各口驻军，少有大型战船配备，陆师也以步兵为主，即使是堪称精锐的巡抚标兵和提督标兵，骑兵的比例也只是十分之一，各口之间缺乏兵力机动。清前中期，浙江海防的具体兵力部署，见表2-1。

---

① （清）刘淇：《里甲论》，见（清）贺长龄等编：《皇朝经世文编》卷74，台北文海出版社1966年版。
② （清）严如煜：《洋防辑要》，《中国南海诸群岛文献汇编之四》，台湾学生书局1975年版，第82页。
③ （清）严如煜：《洋防辑要》，《中国南海诸群岛文献汇编之四》，台湾学生书局1975年版，第79页。
④ （清）薛传源：《防海备览》卷3，望山堂藏版。

表 2-1   清前中期浙江海防兵力部署简表

	水师名称	统辖	官员	兵数、船数	驻地
浙江巡抚（顺治五年即 1648 年建）	巡抚标兵（左右二营）	巡抚	游击 2 员、守备 2 员、千总 4 员、把总 8 员、共 16 员	兵 1500 名、其中马兵 150 名、步兵 1350 名	杭州府
浙江提督（顺治五年即 1648 年建，节制浙江 5 镇）	提督标兵（中左右前后五营）	提督	参、游、守、千、把等共 40 员	兵 4215 名，其中马战兵 459 名，无马战兵 1059，水战兵 60，守兵 2497，水守兵 140	宁波府
	杭协钱塘水师营	都司	千总 2 员、把总 4 员、外委千总 2 员、外委把总 3 员，共 11 员	兵 656 名，其中马战兵 64 名、水战兵 123 名[1]、守兵 469 名[2]	杭州
	杭协城守营	副将	中军都司 1 员、千总 2 员、把总 4 员、外委千总 2 员、外委把总 2 员，共 11 员	兵 867 名，其中有马战兵 84 名、无马战兵 167 名、守兵 616 名	杭州
	嘉兴协营	游击[3]	都守、千把等共 14 员	兵 1379 名，其中马战兵 142 名、无马战兵 243 名、守兵 994 名；快哨船 30 只	嘉兴府
	湖州协营	副将	都司、守备、千、把等共 15 名	兵 1202 名，其中马战兵 50 名、无马战兵 273 名、守兵 879 名；快船和小巡船共 50 只	湖州府
	宁波城守营[4]	游击	守备 2 员、千总 2 员、把总 4 员、外委把总 4 员，共 12 员	兵 730 名	
	安吉营		守备 1 员、千总 1 员、把总 4 员		
	太湖营（驻湖州部分）	游击	乌城县大钱地方官 2 员，兵 197 名，沙快巡船 9 只。乌城县伍浦地方官 2 员，兵 69 名，快巡船 9 只。长兴县夹浦港地方官 2 员，兵 107 名，快巡船 9 只		
	乍浦水师营	参将	完备千总 1 员、把总 2 员、外委千总 1 员、外委把总 2 员，共 6 员	其中水守兵 224 名，水战兵 276 名。船 10 只，其中水艇船 2 只，南缯船 4 只，哨船 4 只	乍浦

水师名称	统辖	官员	兵数、船数	驻地
乍浦满洲水师营[5]	副都统	佐领防御、骁骑校等官42员	满洲、蒙古、拔什库等兵1600名，绿旗水手兵400名。战船22只，包括大赶缯船9只、小赶缯船9只、南缯船4只	
黄岩镇标（中左右三营）	总兵	游击、守备、千、把、外委等官42员	兵2575名，战哨船25只	黄岩县
绍兴协营[6]（左右二营）	副将	都、守、千、把、委等官31员	兵1872名	绍兴府
台州协营（中左右三营）	副将	官36员	兵2073名	台州府
宁海营（左右二营）	参将	守备、千、把、外委等官兵共1173名		宁海县
太平营	参将	守备、千、把等官6员	兵775名	太平县
温州镇（中、左、右三营）	总兵	游击、守备、千总、外委等官42	兵2528名，战哨船22只。其中中营马战兵90名、无马战兵71名、水战兵65名、守兵474名、水手兵143名，共843名。战船10只，快哨船2只。左营有战兵89名、无马战兵73名、水战兵62名、守兵472名、水守兵147名，共843名。管战船8只、快哨船2只	
温州城守营	游击	都司、千总、把总等共7员	兵899名，其中马战兵90名、无马战兵174名、守兵635名	温州府
平阳协（左右二营）	副将	都司、把总、外委等共25员		平阳县
瑞安协（左右二营）	副将	都司、把总、外委等官17员	兵932名，战船9只，其中4只内洋巡哨，5只外洋巡哨	瑞安县
乐清协营	副将	都司金书、千、把等官7员	兵890名	乐清县
大荆营	游击	千、把、外委等官13员	兵671名	大荆寨
磐石营	都司	千、把等官3员	兵297名	磐石寨
玉环营[7]	参将	守备、千、把、外委功加等官19员	左、右二营兵890名，战哨船16只	阳岙寨

黄岩镇（康熙九年即1670年建）

温州镇（顺治十三年即1656年建）

	水师名称	统辖	官员	兵数、船数	驻地
定海镇（顺治五年即1648年建）	定海镇标[8]	总兵	游击、守备、千、把、外委等官44员	中、左、右三营兵2841名，战哨船42只。内马战兵100名、步战兵508名、水战兵233名、步守兵1323名、水守兵677名	
	象山城守协营[9]（左右二营）	副将	都、守、千、把、外委等官25员	兵1262名，哨船4只。其中水战兵126名、步战兵279名、步守兵623名、水守兵234名（光绪时期保存的）	
	昌石水师营	都司金书	千、把、外委等官5员	兵560名，战船6只	
	镇海水师营[10]	参将	守备、千、把、外委等官14员	兵1155名	

　　参考资料：（清）李卫、（清）嵇曾筠等修：雍正《浙江通志》卷90至卷95，光绪二十五年（1899）重刊本；罗尔纲：《绿营兵志》，商务印书馆2011年版。

　　［1］据李卫等修：雍正《浙江通志》记载，原设124名，康熙三十五年（1696）裁11名，雍正七年（1729）十月添11名。

　　［2］原设451名，康熙三十五年裁4名，雍正七年十月添26名。

　　［3］原设副将，顺治十一年（1654）。

　　［4］旧属黄岩镇，雍正七年改归提督管辖。

　　［5］雍正六年（1728）设。

　　［6］顺治六年（1649）设，旧设定海镇，后改为黄岩镇。

　　［7］雍正六年新设。

　　［8］原驻定海即今之镇海，康熙二十二年（1683）移驻舟山改为舟山镇，康熙二十五年（1686）改舟山为定海仍为定海镇。

　　［9］顺治三年（1646）设，初隶黄岩镇，雍正七年改隶定海镇。

　　［10］顺治三年设陆师，雍正六年改为水师。

　　浙江海防的部署是由其海防对象决定的。浙江海防的主要打击对象是走私者与海盗。清前中期时期，清政府一直实行着"重防其出"的政策，对于出洋贸易与捕鱼的船只，有许多严格的规定，严厉打击各种海上走私行为，切断海盗集团与陆上的联系，因此分兵把口、寻机歼灭是清政府巩固海防的主要选项。

　　浙江沿海的海防部署与清政府的海防策略直接相关。浙江经济发达，沿海人口众多，是清政府的财赋重地。清政府在浙江的海防策略是守藩篱以蔽门户，蔽门户而安堂奥。门户即各海口、汛口，是"重防其出"和"防堵"重地，而海上走私力量、海盗的力量相对弱小，不能正面突破河口等门户，使得清政府当时的海防政策足以应对来自海上的威胁。但是，随着大航海时代的到来，清政府这种以陆防为主，分兵"防堵"的海防策略，已经越来越落后于时代发展的需要了。

第二节　鸦片战争与浙江传统海防体系的崩溃

舟山位于浙江东北海域，靠近长江、钱塘江、甬江等大江的出海口，处在中国南北海岸线的中间位置，战略位置十分重要

英国对舟山觊觎已久。康熙三十四年（1695）清政府在定海县衙头建立的红毛馆，主要居住对象就是英国商人和船员。乾隆二十二年（1757），乾隆帝谕令："嗣后口岸定于广东，不得再赴浙省"[1] 后，英商洪任辉等曾多次闯舟山被拒。乾隆五十八年（1793），英国全权大使马戛尔尼来华，他根据本国政府的训令向清政府提出了六项要求，其中有两项涉及了舟山："第一，准许英商在宁波、天津、舟山贸易；第二，准许清政府把舟山附近一个独立的、非军事区的小岛给英商使用，以便英商到该处可以存放货物和居住。"[2] 这些要求同样遭到清政府的拒绝。在"通商"要求一再拒后，英国人决意用武力打开中国的大门。

机会终于来了。1840 年 6 月鸦片战争爆发，舟山再次成为英军主要目标。

一、定海陷落

1840 年（道光二十年）7 月 2 日，英国海军舰队司令伯麦率领若干兵舰和运输船抵达舟山北港，负责侦探军情、测量港口水深等试探性活动。[3] 对于英国船只的活动，清军没有一点提防，"当（英军）轮船靠近时，并未开火，甚至允许轮船上的小艇在中国船间划来划去"[4]。英国船只的勘探活动未受到丝毫影响，侦探活

---

① 戴逸、李文海主编：《清通鉴》，山西人民出版社 2000 年版，第 3803 页。
② 戴逸、李文海主编：《清通鉴》，山西人民出版社 2000 年版，第 3956 页。
③ 参见中国第一历史档案馆等编：《鸦片战争在舟山史料选编》，浙江人民出版社 1992 年版，第 554 页 。
④ 参见中国第一历史档案馆等编：《鸦片战争在舟山史料选编》，浙江人民出版社 1992 年版，第 554 页 。

动进行得非常顺利。7月4日，伯麦率大批军舰进入港口，并通告定海知县姚怀祥等人，若第二天下午两点还不投降，英军将立即攻城。定海海防空虚，兵力短缺。本来按例应有过万兵丁，但实际上仅仅有两千，而且这两千中还有一大半是理发、修脚之类的佣工，且皆系花钱雇佣，"以银元三四十元，买充行伍，操防巡缉，视为具文"[1]。当时定海水师共计大小兵船21只，每船所配兵勇100名至200名，火炮自三四门至十余门不等。[2]

总兵张朝发令游击罗建功带着600士兵与二十多门红衣大炮驻扎在衢头。罗建功、姚怀祥等考虑到定海水师与英军舰队实力相差太大，水战定难取胜，而且衢头又无险可据，主张将港口和衢头的兵力一半撤至离城一里远的半路亭，另一半撤到城里，等英军登岸后再伺机剿灭，但张朝发认为"夷情猖獗，不宜退避"，坚决不同意，他还对姚怀祥说："城非吾责，吾领水师，知扼海口而已。若纵之登岸，则大事去矣。"最后，他们只能分头守战，并相约"在外者主战，战虽败不得入，在内者主守，守虽溃不得出"[3]。姚怀祥在城内率守兵用土袋塞四门，张朝发则调城外各营及水师，齐集北港防堵。定海衢头港口无险可扼，张朝发率领的水师部队全部暴露在英军舰队炮火下。

定海传统海防工事在英军炮火面前不堪一击。7月5日英军如期攻城，"'威里士厘'号第一舷侧炮就差不多消灭了位于它对面的一艘可怜的小船，而'康威'号则把它的几门炮对准城右山坡上修筑的一些临时工事，工事上的火力很快就哑了。几分钟后，敌人的火力普遍停止了。……中国的船不是断了桅就是靠了岸，码头上边的中国士兵都溃散了"[4]。交战没多久，清军水师的防线就开始崩溃，在港口防御的士兵就纷纷落逃，张朝发亦中弹身亡。次日清晨，英军开始攻定海城，而此时官兵和百姓都已弃城逃跑。定海陷落。

定海陷落的一部分原因是因为指挥失误和备战匆忙，但最主要的还是中国传统海防力量与英国近代海军力量之间的差距。

① 中国史学会主编：《中国近代史资料丛刊·鸦片战争》第2册，上海书店出版社2000年版，第240页。
② 参见炎明主编：《浙江鸦片战争史料》，宁波出版社1997年版，第147页。
③ 中国史学会主编：《中国近代史资料丛刊·鸦片战争》第4册，上海书店出版社2000年版，第649页。
④ 中国第一历史档案馆等编：《鸦片战争在舟山史料选编》，浙江人民出版社1992年版，第555页。

鸦片战争爆发后，浙江按照传统海防"调兵堵防"的老套路，在沿海各要口，添兵募勇，处处封禁：

（1）镇海口：是重点防御地。招宝山原有的威远城屯兵列炮，山下的海滩钉立木桩，中间留有空隙，用装满碎石的竹篓垒积起来，上面堆上沙袋，沙袋上安置炮位；对岸金鸡山增兵驻守，并加筑土墙；在入海口沉船以阻敌舰进港。

（2）乍浦：前后调兵练勇及本汛兵丁，共 3000 余名，"兼有将军都统并副将等官在彼调度统带，业经附片奏明，可无他虑"①。

（3）玉环厅：同知朱煌颇共募乡勇 3550 余名，分布各口。又拨兵 200 名前往玉环协防，并拨兵 350 名留守府城。

（4）海门：已钉木桩，并改拨兵 200 名协同防堵。

此外，杭州海宁州凤凰山安设大炮六位，拨兵 300 余名堵御；宁波府属之象山、穿山、石浦等处共拨兵 1200 名分防守御；绍兴府属各通海县，各练乡勇，与兵固守，"萧山之龙虎二山斜对海宁之尖山，海口外为来船渡口，巨舟可到，已设兵安炮，并练勇保卫"②。

定海陷落后，英国殖民者设官分治，建立了殖民统治，但遭到了定海人民顽强的反抗。舟山"各屿居民同仇共愤，各自为守，不为贼用"③。他们"坚壁清野"，拒绝给英军供应蔬菜、鱼类、粮食等，造成英军"缺乏新鲜而有益的食物"，陷入了极度困境。④ 由于得不到食物，再加上饮用水被当地民众有意污染，英军肠道传染病和疟疾的流行加剧。根据英军统计，从 1840 年 7 月 13 日到 12 月 31 日，"在一支不超过 4000 人的军队里，兵员住院疗病的就有 5329 人次，死亡 448 人；住院诊疗的兵员中半数是患了间歇性的发热症，死亡人数中有三分之二是死于腹泻和下痢"⑤。

1841 年 1 月 25 日，琦善与义律在广东草签停战条约。根据这一草约，"天朝

---

① 炎明主编：《浙江鸦片战争史料》，宁波出版社 1997 年版，第 122 页。
② 炎明主编：《浙江鸦片战争史料》，宁波出版社 1997 年版，第 122 页。
③ 中国史学会主编：《中国近代史资料丛刊·鸦片战争》第 5 册，上海书店出版社 2000 年版，第 222 页。
④ 宾汉：《英军在华作战记》，见杨家骆主编：《鸦片战争文献汇编》第 5 册，台北鼎文书局 1973 年版，第 120 页。
⑤ 宾汉：《英军在华作战记》，见杨家骆主编：《鸦片战争文献汇编》第 5 册，台北鼎文书局 1973 年版，第 123 页。

浙江省之定海县缴还，求为奏恳大皇帝恩施，准令照前来粤通商，并给予寄居之地一处"①。《穿鼻草约》虽然没有得到道光帝的批准，但英军由于受流行病的影响，还是在草约签订后一个月，从定海撤出转而强占香港。

二、定海再次陷落

定海第一次失陷后，清政府派伊里布为钦差大臣，全权负责浙江防务。伊里布认为英夷"所恃全在船坚炮利"，"不可在海洋与之接仗"，但一登陆，其技立穷，可"即行痛剿"。② 因此，他采取了海上避战，陆路消极防守的策略。1840 年 11 月 9 日，伊里布以交换俘虏为条件擅自与英军将领义律签订了《浙江休战协议》。之后，伊里布又拖延道光帝"着伊里布克日进兵，收复定海"的旨意，以"广东、浙江两处情形通盘筹划"为由，迟迟不采取军事行动，被道光帝革职。③

接替伊里布的是裕谦。与伊里布的妥协退让不同，裕谦一到浙江便将采取了一系列备战措施：

（1）增加定海兵力与大炮的数量。上奏朝廷饬令闽浙总督酌量调拨福建新铸的八千斤、六千斤大炮各数尊，迅速调赴定海，以资防守。同时，令提督余步云，将浙江本省新铸成的 17 尊三千斤铜炮拨出 10 尊，20 尊一千斤铜炮拨出 10 尊，调赴定海，交总兵葛云飞择要安设，其余大炮俱留在镇海防堵。

总兵王锡朋率领的寿春镇原有标兵 1200 名，早前伊里布已经调了 400 名到定海，裕谦将剩余的 800 名也陆续调往定海，又将自己带来的河南抬炮拨出 100 杆，交王锡朋逐日教习操练，后又让江苏代造抬炮 200 杆。除了派往定海的寿春镇 1200 名标兵外，驻扎在定海的官兵还有浙江处州、衢州、金华各标兵 1900 名。④ 这样，加上定海镇标兵 2500 余名，"统计定海现有兵五千六百余名，大小新

---

① 中国第一历史档案馆馆藏档案，第 3 全宗，第 9222 卷，第 38 号。
② 炎明主编：《浙江鸦片战争史料》，宁波出版社 1997 年版，第 132 页。
③ 炎明主编：《浙江鸦片战争史料》，宁波出版社 1997 年版，第 263、268 页。
④ 参见茅海建：《鸦片战争时期的中英兵力》，见宁靖编：《鸦片战争史论文专集》（续编），人民出版社 1984 年版，第 178 页。

旧炮七十位"①。

（2）招募水勇。水勇主要由擅长水性且臂力、技艺过人的渔民组成。裕谦在岱山、定海、石浦、镇海等地招募水勇千余名，配造十六桨快船、渔船。他们由官府派官兵统率，"或假扮网渔贸贩，出洋巡哨，或密带火器枪械，相机焚剿"②。考虑到这些水勇原本都是一帮由沿海彪悍渔民组成，一旦失控难以管制，裕谦将这些水勇分开组队，"或二三百人为一队，或百余人为一队，或数十人为一队，或闽或浙，总不得专募一州一县之人"，他们"或伏于海汊，或把守口岸，不令聚集一处"。③

（3）悬赏捉拿夷人，惩治汉奸。裕谦对于擒拿和歼敌者，给以重赏。裕谦到浙后即对擒拿英军的包祖加以重赏，民众听闻后都跃跃欲试，许多人竟"以待逆夷之来，设法擒击"④。对于汉奸通敌者，裕谦认为"必得设法购拿到案，枭示海滨，并籍没其财产，缘坐其家属，以正人心而彰国法"⑤。汉奸杨阿三等五人被就地正法。

（4）修筑定海土城。土城修筑由定海知县舒恭受负责。土城自青垒山起，环绕东岳山、道头至竹山，延袤八里，共长一千四百三十六丈四尺，高约一丈一二三四尺，随处皆可安设炮位。土城为港口内的船舶提供了很好的掩护，"现在船泊海洋，已为土城遮护，不能窥伺内城"⑥。

裕谦备战措施已经做得相当充分。在他的主持下军民团结一心，浙东防务有所加强，但是这种以"防堵"为前提的海防体系，仍然经不起英国强大的近代化军队的攻击。

英军撤出舟山后，英国外交大臣巴麦尊认为是"莫名其妙"，极为不满。于是，英内阁会议做出决议：重新占领舟山，并召回义律改派璞鼎查前往。璞鼎查

---

① 炎明主编：《浙江鸦片战争史料》，宁波出版社 1997 年版，第 397 页。

② 炎明主编：《浙江鸦片战争史料》，宁波出版社 1997 年版，第 395 页。

③ 炎明主编：《浙江鸦片战争史料》，宁波出版社 1997 年版，第 404 页。

④ 炎明主编：《浙江鸦片战争史料》，宁波出版社 1997 年版，第 393 页。

⑤ 炎明主编：《浙江鸦片战争史料》，宁波出版社 1997 年版，第 393 页。

⑥ 炎明主编：《浙江鸦片战争史料》，宁波出版社 1997 年版，第 394 页。

临行之际，巴麦尊又特别训令，要求他"无论处于何种情况下，绝不该再放弃这些美好的岛屿了"[①]。第二次定海战役打响。

1841年8月英军再次侵犯定海。当时，清军经过充分整顿，装备有一定好转。就大炮而言，在定海城周各山及土城上共有大炮22门，城垣周围和兵船各配有大小炮40门。但与此同时，英军的火力也较前次大为加强。船队从战斗之初的29艘增加到后来的40多艘，战斗人员则从原来的2000多人增加到20000多人，大多数士兵携有毛瑟枪，配备着炮队，各类军用物资应有尽有。

第二次定海保卫战是鸦片战争中打得最激烈，守卫时间最长，英军损失最惨重的一战。这场战役从9月26日到10月1日，持续六昼夜。在战斗中，定海官兵进行了英勇卓绝的抵抗：定海三总兵葛云飞、王锡朋、郑国鸿相继阵亡，定海5600守军"均已筋疲力尽，阵亡者甚多，一时无从查悉"，英军也付出了"火轮船一只，大兵船三只，舢板船三只"，陆上交战损失兵士"一千数百余"的代价，其中就有"皇家五十五团伍长及军鼓手十三名及士兵四百零三名"。最后，英军相继攻陷晓峰岭、竹山门、土城及东岳山清军驻地。定海再次失陷。紧接着，镇海、宁波、余姚和奉化也相继失守。

浙东战败给清廷造成了极大的震动，道光帝急忙命令奕经为扬威将军，调集各路兵勇万余名，准备收复浙东，但行动不久便告失败。1842年（道光二十二年）8月，中英《南京条约》签订，中国被迫接受了丧权辱国的不平等要求，从此步入半殖民地半封建时期。

三、传统海防体系的崩溃

鸦片战争时期，虽然清政府在浙东战场投入了重兵，但在强大的近代陆海军面前，最终还是难逃完败的结局。这说明传统海防体制已经不能适应近代海防的需要了，传统的海防体制开始走向崩溃。

首先，近岸防卫立足于"堵"。鸦片战争前，清王朝的海防对象是海盗，海防重点是防其"出"与"入"，因此海防策略是在沿海各口实行"堵防"。由于水

---

① 宾汉：《英军在华作战记》，见杨家骆主编：《鸦片战争文献汇编》第5册，台北鼎文书局1973年版，第265页。

师船小火力弱，最多"密带火器枪械，相机焚剿"①，因此清军只能放弃海上力量的交锋，把防卫的重点放在岸上要口与敌硬拼，其结果是兵力分散，缺少机动性。如，第一次定海保卫战失败后，清政府主要是通过添兵各口，加固炮台，"堵塞"航道的办法来加强防卫。

其次，武器落后。由于没有强大的海上力量，清军守卫口岸只能依仗于炮台，但"沿海炮台以防内地海盗则有余，若以御洋夷，则适足树的招攻，毫无益于守御"②。鸦片战争期间，浙江修建的海防炮台仍沿用清代前期的方式修建，多为砖石结构的旧式露天炮台。炮台周围没有构筑地下工事，各炮台之间互不联系，势如孤岛，没有纵深防御能力。火炮是铁质（少量的铜铸）前膛炮，射击瞄准全凭经验；由于没有安装炮车炮架，一旦安装无法根据战事的变化灵活移动。而欧洲人早在已经研制成功后装线膛枪炮，并开始大规模列装军队。这种威力大、射程远和命中率高的火炮，具有极大的杀伤力和破坏力。因此，双方一旦交战强弱分明。清军的绝大多数炮台在英军舰炮轰击下台毁人亡，未能起到实际的防卫作用。以定海之战为例，葛云飞指挥清军在土城"开炮数日，仅一次击中其火轮头桅，是数百炮仅得一炮之力也"③。

再次，战术落后。英军在攻打定海、镇海、乍浦时，战术几乎如出一辙：舰炮猛烈轰击，掩护陆军登陆，然后侧翼包抄。但清军未能很快适应英军战术，战术陈旧，严防死守，而一旦一点被击破就全线溃败。如在攻打乍浦时，英军"登入轮船在沙滩上登陆，因以包抄敌人之左，而轮船去攻打炮台，但是立刻知道炮台中的兵士已经撤出去了，因为没有一颗回弹。右路纵队首先上岸，然后左纵队和中央纵队把一连串的防御工事个个都攻克了"④。

鸦片战争浙东战事的失败，表明传统海防体制开始走向崩溃。在之后的数十年间，清政府并未对浙江沿海防务进行实质性改变，只是做了一些增加水师船、

---

① 炎明主编：《浙江鸦片战争史料》，宁波出版社 1997 年版，第 395 页。
② 〔清〕魏源：《海国图志》卷 90，岳麓书社 1998 年版，第 2110 页。
③ 〔清〕梁章钜：《归田琐记》卷 2《炮说》，中华书局 1981 年版，第 22 页。
④ 宾汉：《英军在华作战记》，见杨家骆主编：《鸦片战争文献汇编》第 5 册，台北鼎文书局 1973 年版，第 292—293 页。

加强巡洋会哨以及炮台修筑等工作，战争中暴露出来的海防问题并没有得到根本解决。例如，要求浙江按照江苏例"先行制造同安梭两只，八桨船四只，酌雇水勇数十名"①。增拨"闽船十只，驾驶赴浙，以资巡缉"②。在炮台建设方面，由于鸦片战争期间浙东地区的炮台悉数被毁，清政府对相关炮台做了相应的修复。如，为了保障省城安全，把原来建在海宁凤凰山顶的炮台移植山下，以便炮火能覆盖主航道；在海宁和海盐交界的谈仙岭建筑石寨一座，内设炮台二座。③在舟山，修复了东山震远炮城，以及五奎山、沈家门、岑港炮台，并在小竹山、莫家山、青垒头和斗六门等处分别添设炮台数座。④此外，还在上虞、象山、宁海、临海、太平、乐清、永嘉、瑞安、平阳等沿海要地修建了多座炮台、烟墩和瞭望台。这些炮台有些虽安置了供火炮升降旋转的滑轮绞架，但其构筑大多为暴露式长墙高台，无纵深配备，防御能力极差。可见，清政府传统的海防策略仍在延续，无法应对外敌对海疆的侵扰。

藩篱已拆，大门洞开，"蔽门户以安堂奥"的传统海防观已经成为过去。1842年，中英签订《南京条约》，宁波成为通商口岸，西方的商船和军舰能够自由进出宁波及相关港口。咸丰十年（1860），英法两国有 18 艘舰船陆续驶进定海停泊，欲借城内衙署和寺院居住，遭拒。于是，三四千士兵"轮流入城操演，夷目分股巡查"，屡行不轨，"甚至强索钱粮征册，擅入监狱"。⑤地方官员却无能为力，"惟有饬令该同知等，暂行设法羁縻，并劝居民勿与为难，希冀消弭其事"⑥。有海无防之窘境，可见一斑。

---

① 赵之恒标点：《大清十朝圣训》，北京燕山出版社 1988 年版，第 8573 页。
② 赵之恒标点：《大清十朝圣训》，北京燕山出版社 1988 年版，第 8582 页。
③ 参见中国第一历史档案馆编：《鸦片战争档案史料》第 7 册，天津古籍出版社 1992 年版，第 234 页。
④ 参见中国第一历史档案馆编：《鸦片战争档案史料》第 7 册，天津古籍出版社 1992 年版，第 705—707 页。
⑤ 《筹办夷务始末（咸丰朝）》卷 51，中华书局 1979 年版，第 1906 页。
⑥ 《筹办夷务始末（咸丰朝）》卷 50，中华书局 1979 年版，第 1888 页。

第三节　鸦片战争后浙江海防

一、洋务运动时期浙江海防

（一）浙江机器局的设置

洋务运动时期，洋务派以"自强"为口号，购置西式武器，引进西方先进设备和技术，兴建了一批近代军事工业。他们还有计划地整饬海防，按照西方炮台样式修建新式海防炮台，建造战舰，兴建军港，编练新式海军。但是，浙江在洋务时期与邻近省份相比，无论是在军事工业方面，还是在海防建设方面，都已经逐渐落后。

其实，浙江的洋务活动起步并不晚。早在太平天国时期，时任浙江巡抚左宗棠因在浙清军"剿贼药尽"，委派陈其元在宁波开局配制火药，"并仿造小火轮船二只"①。后来，该局因经费问题，且太平军已被剿灭而终止。同治三年（1864），左宗棠在杭州"曾匠仿制小轮船，形模粗具"，"惟轮机须从西洋购觅，乃臻捷便"。②两年后，左宗棠奏请在福建设局造船，以达"防海害而收其利"之效。③光绪六年（1880），洋务派又在宁波开办火药局和军械局，但因规模较小，制造品种单一，被浙江巡抚钟麟制止。④

1885 年（光绪十一年）3 月，刘秉璋奏请设立浙江机器局。刘秉璋规划建造总厂一所，分厂两所，大小厂房 25 间，火烟筒一座；此外还有客厅、办事公所、洋匠寓所、储材分厂和工匠住所等十几间附属设施，共需花费 23700 余两。浙江机器局聘用德国工匠，完全按照德国工厂图纸建制，"造作均极精坚，以资永久适

---

① （清）陈其元：《庸闲斋笔记》，中华书局 1989 年版，第 265 页。

② 翦伯赞：《中国通史参考资料》，中华书局 1980 年版，第 353、354 页。

③ 中国近代史资料汇编编辑委员会编著：《海防档（乙）神州船厂》，"中央研究院"近代史研究所 1957 年版，第 10 页。

④ 樊百川：《清季的洋务新政》第 2 卷，上海书店出版社 2003 年版，第 1335、1440 页。

用"①。后来，刘秉璋等又派机器局委员候补知府王恩咸等先后赶赴上海购买置办机器局所需物件。王恩咸等先后 12 次赴沪采办制造军火各项外洋物料，共计支出库平银 73116 两 1 钱 8 分 8 厘，具体见表 2-2。

表 2-2　浙江筹办海防期间陆续采办的物品表

	物资	所费规银、洋	采办人
第一次	各种青铅、各种生钢、东洋元宝铜、可介子煤焦炭、黑松煤机器各种洋油栗木炭等	银：6583 两 6 钱 1 分 6 厘 洋：790 圆 6 角 8 分 8 厘	王恩咸等
第二次	钢锉、洋纸、皮带、东洋元宝铜、可介子煤焦炭、申南煤、科发药水药料、天兴岗栗炭、外洋各种白铅、各种生钢等	银：3888 两 8 钱 2 分 9 厘 洋：5239 圆 6 角 9 分 8 厘	王恩咸等
第三次	外洋紫口生铁、青铅、玻璃管、铜汽镖、英牛皮机器油、外洋皮带螺丝、并搥眼器具、义昌铁橙砧、东洋介子煤、福昌栗炭、蓝洋布等	银：943 两 9 分 4 厘 洋：478 圆 4 角 1 分	王恩咸等
第四次	厚广皮、紫铜皮、开花弹、木信子、白药磁缸、摩罗铁板、洋烛、洋铁条、义昌水泥、本纱头、栗炭、化铜罐、义昌火泥、元宝紫铜、地亚士药水等	银：855 两 4 钱 1 分 5 厘 洋：1507 圆 3 角 8 分	王恩咸等
第五次	洋烧酒精、黄红铜皮卷、黄铜条、手风箱、宝达石玻璃胆瓶、洋白皮带、洋铁条、洋铁匣、义昌开平火砖、机器油、本棉纱、安的宏泥舍来克炮打施等	银：1029 两 7 钱 6 分 1 厘 洋：1352 圆 5 角 6 分 7 厘	王恩咸等
第六次	洋生铁、紫铜丝、玻璃桶、玻璃度数表、象皮、进水管、瓦略炉、元宝紫铜、厚广皮、条炭、松柴、洋茶油、铁竹筛、义昌上焦炭、火油、钢丝、化铜罐、科发锡箔等	银：3101 两 6 钱 9 分 洋：922 圆 2 角 3 分	王恩咸等
第七次	青铅、罗马员铁、烧酒精、洋干漆、地亚士瓦略紫铜药水桶、焊药水、洋扁锉、半员锉、装枪子铜帽洋铁匣等	银：5485 两 9 钱 4 分 1 厘 洋：330 圆 8 角 6 分 8 厘	王恩咸等
第八次	元宝紫铜、红铜、厚广皮、洋烛、条炭、黑煤、洋铁条、装拉火洋铁匣、各式木模、紫铜皮卷、英棉纱头、黄铜条、玻璃药水表、义昌方铁元条、花格铁板、本纱头、夹布象皮轧、机器油、科发磺强水硝强水、天兴岗栗炭等	银：3394 两 6 钱 3 分 3 厘 洋：1321 圆 6 角 5 分 8 厘	王恩咸等

---

① 中国史学会主编：《中国近代史资料丛刊·洋务运动》第 5 册，上海书店出版社 2000 年版，第 423 页。

	物资	所费规银、洋	采办人
第九次	电箱、腰黄、罗摩铁板、铸弹新生铁、红铜丝、松柴松炭、洋茶油、双层英皮带、洋点锡、义昌洋钢锉、英纱头、五金块锡化钢罐、螺丝公母板、瓦略炉、元宝紫铜、焦炭、白铅、洋磅秤等	银：6065 两 8 钱 2 分 洋：1475 圆 8 角 6 分 2 厘	徐士霖等
第十次	瓦略炉、元宝紫铜、胶布、象皮、进水管、英铁板、造白药磁缸、新生铁、纺绸、洋标布、洋铁条、木模紫泥等	银：5780 两 7 钱 7 分 4 厘 洋：1302 圆 8 角 5 分	李宝章等
第十一次	青铅、罗马员铁、黄铜元条、八角钢铁气管、罗马铁板、锅钉、吕宋元宝红铜、黄铜板、英元铁、罗马方铁、义昌点锡、五会火泥、化铜罐、科发火酒、介子煤焦炭、细红铜丝、生铁、白象皮、红砂土、五轧漆油、各色洋漆、裹绒线等	银：4386 两 9 钱 5 分 洋：1966 圆 3 角 5 分 4 厘	李宝章等
第十二次	瓦略元宝紫铜、象皮、进水管、罗马铁版铁风箱、平水尺、洋白铅、洋铁条、磁缸、地亚士紫泥罐、洋胶、玻璃瓶、汽炉管、义昌红铜板、钢丝、化铜罐、本纱头、科发洋药、早介子煤等	银：4746 两 8 钱 6 分 3 厘 洋：1037 圆 3 分 5 厘	王赞钧等

资料来源：中国史学会主编：《中国近代史资料丛刊·洋务运动》第 4 册，上海书店出版社 2000 年版，第 425—428 页。

浙江机器局由于规模小，其成果并不大。浙江机器局的设置，并没有给浙江的海防建设带来翻天覆地的变化，浙江海防战略地位依旧得不到中央政府的重视。

（二）洋务运动期间浙江沿海炮台的修建

洋务运动期间，沿海炮台的修建成为浙江海防建设中为数不多的亮点之一，而且这些炮台许多都装有进口的大炮，沿岸火力得到大大提升。炮台的修建其实是迫不得已的选择，由于浙江没有强劲的海上力量可用，只能继续采取"守岸堵口"的传统海防策略，因此修建炮台仍是最佳选择，见表 2-3。

表 2-3　洋务运动时期浙江沿海修建的炮台

地区	炮台名称	时间	大炮数量
乍浦	天后宫靖安炮台	1874 年（同治十三年）改修，1885 年（光绪十一年）再次改修	一百八十磅阿姆司脱郎前膛炮 1 尊、土炮 4 尊
	观山麓保安城炮台	1874 年（同治十三年）改修	土炮 12 尊
镇海	威远炮台	1877 年（光绪三年）建[1]	二十一生克虏卜后膛炮 2 尊、四十磅弹瓦瓦司后膛炮 3 尊、八十磅弹瓦瓦司前膛炮 2 尊、英国土炮 2 尊，勇 100 名，营房 5 间，官厅 1 座
	定远炮台	1883 年（光绪九年）建	四十磅弹阜物士后膛炮 1 尊、四十磅阜物士前膛炮 1 尊、土炮 3 尊，勇 40 名
	安远炮台	1884 年（光绪十年）建	八十磅弹阿姆司脱郎前膛炮 3 尊、二十一生的克虏卜后膛炮 1 尊，勇 80 名
	宏远炮台	1887 年（光绪十三年）建	二十四生克虏卜后膛炮 2 尊、二十一生克虏卜后膛炮 1 尊、十七生克虏卜后膛炮 1 尊
	镇远炮台	1880 年（光绪六年）建	十七生克虏卜后膛炮 1 尊、十二生克虏卜后膛炮 2 尊、八十磅弹瓦瓦司前膛炮 1 尊、四十六磅弹瓦瓦司前膛炮 2 尊、英国土炮 2 尊，勇 80 名，营房 11 间
	靖远炮台	1877 年（光绪三年）建	八十磅弹阿姆司脱郎前膛炮 4 尊、八十磅弹瓦瓦司后膛炮 1 尊，勇 60 名
	天然炮台	1883 年（光绪九年）建	置炮 3 尊
	自然炮台	1883（光绪九年）建	置炮 4 尊
舟山	竹山炮台	1884 年（光绪十年）建	一百八十磅弹阿姆司脱郎后膛炮 1 尊，八十磅弹瓦瓦司前膛炮 1 尊、弹阜物士后膛炮 2 尊、英国土炮 4 尊
	振威炮台	1884 年（光绪十年）建	一百二十磅阿姆司脱郎后膛炮 1 尊、英国土炮 3 尊
	永清炮台	1880 年（光绪六年）建	八十磅弹瓦瓦司前膛炮 1 尊、英国土炮 5 尊
	镇定炮台	1884 年（光绪十年）建	一八十磅弹瓦瓦司前膛炮 1 尊、英国土炮 4 尊
海门卫	南岸外沙联珠炮台	1874 年（同治十三年）建	二十磅弹丸瓦瓦司前膛炮 3 尊、土炮 2 尊

续表

地区	炮台名称	时间	大炮数量
	小圆山麓炮台	1874 年（同治十三年）建	土炮 3 尊

资料来源：根据朱正元的《浙江省沿海图说》（光绪二十五年刊）整理而成。

　　[1]　朱元正的《浙江省沿海图说》记载的是光绪元年建置，而《填海县志》记载的是光绪三年。

　　除了引进西式火炮外，炮台的建筑工艺和防护力也有所提高。同治十三年（1874），丁日昌在《拟海洋水师章程》中说："中国炮台之所以无用，非炮台之无用，乃台之式不合其宜，炮之制不得其法，演炮不得其准，守台不得其人。"而西人"炮台之式，下大、上椭圆，四面安炮，迤逦起伏，首尾左右，互相照顾。台下环池，与中国炮台迥异。拟仿照其式，沿海仍择要修筑炮台。其炮之制，亦如西国"①。自此，浙江沿海各口开始按照西方的样式来修筑炮台。

　　其一，精选建材，结构牢固。这一时期修筑的炮台大多用三合土夯筑，且内砌条石。三合土，是我国古人筑造城墙发明的一种建材，"以石灰、糯米汁、蛤灰、牛毛等物掺和入土，每土四寸，以锤至八分为度"②。三合土夯筑的炮台能较好地避免旧式砖石材料的炮台在受到敌弹轰击时乱石飞溅、码子杀人的弊端，极大地提高了对炮台和守军的保护能力。如，镇海地区的炮台炮口铁门用六至十层铁板钉成，厚三至五寸，用三合土前围墙厚一丈到一丈五尺，"三合土作顶，厚八尺"③。

　　其二，炮台结构从露天的明炮台向封顶的暗炮台转化。暗炮台在提升自己保护能力。的同时，又可以增强隐蔽性和提高打击敌人的能力。暗炮台的构筑方式来自于西洋，"英国阿姆斯脱郎厂武员孟格里符新制暗台，藏炮地中，俗名地阱炮。敌人无从窥，炮弹不能及。其炮以水机升降，见敌至则升炮击之，可以圆转自如，四面环击，燃放之后，炮身即藉弹药坐力退压水汽，徐徐而降，复还阱

---

① 张侠等主编：《清末海军史料》，海洋出版社 1982 年版，第 10 页。

② （清）邵之棠：《皇朝经世文统编》卷 80，上海宝善斋藏本，1901 年版，第 30 页。

③ （清）萨承钰：《南北洋炮台图说》卷 5，光绪十六年十一月，2008 年影印版，第 117 页。

中"①。当时，浙江沿海各口新修的炮台大多为暗炮台。如澉浦地区的头围口暗炮台、温州口的茅竹岭下江暗炮台。镇海为浙东之咽喉，中法战争前镇海口已建有乌龙岗、清泉岭和沙蟹岭等多座暗炮台，其中南岸拦江暗炮台"前围墙筑三合土，后围墙用青石垒砌"②。

（三）南、北洋督办与浙江海防建设的滞后

同治十三年（1874），日本出兵台湾，严重威胁东南沿海的安全。清政府明知日本理曲，但苦于海防准备不充分，与日本签订了《北京专条》。11 月 5 日，总理衙门鉴于东南海疆形势严峻，向清廷上呈了一份关于亟须筹划海防的奏折。军机大臣将总理衙门的奏折连同皇帝上谕一并密寄给直隶总督李鸿章、湖广总督李瀚章、福建巡抚王开泰以及浙江巡抚杨昌濬等人，要求他们集思广益，切实讨论，并限一月内回复。后来广东巡抚张兆栋上奏了丁日昌的《海军水师章程》，于是围绕着丁日昌的章程，大臣们展开了激烈的第一次海防大讨论。丁日昌的《海军水师章程》中，明确提出北洋、东洋、南洋三洋联为一气，并拟在北洋、东洋、南洋三洋分别设立提督，即"以山东益直隶，而建阃于天津，为北洋提督；以浙江益江苏，而建阃于吴淞，为东洋提督；以广东益福建，而建阃于南澳，为南洋提督"③。丁日昌关于建立近代海防，发展近代海军的筹划，尽管不够成熟和完善，如没有解决统一指挥问题、没有明确海军提督的责权及其与地方官府的关系问题，但其对购买近代战舰、修筑炮台、设局制械、新式海军的设置等方面的阐述，在当时还是相当有远见的。

在丁日昌的《海军水师章程》里，江浙防务实际上已经与北洋防务、闽粤防务同等看待。他的这一看法也得到时任军机大臣的文祥认同，他认为中国最应防范的是日本，因为"日本与闽浙一苇可航"④，所以应该重视浙江的海防。而时任两广总督张之洞认为海军应分成北洋、南洋、闽洋、粤洋四大支，其中浙江归南

①　（清）郑观应：《盛世危言》卷 7《兵政·炮台》，内蒙古人民出版社 1996 年版，第 831 页。
②　（清）萨承钰：《南北洋炮台图说》卷 5，光绪十六年十一月，2008 年影印版，第 107 页。
③　张侠主编：《清末海军史料》，海洋出版社 1982 年版，第 11 页。
④　张侠主编：《清末海军史料》，海洋出版社 1982 年版，第 167 页。

洋所属。四者均衡发展，无事时，各专其责，遇敌时，互相支援。以上各大臣都肯定了浙江海防的地位。但位高权重的李鸿章却不这样认为。在李鸿章看来，沿海口岸林立，如果处处设以重兵，花费巨大且收效甚微，因此要有轻重缓急之分，择要分布，其中直隶一带为京畿重地，是天下根本，最为重要。江苏一带既是长江门户，又是财赋重地，是仅次于直隶的地区。而包括浙江在内的其余各省海口只需要"略为布置"即可，"既有挫失，于大局尚无甚碍"。①总理衙门在总结第一次海防筹议的奏折中，也提出了"就北洋创设水师一军，俟力渐充，就一化三，择要分布"②。从李鸿章与总理衙门的建议中，可以看出浙江的海防战略地位在弱化。

最后，清政府考虑到南北洋洋面过宽，又连接数省，最终决定南、北洋分段督办，均衡发展，并委派李鸿章、沈葆桢分别督办北洋、南洋海防事宜。自此，所有分洋、练军、设局等事，统归督办南、北洋大臣择要筹办，并嘱咐"各该省督抚当事事和衷共济，不得稍分畛域"③。

南、北洋分段督办本是想通过统一规划和领导，平衡发展海防力量，但这一平衡发展战略很快就被打破。随着日本侵略朝鲜的态势日益加紧，以朝鲜为战略重点的海防战略有力地影响了清廷的决策。本来就主张重点建设北洋水师的李鸿章，通过获得朝廷财力的支持，使北洋海军的实力迅速超过南洋诸省。相反，南洋海防由于缺乏国家财政支持和统一规划、领导，长期处于地域之分的争论中。如当松江提督李朝斌"统领轮船会操于上海"时，"浙省允之，而闽省驳之"。④

导致南洋苏、浙、闽、粤诸省各自为"防"的原因还有：

一是南洋海域辽阔。南洋的管辖海域自江苏至广东，延绵数千里，海域面积辽阔，海防任务繁重，且沈葆桢身兼数职，集军事、政治、外交等各事物于一身，势必难以兼顾。

二是职责不明确。南洋大臣只是两江总督的一个兼差，南洋水师虽然名义上

---

① 张侠主编：《清末海军史料》，海洋出版社 1982 年版，第 166 页。

② 中国史学会主编：《中国近代史资料丛刊·洋务运动》第 1 册，上海书店出版社 2000 年版，第 146 页。

③ 张侠主编：《清末海军史料》，海洋出版社 1982 年版，第 166 页。

④ 张侠主编：《清末海军史料》，海洋出版社 1982 年版，第 19 页。

有节制南洋各省水师的权利，但实际上仅仅是咨询协商。"南北两洋，而各省另有疆臣，迁调不常，意见或异，自开办水师以来，迄无一定准则，任各省历任疆吏意为变易。"① 可见，南洋大臣的影响范围仅仅局限在两江一带，并没有做到真正的协调与统一。这样南洋各省的海防建设陷入各自为战的尴尬境地也就不足为奇了。然而，相比于邻近的江苏、福建等省，浙江的海防建设发展更为滞后。例如江苏有南洋舰队，福建有福建舰队，广东有广东舰队，唯独浙江没有一支近代化的海防力量，而且江苏、广东还设有规模更大的机器局，福建也有船厂。反观浙江，几乎没有近代军事工业，无法自己生产枪炮舰船，枪炮等武器主要靠从别处采购。

浙江海防建设逐渐被边缘化也与缺乏地方实权人物相关。浙江巡抚杨昌濬为了获得与闽、粤、苏平等发展的条件，放低要求，公开议论"大约水师闽、广为长，浙江各省次之"②，以求得江浙一体发展近代水师的目的，但却得不到响应。原因很简单，鸦片战争后随着清中央政府权力日渐衰微，地方督、抚争相发展自己的实力，具体主持浙江海防事宜的浙江巡抚，与主持江苏海防事宜的两江总督、主持广东海防事宜的两广总督以及主持福建海防事宜的闽浙总督相比，位低权轻，缺乏在朝中的话语权。

二、中法战争时期浙江海防的短暂加强

光绪八年（1882），法国海军由越南西贡北上，在北圻登陆并攻陷东京（河内），越南向当时的宗主国中国请求援助。清政府派人与法国谈判，并在天津签订草约。草约规定，红河以北是中国保护区，红河以南为法国保护区。光绪九年（1883）清政府听闻"法国欲更前议，并欲将该使宝海撤回"，认为"彼方反复无常，惟当持以镇静，严申儆备"。③ 这表明清政府已经有了中法对抗的心理准备。同年，中法两国同时宣布草约无效。法国军队进攻越南首都顺化，迫使越南国王

① 中国史学会主编：《中国近代史资料丛刊·洋务运动》第 2 册，上海书店出版社 2000 年版，第 570—571 页。
② 《同治甲戌日兵侵台始末》，沈云龙主编：《近代中国史料丛刊续编》第 100 辑，台北文海出版社，第 238 页。
③ 中法镇海之役资料选辑编委会：《中法战争镇海之役史料》，光明日报出版社 1988 年版，第 38 页。

阮福升投降并与法国签订了《顺化条约》。《顺化条约》承认越南是法国的保护国，内政外交全归法国管理。越南高阶层拒绝承认《顺化条约》，另立国王，并遣使到中国求救。中法战争一触即发。

清政府考虑到法国可能会兵犯沿海各海口，牵制中国，要求沿海各口择要布置，预先筹办，并"着李鸿章、左宗棠、刘秉璋等就各省海口情形，将应如何修筑炮台，储备军械，慎选将领，挑拨兵勇之处，逐一详细筹划，迅速办理，务期缓急足恃，免致临事张惶"[①]。浙江的海防建设由此进入战事筹备时期，浙江的海防在这一时期也得到了短暂加强。

中法战争时期浙江战事筹防措施主要有：

1. 截流开源，筹集海防经费

兴办海防需要巨大的财政支出，浙江的备战计划一开始就面临着严峻的财政问题。浙江在清一代属富庶之地，出现饷银危机，一是协饷太多，二是收入减少。"浙省财赋本不为少"，然"协饷既多，各项所入又短，即不办海防，势难支持"[②]，而中法交战又加剧了浙江的财政危机。许多民众出于惶恐对于交纳钱粮观望不前，市场也开始寂寥，导致货物滞泄商人稀少，厘金收入也大大减少，"比旺手之年，仅乃及半"[③]。一方面是财政收入大减，另一方面又要大量添置兵勇和军火器械。时任浙江巡抚刘秉璋暗自感叹点金乏术、海防布置无从下手的局面，"本年收数大减，出款倍增，实属无从措手"[④]。

刘秉璋为了解决财政困境，采取了截流开源的方法。所谓截流就是严格控制各项支出，一切从俭规划。"自去年办防以来，陆续募勇，从俭布置。"[⑤]刘秉璋还削减兵勇的月饷，"将所领之月饷改为三十五天一放"[⑥]。除了节省各项支出外，刘秉璋还力求最大限度地发挥财政效率。他认为"轮船一只，抵陆勇一营之饷，不

---

① 中法镇海之役资料选辑编委会：《中法战争镇海之役史料》，光明日报出版社 1988 年版，第 40 页。

② （清）欧阳利见：《金鸡谈荟》卷 5，沈云龙主编：《近代中国史料丛刊》第 18 辑，上海书店出版社 2000 年版。

③ 中法镇海之役资料选辑编委会：《中法战争镇海之役史料》，光明日报出版社 1988 年版，第 153 页。

④ 中法镇海之役资料选辑编委会：《中法战争镇海之役史料》，光明日报出版社 1988 年版，第 153 页。

⑤ 中法镇海之役资料选辑编委会：《中法战争镇海之役史料》，光明日报出版社 1988 年版，第 152 页。

⑥ 中法镇海之役资料选辑编委会：《中法战争镇海之役史料》，光明日报出版社 1988 年版，第 62 页。

如省饷以练陆师较为着实"①。另外，官府还要求富商出钱出力缓解财政紧张的局面。温州"近因中法衅成，海疆多故，当道诸公将各处海口布置守御。惟经费饷糈一无所出，不得不劝募各户慷慨乐输"②。为了防止敌船侵入甬江，宁波地方官员拟借用"宝顺"轮拦截海口，船主听闻后愿意免费借用，"刻闻该号商等深明大义，公同具禀到府，如临时应用情愿报效，不求给价"③。

然而海防费用，即使事事从俭，终究不能为无米之炊，所以增加海防费用显得尤为重要。刘秉璋以防务吃紧、军饷不继、情势急迫为由，奏请朝廷取消或缓交当年京饷、协饷，结果"浙库放外生息之银计一百余万两，现已收回作为军饷"④，解了海防用银的燃眉之急。

最终，由于各方努力，用饷最省的浙江"却气势完固，有胜无败，非特中法开战后所仅见，实与洋人交涉后初次增光之事也"⑤。

2. 陆战为主，择要布防

浙江水师自清中期以后就开始没落，缉捕海盗尚成问题，更不要说出海与船坚炮利的欧洲列强作战。因此，面对即将到来的中法交战，浙江地方官员只能选择岸防为主的作战方针。

浙江提督欧阳利见称："就现在兵力论之，既无坚利兵船卫之于外，惟恃陆师守险以御于内。"⑥ 他认为法国船坚炮利，如果我方与其水上针锋相对，不但自身水上实力不够，而且自己擅长陆战的精华之处也会消失。⑦ 因此建议"避其水战，先防其炮之利，诱其陆来"⑧。刘秉璋也认为敌人善于水战，若我方调水师、造轮船不仅花费颇多，而且也难以抵挡敌军的进攻，故"不如省饷以练陆师较为着实"⑨。

① （清）薛福成：《浙东筹防录》卷2，沈云龙主编：《近代中国史料丛刊》第18辑，上海书店出版社2000年版。
② 中法镇海之役资料选辑编委会：《中法战争镇海之役史料》，光明日报出版社1988年版，第135页。
③ 中法镇海之役资料选辑编委会：《中法战争镇海之役史料》，光明日报出版社1988年版，第156页。
④ （清）欧阳利见：《金鸡谈荟》卷4，沈云龙主编：《近代中国史料丛刊》第18辑，上海书店出版社2000年版。
⑤ （清）薛福成：《浙东筹防录》卷2，沈云龙主编：《近代中国史料丛刊》第18辑，上海书店出版社2000年版。
⑥ （清）欧阳利见：《金鸡谈荟》卷1，沈云龙主编：《近代中国史料丛刊》第18辑，上海书店出版社2000年版。
⑦ 参见中法镇海之役资料选辑编委会：《中法战争镇海之役史料》，光明日报出版社1988年版，第72页。
⑧ 参见中法镇海之役资料选辑编委会：《中法战争镇海之役史料》，光明日报出版社1988年版，第72页。
⑨ 参见中法镇海之役资料选辑编委会：《中法战争镇海之役史料》，光明日报出版社1988年版，第64页。

那么如何进行岸防呢？在这个问题上刘秉璋与欧阳利见曾有分歧。欧阳利见认为浙江洋面辽阔，口岸四通八达，"循海路路可通且多间道"，主张"镇海、定海、乍浦、温、台五大口均不可不防"。① 刘秉璋反对欧阳利见处处设防的观点，认为"军事贵扼其要，若枝枝节节，实有防不胜防之势"②。例如定海孤悬海外，防务最为重要，亦最为艰难，但无奈"浙饷奇绌，现在各营已难供支，势在不能多募，不得不力求节省"③，因此定海设营只是牵制之师，全省海防还应以镇海为最要，至于他处则可"留策应之师，正为敌由何处登岸，我可以行队截剿也"④。由于刘秉璋是浙江最高军事指挥，"以陆为主，镇海为上"就成了浙江抗法的备战策略。

3. 设置电报，完善指挥体系

中法战争前宁波与省城杭州之间已经有电报线路，宁波跟镇海之间并无线路，一切命令都是由省城杭州电告给宁波，然后由宁波顺水陆路送往镇海，信息传送多有不便。

镇海与宁波陆路相隔约四十里，水路相隔约六十里，"遇有紧要消息，不能呼吸相通"⑤。刘秉璋本想在战时亲赴宁波，但宁绍台道台薛福成认为巡抚如果离开杭州，调兵筹饷之事多有不便，于是禀请添设宁波至镇海电报线，这个建议得到了欧阳利见等人赞同。他们认为添设电报线方便军情往来，便于指挥前线，"一切机宜，由杭至浙，由宁而镇，顷刻可传达各营，虽相距数百里，而号令迅捷，如在一室"⑥，可以达到"抚院不进驻宁波，而与驻宁波同；巡道不常驻镇海，而与驻镇海同"⑦ 的效果。刘秉璋采纳薛福成的建议，并责成其办理。薛福成委托税务司葛显礼等人致函在上海的外国公司上海大北公司派人前来勘测和修建。1885 年（光绪十一年）2 月宁波至镇海的电报开通。宁镇电报线刚好完工于法军侵犯镇海前夕，在中法战争镇海之役中发挥了重要的作用，"迨十一年春接仗后，与法船相持

---

① （清）欧阳利见：《金鸡谈荟》卷 1，沈云龙主编：《近代中国史料丛刊》第 18 辑，上海书店出版社 2000 年版。

② 中法镇海之役资料选辑编委会：《中法战争镇海之役史料》，光明日报出版社 1988 年版，第 59 页。

③ 参见中法镇海之役资料选辑编委会：《中法战争镇海之役史料》，光明日报出版社 1988 年版，第 107—108 页。

④ 中法镇海之役资料选辑编委会：《中法战争镇海之役史料》，光明日报出版社 1988 年版，第 60 页。

⑤ 中法镇海之役资料选辑编委会：《中法战争镇海之役史料》，光明日报出版社 1988 年版，第 128 页。

⑥ （清）薛福成：《浙东筹防录》卷 3，沈云龙主编：《近代中国史料丛刊》第 18 辑，上海书店出版社 2000 年版。

⑦ 中法镇海之役资料选辑编委会：《中法战争镇海之役史料》，光明日报出版社 1988 年版，第 129 页。

数月，电报往来，日数十起，军机无误"①。到中法镇海之役结束前，省城杭州、绍兴府城、宁波府城、余姚县城、上虞县城、萧山县城、慈溪县城、镇海县城等地都铺设了电线。

中法战争镇海之役由于电报的出现，使得军事指挥更为迅捷、高效。当时，浙江军事领导主要由三人组成：巡抚刘秉璋、提督欧阳利见、宁绍道台薛福成。其中刘秉璋是最高军事决策者，总管全省的军政要务；欧阳利见掌管全省军务，是前线的最高军事指挥，并具体负责镇海口南岸的防御；薛福成则是刘秉璋设在前线的宁防营务处的主要负责人。浙江巡抚驻地在杭州，刘秉璋可以通过与薛福成的电报往来了解前线战况，开展工作，而薛福成则可以将战情通过电报与镇海和杭州进行顺畅沟通，如遇紧急情况，刘秉璋也可直接与前线将领联系。战事指挥体系的效率大大提高。

4. 修建陆路障碍

镇海是防务的重点。清军在镇海口南北两岸修筑了延绵数十里的堤岸，并在要隘之处设立关卡。在南岸，欧阳利见饬令各营择要筑垒分守，"各要隘用石砌就，围卡约近四五千丈，棋布星罗，尚属联络一气"②。在北岸，招宝山威远卫城前方增修了月城。月城的修建有两个作用，"一则备炮台后应，一则抵卫城前冲"③，"城长七十余丈，高一丈二尺，宽九尺，外修卡门一，炮洞四"④。杨岐珍与钱玉兴也分别率部在各自部队所防区域修堤筑卡，这使得镇海口南北两岸的堤卡声势连接，脉络贯通。

埋置地雷是陆路防御的一种重要措施。1884 年 8 月 13 日，宁波知府宗源瀚与记名总兵钱玉兴在宁波大教场内试放了一枚地雷，地雷中有火药七十五磅，其形状与绍兴酒坛相似，"用电气试放，立即响声如雷，碎铁并呈块，轰有十余丈之高，周围有数十丈之广"⑤。欧阳利见在小港炮台的要隘之处，安置了约六十枚地

---

① （清）薛福成：《浙东筹防录》卷 3，沈云龙主编：《近代中国史料丛刊》第 18 辑，上海书店出版社 2000 年版。

② （清）欧阳利见：《金鸡谈荟》卷 2，沈云龙主编：《近代中国史料丛刊》第 18 辑，上海书店出版社 2000 年版。

③ 中法镇海之役资料选辑编委会：《中法战争镇海之役史料》，光明日报出版社 1988 年版，第 134 页。

④ （清）薛福成：《浙东筹防录》卷 3，沈云龙主编：《近代中国史料丛刊》第 18 辑，上海书店出版社 2000 年版。

⑤ 中法镇海之役资料选辑编委会：《中法战争镇海之役史料》，光明日报出版社 1988 年版，第 137 页。

雷，又命令其部下在清泉岭、布阵岭、孔岾岭等要必经的关卡之外，各置地雷约三四十枚，做到"各营旱雷均已次第择要埋伏矣"[①]。

5. 堵口

堵口是清军常用的一种防御方式。堵口主要是由沉船、桩丛、水雷组成。薛福成认为"敌船不入口，胜添十营精勇，莶论甚为明确。大抵中国既无得力水师，则防务唯以炮台与堵口及陆营三者相辅并行"[②]。于是饬令由宁防营务处杜冠英负责堵口事项。打桩所用的桩木长三四丈，围四五尺，在水中数十枝桩木聚作一丛，作方格形，"每丛相隔数尺，横排水面"[③]，从南到北共二十二丛，"由里向外共有十丛"[④]。同时，杜冠英还购买了三十四只船，在船腹内竖立桩木，桩木直插船底，并用铁箍箍紧，然后把船装满石块，沉入桩木的缝系内，使得"木桩半插于船石之下，半出沉船之上"[⑤]。出于必要的航运需要，江中留有一个约二十丈的缺口，供船只往来。为备不测，还另购买了五艘大船，并借来"宝顺"旧轮，装满石块，准备一旦法舰入口就沉入江中缺口。欧阳利见称："湾湾排列如曲巷然，敌船即能破口而入，船身横塞不能圜转自如，我军好用炮轰击。"[⑥]镇海口的水雷设置在桩丛之外，安置的水雷共六排，每排八个，每个水雷的横纵距离都是十丈。水雷在堵口中的作用也是举足轻重的。薛福成认为河流两边钉桩，中间留有缺口后，紧急情况时单纯的沉船堵口启动较难，排布水雷"较沉船石力猛工省"[⑦]。

6. 去法军之眼线

首先，迁移法国教士至江北岸。时法国等国在宁波已撤领事，涉洋事务多由英国代理，因此薛福成便通过照会英国领事馆，以稽查保护法国侨民为由，要求住在宁波城内外的法国商民、传教士全部迁移到宁波江北岸"保护"起来。这一

---

① （清）欧阳利见：《金鸡谈荟》卷2，沈云龙主编：《近代中国史料丛刊》第18辑，上海书店出版社2000年版。
② 中法镇海之役资料选辑编委会：《中法战争镇海之役史料》，光明日报出版社1988年版，第75页。
③ 中法镇海之役资料选辑编委会：《中法战争镇海之役史料》，光明日报出版社1988年版，第125页。
④ （清）欧阳利见：《金鸡谈荟》卷2，沈云龙主编：《近代中国史料丛刊》第18辑，上海书店出版社2000年版。
⑤ 中法镇海之役资料选辑编委会：《中法战争镇海之役史料》，光明日报出版社1988年版，第121页。
⑥ 中法镇海之役资料选辑编委会：《中法战争镇海之役史料》，光明日报出版社1988年版，第121页。
⑦ （清）欧阳利见：《金鸡谈荟》卷2，沈云龙主编：《近代中国史料丛刊》第18辑，上海书店出版社2000年版。

措施"名为保护，实亦隐寓伺察之意"①。嗣后又规定"凡法国人，无论商民、教士，止准出口，不准进口"②。

其次，杜绝引水员为法军带路。引水员是平时为外商指引水路而赚取酬金的人员。引水员相当于船队的眼睛。没有引水员带路船只进出陌生的水路是相当危险的，所以阻止法军雇佣引水员"不啻去敌耳目手足"③。薛福成很重视杜绝引水员一事。"窃思敌人远来，海口情形未悉，必须雇募领港，则禁阻领港之人，实为第一要著。"④宁波向来有引水洋人必得生、师密士二名，领有执照，常常驾驶小船在镇海口外游走，等待别人雇佣。薛福成与代办税务司纪默理秘密协商，决定由官府以每人每月洋银一百五十圆的高价雇佣他们，让他们把船停泊在镇海口，不要到处游走找活。如若见到法国船只，应迅速驶入口内，不为其带领；若近处有外国船只，仍准引带。

此外，薛福成还照会浙海关税务司，"迅即传电镇海七里屿、虎蹲山洋人，撤去塔灯，并飞饬定海之小龟山顶及屿心脑两处看守塔灯洋人，一体知照"⑤。不久，税务司就遣人来报镇海口外的塔灯已撤去。

7. 办理团练

1884 年（光绪十年）年 8 月 20 日，法军侵犯浙江前夕，官府就谕饬举办团练。要求"纠集勇丁百名，日则操练兵械，夜则严密梭巡"⑥。在镇海，"每十人立一尖旗，而团总以方旗领之"，逢一、五日讲演武事，每乡于适中处设立公所，有事则互相通知商量，并由乡公所告知县公所，总公所另雇枪手数十名，作为团丁之领袖。在宁波，"宁郡官宪谕令绅董举办民团，闻城不下百余段业已举行，大街小巷击柝之声彻夜不绝"。1884 年 8 月，宁郡绅士在体仁局议办民团。城外分江东、江夏、城西、城南四段，城中分南北东西中五段，由绅董按

---

① 中法镇海之役资料选辑编委会：《中法战争镇海之役史料》，光明日报出版社 1988 年版，第 171 页。

② （清）欧阳利见：《金鸡谈荟》卷 2，沈云龙主编：《近代中国史料丛刊》第 18 辑，上海书店出版社 2000 年版。

③ 中法镇海之役资料选辑编委会：《中法战争镇海之役史料》，光明日报出版社 1988 年版，第 162 页。

④ 中法镇海之役资料选辑编委会：《中法战争镇海之役史料》，光明日报出版社 1988 年版，第 167 页。

⑤ 中法镇海之役资料选辑编委会：《中法战争镇海之役史料》，光明日报出版社 1988 年版，第 160 页。

⑥ （清）薛福成：《浙东筹防录》卷 5，沈云龙主编：《近代中国史料丛刊》第 18 辑，上海书店出版社 2000 年版。

地段兴办，"每夜轮督梭巡，有警则鸣锣为号，联络接应，互作声援。其经费则各向本段内铺户、居民筹办"①。

照会各国，寄希望于利用外交手段压制法国。

薛福成电告总理衙门，敦请"各国守局外例，勿以煤、米、火药接济法船"②。除此之外，还渴望借助英国的力量来保护定海。根据 1846 年中英签订的《中英退还定海条约》，英国要求不允许把舟山割让给他国，如若他国攻打舟山，英国则给予保护。薛福成托人咨询各方，得到肯定答复，即舟山"仍可照约办理，具见情势相同"③。后来薛福成接到上海电报局来电，转达英国总领事之意，"言英有保护舟山之约，普陀亦舟山属，如法果往占，英愿助中国驱逐等语，盖至此而英人之衷始尽揭焉"④。后来定海一有情况，薛福成就通知英国处理。后来，法国在镇海被击退，退泊金塘山，薛福成又以金塘山为舟山所属为由要求英国设法驱逐法船。

三、镇海口保卫战

1884 年 8 月 22 日，法国舰队突袭并重创福建马尾军港的福建水师。清政府下令"如有法船在口，即行轰击。一切应敌机宜不为遥制，毋似闽省迟回，致落后着"⑤。中法交战的主战场转到东南沿海。

1884 年 10 月，法军在台湾沪尾（今中国台湾台北市淡水镇）战败之后，为阻止南北海运和闽台联系，宣布封锁台湾海峡。为打破封锁，清朝廷命南洋水师派舰援台。次年 1 月 8 日，南洋水师 5 艘从上海南下。法国远东舰队司令孤拔闻讯，亲率 7 舰北上拦截。2 月 13 日，两军相遇于浙江石浦檀头山海域。这 5 艘兵舰一见法舰就逃，其中两艘航速较慢的战舰驶入石浦港隐蔽，被法舰击沉。"开济"、"南琛"、"南瑞" 3 艘清军战舰向北躲入镇海口内。

1885 年 2 月 28 日，法国远东舰队司令孤拔率领大小军舰十多艘团团围住招

① 中法镇海之役资料选辑编委会：《中法战争镇海之役史料》，光明日报出版社 1988 年版，第 156—157 页。
② 中法镇海之役资料选辑编委会：《中法战争镇海之役史料》，光明日报出版社 1988 年版，第 169 页。
③ 中法镇海之役资料选辑编委会：《中法战争镇海之役史料》，光明日报出版社 1988 年版，第 185 页。
④ 中法镇海之役资料选辑编委会：《中法战争镇海之役史料》，光明日报出版社 1988 年版，第 187 页。
⑤ 中法镇海之役资料选辑编委会：《中法战争镇海之役史料》，光明日报出版社 1988 年版，第 51 页。

宝山外海口，于 3 月 1 日向镇海关发起进攻，3 月 1 日下午 3 点，孤拔坐一小船来测水道，招宝山威远炮台当即开炮，孤拔退回。"申刻，一大黑舰直扑招宝山，我炮台、兵轮合力迎击，折其头桅，该船连中五炮，创甚败退。"[①] 港内"开济"、"南琛"、"南瑞"三舰也开炮还击，法军不得不退回到原泊处。3 月 2 日，法军再次派舰来攻，镇海口两岸炮台、甬江上南洋三舰也同时迎敌。"台开一炮中其烟筒，再炮中其船桅，横木下坠，压伤兵头。'南琛'、'南瑞'复从旁击中三炮，穿其后艄。法船创甚……仅获出险遁去。"[②]

法军持续 13 天向镇海口和小港炮台猛攻。由于战前清军已对镇海口两岸的炮台、军队布防等做了周密的部署，法舰的多次进攻均被击退，伤亡惨重。3 月 14日，法舰欲将重炮吊至桅顶，企图居高临下轰击小港威远炮台。但由于炮重，在起吊至桅盘时绳索突然断裂，炮坠到舰面后压死了 18 人，法军更是锐气大减，远远退到金塘洋面等待援军。自此以后，法国舰队无计可施，只得每日在港外游弋，直至中法停战，再未敢入侵镇海。6 月，中法正式签署和约，最后一艘法舰驶离镇海口。

镇海口保卫战是鸦片战争后中国取得的第一次近海保卫战胜利。镇海口保卫战从开始到结束，长达 103 天，击伤法舰 3 艘，击沉法船 2 只，法军死伤数十人，而我方"防守完固，毫无损伤，实数年洋人入华以来所仅见"[③]。纵观整个战役过程，之所有能取得胜利，其原因大致有三：

一是战前备战较为充分，防御工事较为完善。甬江南岸金鸡山向南一直到育王岭驻兵六营；北岸驻兵五营，招宝山增建了"月城"，并在乌龙岗添造"定远"、"安远"炮台；江口都钉上桩丛，沉石船于两旁，还备有装满石块的木船、"宝顺"轮，以便在紧急时沉船封闭缺口，封锁敌舰；各要隘地均密布地雷，撤除所有沿海的灯塔、标杆和浮筒，以防御和迷惑敌人。

二是军民联防，战法成功。镇海战役的主要指挥者薛福成等人，深知"民心

---

①　中法镇海之役资料选辑编委会：《中法战争镇海之役史料》，光明日报出版社 1988 年版，第 256 页。

②　中法镇海之役资料选辑编委会：《中法战争镇海之役史料》，光明日报出版社 1988 年版，第 258 页。

③　〔清〕薛福成：《浙东筹防录》卷 3，沈云龙主编《近代中国史料丛刊》第 18 辑，上海书店出版社 2000 年版。

可用"，积极支持各市镇和乡民组织"民团"、"渔团"，操办"团练"，盘查奸细，防犯法籍传教士间谍活动，保证军事部署和行动的机密性。此外，清军还较成功地运用以守为攻、水陆联动及近战、伏击战和夜袭相结合的战术。3 月 24 日晚，副将王立堂选敢死队潜运后膛车轮炮八尊，夜伏于南岸青泉岭下，四更后突击法舰，法舰连中五弹，伤毙颇多，而我军无伤亡。① 这些都给法军以沉重的打击。

三是充分运用"洋务"成果。中法战争正处于洋务运动在中国兴起时期，是对洋务运动成果的一次重大考验。中法战争时期，浙江虽然不是洋务运动最兴盛的省份，但"洋务"在此次战事中的应用颇为亮眼，浙江数次击退法国舰队的进攻，最终取得整个浙江战事的胜利与对"洋务"的利用是分不开的。如浙江地区电报的设置，有利于及时汇报战情。在镇海口战役期间，省里的"一切机宜"都"电饬营务处薛福成、杜冠英传谕各营"，"电报往返数十次，军机无误"②，大大提高了指挥功能和作战功效。此外，地雷、水雷也被运用到战场，虽南洋三舰躲在港内，但"琛、瑞、开三船，弹尤中远"③，舰炮在战斗中发挥了必要的威力。这是近代中国历史上海、陆军比较成功的一次协同作战。

另外，自鸦片战争以来，随着中国对外交往越发频繁，一些地方官员在处理对外事务时渐趋成熟与自信，他们逐渐懂得利用外交手段来处理相关问题。如照会英驻宁波领事，防止英国引水员替法舰引航，援引《中英退还定海条约》牵制法国进攻定海，保证了镇海口外围的安全。

四、清末有海无防的海防体系

中法战争期间，经过刘秉璋等人的努力，浙江军民同仇敌忾迎击法军入侵，浙江的海防得到了短暂的加强。然而，浙江海防的战略地位在中法战争后并没有因此得到重视和改善，反而愈来愈弱化。

---

① 参见〔清〕薛福成：《浙东筹防录》卷 3，沈云龙主编：《近代中国史料丛刊》第 18 辑，上海书店出版社 2000 年版。

② 〔清〕薛福成：《浙东筹防录》卷 3，沈云龙主编：《近代中国史料丛刊》第 18 辑，上海书店出版社 2000 年版。

③ 中法镇海之役资料选辑编委会：《中法战争镇海之役史料》，光明日报出版社 1988 年版，第 248 页。

（一）海防重心北移与浙江海防战略地位的彻底弱化

中法战争后，有识人士进一步认识到海疆防御的重要性，清政府内部展开了第二次海防大讨论。这次讨论着重筹议海军建设中带有全局性的问题，包括关于建立海军舰队、成立总理海军衙门等。在总结过往海防经验时，清廷颁布的上谕提到："过去就一隅创建，未合全局统筹。"[①] 大臣们也纷纷认为，要多地域、全方位地发展海上力量。例如，穆图善认为："闽、粤各立一军，浙江归南洋，山东、奉天归北洋，各练一军。"[②] 李鸿章认为应该设立四枝水师："直、东、奉为一枝，南洋、苏、浙为一枝，闽、台合为一枝，广东自为一枝。"[③] 浙江巡抚杨昌濬也认为："南、北、中三洋宜设水陆三大枝。"[④] 广东、福建为一枝，江苏、浙江为一枝，直隶、奉天、山东为一枝。然而，在统筹大臣们的意见后，朝廷却下旨说要精练北洋海军："统筹全局，拟请先从北洋精练水师一支以为之倡，此外分年次第兴办等语。"[⑤] 此次讨论以后，海防重心开始全面倾向北洋水师，南洋各省水师开始衰弱，浙江海防也愈加衰微。

1894 年甲午战争爆发，北洋舰队全军覆灭，清政府费心几十年建立起来的水师遭遇毁灭性打击。与此同时，南洋水师也每况愈下。据张之洞称："南洋各兵轮，除'南琛'派赴台湾及船炮过劣者不计外，尚有'南瑞'、'开济'、'寰泰'、'镜清'四艘及蚊子炮船四艘。历年裁省经费，炮勇、管机人等尤鲜好手，管带各员类皆柔弱巧滑之人，万无用处，而水师将弁尤难其选。"[⑥] 清政府的战败使得远东国际形势发生了重大变化，列强开始纷纷在中国划分势力范围。1898 年 2 月，英国迫使清政府承认长江流域为其势力范围，沿海地区全面开放，浙江也面临着巨大的海防压力。光绪二十五年（1899），意大利提出租借浙江三门湾，但由于列强相互之间的矛盾和清政府的拒绝，意大利的阴谋并没有得逞。军事实力的弱小使

---

① 中国史学会主编：《中国近代史资料丛刊·洋务运动》第 1 册，上海书店出版社 2000 年版，第 98 页。

② 张侠主编：《清末海军史料》，海洋出版社 1982 年版，第 60 页。

③ 张侠主编：《清末海军史料》，海洋出版社 1982 年版，第 60 页。

④ 中国史学会主编：《中国近代史资料丛刊·洋务运动》第 1 册，上海书店出版社 2000 年版，第 61 页。

⑤ 张侠主编：《清末海军史料》，海洋出版社 1982 年版，第 66 页。

⑥ 王树楠编：《张文襄公全集》卷 316《奏议》三六，中国书店 1990 年版，第 9—10 页。

得清政府对列强的行为无能为力，例如八国联军侵华时，包括浙江在内的东南各省不得不通过与列强签订条约的方式来实现自保。

一方面是自身海防实力的弱小，另一方面是沿海全面开放，外国军舰可以自由出入各口，藩篱全无，门户洞开。浙江沿海地区陷入了一种有海无防的尴尬境地，仅有的防御设施是对旧炮台的修修补补。

这一时期的炮台建设与以往相比并没有很大变化。根据《候补知县萨承钰上山东巡抚张曜南北洋各炮台情形书》[①]的记载，浙江各海口炮台的情况详列于下：

乍浦口：西山嘴炮台、天妃宫炮台、观山寨炮台、陈山嘴炮台。

澉浦口：头围口暗炮台。

镇海口：南岸有拦江炮台、绥远炮台、平远炮台、靖远炮台、镇远炮台、宏远炮台；北岸炮台有安远炮台、定远炮台、威远炮台。

温州口：西岸有龙湾汛东西两炮台、茅竹领炮台。东岸有盘石新、老炮台，新炮台于光绪十二年（1886）筑成。

（二）浙江新军的建设

甲午中日战争以后，绿营兵、湘军以及淮军等都已衰落，清政府开始陆续练兵。由于这些军队的武器装备全部都用洋枪洋炮，编制和训练也都模仿西方军队，所以他们又被称为新军。新军是中国军队近代化的一个标志，浙江的新军也是浙江海防体系的重要组成部分。

光绪二十三年（1897）四月，浙江巡抚廖寿丰在杭州蒲场巷（今大学路）创办浙江武备学堂，教学方式和课程仿效日本士官学校。武备学堂开办前后八年，其计办了六期，毕业学生 230 余人。这些毕业生大多成为后来新式军队的军官。光绪二十八年（1902），浙江巡抚任道镕从旧巡防营中挑选精壮兵勇 932 名，分编为四旗十二哨，编成了浙江武备练军第一营。光绪三十二年（1906）二月初三，浙江督练公所在杭州上仓桥设立，公所机构设兵备处、参谋处、教练处 3 个处，督办由巡抚兼任。次年 8 月，陆军部奏准《全国陆军三十六镇按省分配限年

---

① 参见张侠主编：《清末海军史料》，海洋出版社 1982 年版。

编成办法》，拟于两三年内，在全国练成 36 镇军，其中"浙江应编一镇，限二年成立"①。

浙江的新军计划一开始就面临着严重的问题："查浙省陆军，当初开办伊始，既因风气未开，征兵不易，又以财政支绌，创办为难。"②按照计划，浙江省应该在两年内编成一镇，但在原定练兵期限快到时，"浙江新军仅成四营，核之成镇数目，所缺尚多"③。这些新军中只有一半是新征的兵，其余一半都是原来的练军改编。直到 1909 年，浙江的新军只有四营，根本达不到镇的标准，于是被缩编成一个陆军混成协。1910 年，浙江陆续裁撤绿营，计划把新军从协扩充成镇，次年编成新建陆军第二十一镇。新建陆军第二十一镇并不是一个标准建制镇，它由四十一协和四十二协组成，其中四十一协尚属完整，四十二协却只有四营，而且每营人数不足八成。

浙江新军虽然装备有西式武器，但战斗力堪忧。新军严重忽略军事策略方面的学习。学科和术科按规定是必须要学的科目，但往往只学了十几页；军事训练精神不振，"累月不能出操"④。此外，新军也毫无纪律可言，例如杭州笕桥发生饥民哄抢米店事件，统制拟由所属的两标派若干兵去处理，但"镇属既不传知，标署亦不报告"⑤。

（三）海军七年计划与象山军港的规划建设

1906 年，闽浙总督崇善与浙江巡抚张曾敭奏请在象山港设立海军基地，指出"目前之计，莫若声援象山港自作军港"⑥。清廷将此奏折交给政务处讨论。政务处认为："所请象山港可为军港之处，自属可行。"⑦但是创设军港事务繁重，应该先让练兵处与南北洋大臣详细勘探后再论。宣统元年（1909），清政府认识到"方今

① 中国社会科学院近代史研究所中华民国史组编：《清末新军编练沿革》，中华书局 1978 年版，第 225 页。
② 中国社会科学院近代史研究所中华民国史组编：《清末新军编练沿革》，中华书局 1978 年版，第 226 页。清末新军编练按照 1904 年练兵处奏准的陆军章制规定，三营为一标，两标为一协，两协为一镇。
③ 中国社会科学院近代史研究所中华民国史组编：《清末新军编练沿革》，中华书局 1978 年版，第 225 页。
④ 中国社会科学院近代史研究所中华民国史组编：《清末新军编练沿革》，中华书局 1978 年版，第 229 页。
⑤ 中国社会科学院近代史研究所中华民国史组编：《清末新军编练沿革》，中华书局 1978 年版，第 229 页。
⑥ 张侠主编：《清末海军史料》，海洋出版社 1982 年版，第 295 页。
⑦ 张侠主编：《清末海军史料》，海洋出版社 1982 年版，第 294 页。

整顿海军，实为经国要图"[①]，于是开始着手筹办海军，并着肃亲王善耆、镇国公载泽、提督萨镇冰等妥善筹划。肃亲王善耆根据已有款项，提出兴办海军教育、编制现有舰艇、开办军港等规划。关于军港一项，善耆等人认为亟须预先开建浙江象山军港，据其统计初期开办经费约需要 80 万两白银，常年经费约需要 16 万两白银。修建象山港军港一事得到批准。

　　1909 年 9 月 3 日，象山港军港举行奠基典礼。当时清政府启动了一个分年筹备军港事宜的计划，预计花八年时间将军港全部完善并投入使用。但象山军港在奠基典礼后，就由于军费短缺，迟迟未能进入全面施工阶段。1911 年，清政府被推翻，象山军港建设计划也从此作古。

---

① 张侠主编：《清末海军史料》，海洋出版社 1982 年版，第 93 页。

第三章
口岸城市与港口贸易

第一节　沿海口岸的相继开放

　　浙江省地处中国东南沿海长江三角洲南翼，东临东海，海岸线曲折，不仅有着珍贵而丰富的自然资源，也为造就一个个天然良港提供了条件，宁波、温州、乍浦自古以来就是中国对外贸易的港口城市。

一、开埠前的港口与港口贸易

（一）主要港口

　　宁波，自古就是中国东海之滨一颗耀眼的明珠，也是东南沿海对外交往的重要港口。宁波港，春秋时期被称为句章港，唐朝时为明州港，元朝时称庆元港，到明朝时才开沿用现今的名称。唐代，宁波的越窑青瓷远销埃及开罗。宁波"在宋、元、明三朝，均置市舶，海外诸番，莫不习知其地"①。北宋时，宁波港不仅成了国际性的大港口，还吸引了外国人来此贸易、定居。南宋时，宁波港已经成为南宋政权对外交往的海港。明朝时虽实行海禁，但宁波附近的双屿港仍凭借其

---

① 〔清〕萧令裕：《英吉利记》，见中国史学会主编：《中国近代史资料丛刊·鸦片战争》第 1 册，上海书店出版社 2000 年版，第 22 页。

天然优势"较印度及全亚洲之任何地方为壮丽，为殷富"①，一度发展成为 16 世纪亚洲最大的自由贸易港，

　　宁波而外，杭州、乍浦、台州、温州也是浙江海船出入的重要基地。杭州，成为全国对外贸易的重要港口始于宋代。北宋在此设立市舶司，规定全国各地出海的商船都必须向设在杭州的两浙市舶司办理手续。南宋定都临安后，澉浦港成为杭州的外港，取代杭州的对外贸易地位。到元代，澉浦港已是"商贾往来"的重要海港之一。

　　偏居浙南一隅的温州，在唐中晚期海外贸易渐趋兴盛。南宋初年，温州设立市舶务，海外贸易日益兴盛。元代在温州设有市舶转运司，后虽并入庆元市舶司，但兴修的商舶码头，一直供各类海船停泊。陈傅良《咏温州诗》道"江城和在水晶宫，百粤三吴一苇通"，充分反映了温州海上交通的发达。

　　汉唐之间，宁波以南的台州章安古港②贸易也随之兴盛。至晋朝，章安古港已成南方著名的"海疆都会"。唐时，章安废县为镇，但仍为台州主要港口。当时，台州与日本、高丽商船来往频繁，台州海岛东镇山"中有四岙，极峻险，山上望海中，突出一石，舟之往高丽者，必视以为准焉"③。南宋以后，椒江南岸海门港（今改为台州港）崛起，彻底取代了章安港的历史地位，成为浙闽海上贸易的主要港埠。

　　此外，位居杭州湾口的乍浦，内通杭、嘉、湖及江苏偏南诸府，"贾航麇至……居民或造巨舰出洋贸易"④，也是东南沿海各处海船北航的重要港口。

（二）开埠前港口贸易

　　入清后，浙江沿海港口经历迁界、海禁的影响，对外贸易一度受到影响。康熙二十三年（1684）十月，清政府解除海禁，浙江沿海的港口贸易出现回升势头。

　　康熙二十二年（1683），清军收复台湾。次年，清政府解除海禁，准许浙江

---

① 周景濂编著：《中葡外交史》，商务印书馆 1991 年版，第 45 页。
② 始元二年（前 85），西汉朝廷在此设置回浦县，其范围包括今台州、温州、丽水三地区，县治在章安镇；东汉时，章安镇升为县。经过三百余年的发展，在三国东吴太平二年（257）升临海郡，其治为章安县。
③ （宋）陈耆卿纂：嘉定《赤城志》卷 20《山水门》二，中国文史出版社 2008 年版。
④ （清）邹璟纂：《乍浦备志》卷 8《关梁》。

参照福建、广东两府的举措，允许 500 石以下的船只出海从事贸易。康熙二十四年（1685），浙海关在宁波设立，行署设在府治南董庙的西边，关口则设在甬东七图。后来，随着港口贸易的逐步恢复，康熙三十七年（1698），清政府又在宁波、定海两地开设浙海关分关。为了便于中外贸易的开展，清政府还在定海县城外卫头街西新建供外商及船员居住的红毛馆。虽然清政府已开海禁，但是清政府仍保留了一些海禁时期的规定，对出海船只的大小、人员、路线、携带物品及在海外逗留的时间均有限制。因此，清政府的开海禁，跟唐宋时期相比，只是有限的开禁，港口贸易主要以国内为主，对外虽与日本、南洋有贸易往来，但开放程度难以达到唐宋时期的水平。

1. 沿海与内河转运贸易

清廷解除海禁之后，宁波港虽与日本、南洋等地有着贸易往来，但国内沿海及内河转运贸易才是其贸易发展的重心。宁波港的沿海贸易，北至关东、河北、山东等地，中至江苏，南至温州、福建、广东等地，内河转运贸易则遍及省内各地以及周边省份。表 3-1 为鸦片战争前进出宁波港的主要货物。

表 3-1　鸦片战争前进出宁波港货物统计表

货物名称	来源地	运销地
枣	河北、山东	省内各地
糖	福建	两浙各县
盐	本地	省内外各地
棉花	余姚	南北各省
胡椒	南洋	省内外各地
干龙眼	福建、广东	省内各地
苏木、白藤	海外	省内各地
核桃、葡萄干	关东、河北、江苏	省内各地
墨鱼干、黄鱼	本地	省内外各地
鲍鱼、燕窝、玳瑁	海外	省内各地

资料来源：（清）徐兆昺：《四明谈助》，宁波出版社 2003 年版。

据表 3-1 可知，各地的货物在宁波港汇集、转运，品种之多、通航地域之广，宁波的大港地位得以巩固与增强。徐兆昺在《四明谈助》中这样描绘当时宁波港转运贸易的繁盛："滨江庙左，今称大道头，凡番舶商舟停泊，俱在来远亭至三江口一带，帆樯矗竖，樯端各立风鸟，青红相间，有时夜燃樯灯。每遇闽广船初到或初开，邻舟各鸣钲迎送，番货海错，俱聚于此。"① 可见，当时的江厦，已成为港口货运的主要码头。随着进出口贸易的增多，原有的码头已不能容纳与日俱增的商船，因此，许多商户争先在江东开辟新的码头，并在此建房、经商。于是，原本冷清的江东日渐繁华，来往商船的停泊以及沿江商业的发展，使得江东日益成为宁波最繁华的商业区之一。

除宁波港外，乍浦、温州等港的贸易也有所发展。如乍浦港自开海以来，"由于江海风清，榷有定例，税无苛征，是以商愿藏市，旅悦出途"，"水陆辐辑，百货交集"，"各船所带之货"，既有"从宁波、温、台来者"，也有闽、广船及关东、山东船，而"自日本、琉球、安南、暹罗、爪哇、吕宋、文郎、马神等处来者"也十分之多，每年额征"梁头、货税"，从一万三千余两，至道光初年，递增至三万九千两有奇。②

2. 与日本贸易

清政府开海禁之时，正值日本闭关锁国，日本对外开放的港口只限于长崎港，因此，虽然中日贸易在缓慢恢复，但是该时期主要是中国商船往返于中日两国港口，日本商船往来较少。同时，为防止金银外流，日本于康熙二十八年（1689）实施《割符仕法》，限定中国船舶的总贸易额为 6000 贯，船只数量每年为 70 艘，并且规定期限和起锚地点。不过，当时南方地区凡去日本的商船，不论在何地起锚，都先停泊在普陀山，等候顺风时驶往日本长崎。据日本学者木宫泰彦在《日中文化交流史》中的记载："康熙二十八年清朝赴日本的春夏两季的商船为 46 艘，其中宁波为 14 艘（宁波 11 艘，普陀 3 艘），居第一位。康熙五十四年（1715），日本限定中国去日本的船只为 30 艘，其中南京、福建和宁波三地总共 20 艘，贸

① （清）徐兆昺：《四明谈助》卷 29，宁波出版社 2003 年版，第 968—969 页。
② （清）彭润章等修，（清）叶廉锷等纂：光绪《平湖县志》卷 2《地理下 · 风俗》，上海书店 1993 年版。

易额仍为每年 6000 贯。"① 为了进一步阻止中国商船来日贸易，日本一再减少商船配额，到道光十年（1830）与日本通商的港口仅限宁波一处，且来往商船也只有 10 艘。

3. 与南洋贸易

康熙五十六年（1717），为了防止洋人对东南沿海构成威胁，清政府颁布南洋禁海令，禁止中国商船去往南洋吕宋、噶喇吧等地从事贸易。乾隆年间，由于日本严格控制与中国的贸易往来，为了得到外国的大米和铜，清政府允许商人向南洋、东洋贩运少量生丝以换取大米和铜。至道光年间，由于日本政府进一步减少对华贸易，宁波与南洋的贸易往来便随之增多。宁波港在南洋方面的通商范围以菲律宾群岛、安南（今越南）、柬埔寨、暹罗为限，船只每年约 585 艘。② 当时宁波港"商人往东洋者十之一，往南洋者十之九"③，其中有相当一部分从事海外贸易。这一时期，宁波主要向南洋输出茶叶、生丝、瓷器、干果、药材、海产品和各种土特产以换取南洋的大米、象牙、木材、珍珠、糖等产品。

（三）开埠前宁波港与西方的关系

随着海禁的解除，宁波与西方的贸易也逐渐恢复。在西方对华的早期贸易交往史中，"宁波曾被寄以很大的希望"④。康熙二十三年（1684），清政府开海禁，设广东澳门、福建漳州府、浙江宁波府、江南云台山四榷关，时"英吉利时名英圭黎，往来于澳门、厦门，复北泊宁波之舟山，监督宁波海关屡请移关定海，部议不许"。康熙三十四年（1695），清政府分设浙海关署于宁波及定海两地，令监督往来巡视。康熙三十七年（1698），监督张圣诏以"堪容外番大舶，亦通各省贸易"为由奏请设立供洋人居住的商馆获准，"乃于定海城外衢头之西，建红毛馆一区，安置夹板之水梢，此英吉利番舶来定海之始也"。⑤

① 〔日〕木宫泰彦著，胡锡年译：《日中文化交流史》，商务印书馆 1980 年版，第 585 页。

② 参见姚贤镐编：《中国近代对外贸易史资料（1840—1895）》，中华书局 1962 年版，第 60 页。

③ 〔清〕乾隆《皇朝文献通考》卷 297。

④ 〔美〕马士著，张汇文等译：《中华帝国对外关系史》第 1 卷，上海书店出版社 2006 年版，第 405 页。

⑤ 〔清〕萧令裕：《英吉利记》，见中国史学会主编：《中国近代史资料丛刊·鸦片战争》第 1 册，上海书店出版社 2000 年版，第 22 页。

　　红毛馆设立后，英国商船便往返于澳门、厦门和舟山之间，并以舟山作为停泊之地。同时，大批英国商人也来到宁波从事贸易，"仅康熙四十九年（1710）来定海、宁波的商船即达110多艘"[①]。然而，清政府不久便实行闭关锁国政策，将中外贸易限于广州一处。但是，英国商人从未停止开埠宁波的尝试。乾隆二十年（1755），英国总商喀喇生、通商洪仁辉奏请宁绍道台，希望准许其商船在定海验税后，前往宁波销售英国货物。第二年英国又加派数艘商船来宁波进行贸易。这样自"乾隆二十年以来，外洋番船收泊定海，舍粤就浙，岁岁来宁（宁波）"[②]。

　　尽管英国商船获准进入宁波，但英国企图开埠宁波的目的始终未能达成。随着来华商船的增多，清政府担忧西洋人会对东南沿海构成威胁，于乾隆二十二年（1757）对英商颁旨规定："将来只许在广东收泊贸易，不得再赴宁波。如或再来，必令原船返棹至广，不准入浙江海口。预会粤海关传谕该商等知悉。"[③]此令一出，英国商船纷纷退至广州。

　　但是，英国人要求开埠宁波、舟山的企图从没有放弃。乾隆二十四年（1759），英国东印度公司再次派遣洪仁辉来宁波，企图说服浙江巡抚和宁波知府同意英商来宁波贸易，遭到拒绝后直赴天津，上书乾隆皇帝，重申英国东印度公司对开埠宁波的要求。此举违抗了清廷"权威"，结果洪仁辉被清政府押送到澳门，囚禁三年，释放后被送回印度，并责令其终生不许来华贸易。经此事件之后，清政府进一步强化行商制度，加强了海外贸易管制。宁波与西方的贸易也基本终止。

　　乾隆五十二年（1787），英国政府遣使来华，再度提出开埠宁波的要求："如果中国皇帝允诺划给英国一块地方，在确定地点时，应特别注意……靠近上等华茶的出产地 —— 大约位于北纬27—30度之间。"[④]宁波和舟山正好介于此纬度之间。对于这一请求，清廷予以拒绝。乾隆五十七年（1792），英国派遣马戛尔尼作为特使来华，借给乾隆祝寿为名，向清政府提出一系列通商请求，其中又提及

①　〔美〕马士著，张汇文等译：《中华帝国对外关系史》第1卷，上海书店出版社2006年版，第479页。
②　姚贤镐编：《中国近代对外贸易史资料（1840—1895）》第1册，中华书局1962年版，第253页。
③　中国第一历史档案馆等：《清实录（乾隆朝）》，中华书局2008年版，第8046页。
④　姚贤镐编：《中国近代对外贸易史资料（1840—1895）》，中华书局1962年版，第149页。

对宁波开埠的要求："增开舟山、宁波、天津为通商口岸"，"将舟山群岛的一个岛拨给英国，以便英人居住和存放货物"。① 对英国政府提出的请求，清廷再次严词拒绝，并进一步加强了对沿海诸港的管辖。自此，浙江沿海与西方的贸易往来由于闭关锁国政策的强化而全面终止，而英国政府则加紧搜集宁波、定海、镇海等沿海港口海防和驻军情报，准备待合适时机发动武装侵略战争，逼迫清政府开埠通商。

二、宁波、温州、杭州相继开放

（一）宁波开埠

道光二十二年（1842）8 月 29 日，中英《南京条约》（又称《江宁条约》）签订。《南京条约》规定："自今以后，大皇帝恩准英国人民带同所属家眷，寄居大清沿海之广州、福州、厦门、宁波、上海等五处港口，贸易通商无碍，且大英国君主派设领事、管事等官住该五处城邑，专理商贾事宜。"② 由此，宁波被列为"五口通商口岸"之一。

根据《南京条约》，英国驻宁波首任领事罗伯聃于道光二十三年十月廿八日（1843 年 12 月 19 日）"乘坐大小火轮各一只，夷兵船一只，驶至宁波港"，并于次年 1 月"邀请在城文武，眼同开市"。③ 自是，英商正式划定江北岸为通商地点，宁波正式开埠。

随着英国在江北岸设立领事馆，法、美两国也援例设馆。到同治九年（1870），普鲁士、荷兰、瑞典、挪威皆设副领事一人驻宁波，西班牙、葡萄牙未设领事，其通商事务多委托英领事馆代办。同治十年（1871），日本也在宁波建立了领事馆。

第二次鸦片战争后，经清政府总理衙门的批准，新浙海关于 1861 年（咸丰十一年）1 月 9 日建立，在江北岸设立税务司，征收对外贸易税，俗称新关或洋

---

① 炎明主编：《浙江鸦片战争史料》（上），宁波出版社 1997 年版，第 17 页。
② 参见牛创平、牛冀青编著：《近代中外条约选析》，中国法制出版社 1998 年版，第 8 页。
③ 《筹办夷务始末（咸丰朝）》卷 70，中华书局 1964 年版，第 2794 页。

关。英国人华为士被任命为第一任浙海关税务司，宁绍台道张景渠任第一任浙海关监督。原来的浙海关则改为常关，主要负责国内贸易税的征稽。宁波港与上海港相距仅 140 海里。

江北岸为甬江与余姚江环绕的一个三角地带，沿岸多系冲积平原。甬江由余姚江和奉化江在三江口汇合，向东经镇海口入东海。江北岸沿甬江一线是港口码头停泊地，江面水深江宽，江面平均宽度在 290 米左右，水深平均 6.25 米，有成为港池的优越条件。陆路交通既可直达镇海，又可从慈溪、余姚通向内地，非常有利于港口形成后进出口货物的集散。

宁波扼中国南北水路要冲，既是京杭大运河南部的终端，又是传统的对外贸易口岸。开埠之初，在上海港尚未兴起之时，其作为贸易港口的特殊潜力十分巨大。但开埠不久，随着上海港的崛起，其进出口贸易被吸引到上海港，"盖宁波密迩上海，上海既日有发展，所有往来腹地之货物，自以出入沪埠较为便利。迨至咸丰初叶，洋商始从事转口货物运输，所用船只初为小号快帆船及划船，继为美国式江轮，但此项洋船仅系运输沪甬两埠之货物，与直接对外贸易有别"[①]。

这样，宁波在开埠后逐渐发展成为上海对外贸易的转运港。由于上海的崛起，当地商人更愿意到上海这一较大的市场上去收购，并交上海作为宁波所有其他货物的分配中心。宁波则承担"宁波与上海之间"、"宁波与邻近城镇之间"的贸易连接，其中"85% 的贸易是在沿海进行的，由两艘轮船每日在宁波与上海之间往返运输"。[②]

虽然宁波作为一个远洋贸易中心的地位下降了，但它作为一个区域经贸中心地位却得到了巩固。由于宁波在经济上依附于上海，使它仍然"享有一个能支持生气勃勃的区域开发的大量贸易"。在 19 世纪下半叶，随着诸如编帽、刺绣、织棉制品、织渔网、裁缝等这些农村手工业进一步扩大，同时"与上海定期班轮的开航和当地运输效率的适当改善，提高了宁波腹地内进口商品的比例和促进了农

①　姚贤镐编：《中国近代对外贸易史资料（1840—1895）》，中华书局 1962 年版，第 618 页。

②　陈梅龙、景消波译：《宁波英国领事贸易报告选译》，《档案与史学》2001 年第 4 期。

业的商品化，整个宁波的腹地中新设了好几十个定期集镇"①。

总之，宁波开埠后对外中转，对内联络，逐渐演变为浙江沿海的重要贸易转运港。它的航线主要有两条，即沪甬线和五三头线（宁波至镇海、舟山、象山、海门、温州各线）。进口货基本上从上海转运，再由五三头线等航线集散。其中沪甬间的航运往来尤为频繁，到 1909 年已有 5 艘轮船行驶于沪甬航线，而且这些轮船"展开了一场相当激烈的竞争"②。

（二）温州开埠

温州港是我国著名的古港之一。南宋、元代温州曾设立市舶机构，是中国对外贸易重要口岸。1843 年英国曾派军舰测量温州港口南北水道，绘制了海图，掌握了进港航道情况。"五口通商"后，由于宁波和福州两地进出口贸易的情况都不佳，温州便成为英国政府的觊觎目标之一。

当时，宁波港的对外贸易价值有所下降。1845 年尚有 27893 英镑，而到 1847 年则降至 12408 英镑。福州"开埠后九年，并无洋商经营合法贸易，洋船虽有驶至该埠者，然其任务或为私运鸦片，以戈取不法之利益，或为护送船只，以防海盗之劫掠而已"③。为此，时任英国驻华公使德庇时（J. F. Davis）想通过谈判"从中国政府获得使用沿海的一个或者其他两个港口替换福州和宁波港口"。由于宁波离舟山近，地理位甚为重要，一旦有战事，"宁波这一歇脚处，将是很有作用的"，所以想用其他港口代替福州港，最后德庇时看中了温州港。他认为："我们同中国的四个沿海省份进行贸易，实际上看来四省中的每个省都是要有一个好港口。广州港口和香港很近，位于其本省；厦门港口（福州港口除外）在福建；上海港口在江苏，四个省中三个有了。剩下的唯一缺陷是在浙江省沿海少一个位于江苏的上海和福建的厦门之间中点处左右的良港。浙江省的温州府城正好适合这条件。"④只是后来由于福州的茶叶贸易的兴起，英国政府最终还是不愿意放弃福州。但英

---

①　〔美〕施坚雅主编，陈桥驿等译校：《中华帝国晚期的城市》，中华书局 2000 年版，第 482 页。

②　陈梅龙、景消波译：《宁波英国领事贸易报告选译》，《档案与史学》2001 年第 4 期。

③　参见〔英〕班思德：《最近百年中国对外贸易史》第 3 章第 2 节；另见上海海关总税务司署统计科：《海关十年报告（1922—1931）》附录，1932 年版。

④　北京太平天国历史研究会编：《太平天国史译丛》第 2 辑，中华书局 1983 年版，第 239—242 页。

国政府要求开放温州口岸的野心从未中止过。

咸丰四年（1854），英国驻华公使包令（J. Bowring）和美国驻华公使麦莲（R. A. McLane）为了扩大他们两国已得利益，进行频繁的活动，企图通过修约，提出中国全境或至少开放温州等港和自由航行长江等要求。由于英、美国两国提出的修约要求，缺乏合法的依据，因而未能得逞。[①]

机会终于来了。光绪二年（1876），英国以"马嘉里事件"为借口，迫使清政府签订《烟台条约》（又称《芝罘条约》），温州成为通商口岸之一。

1877 年（光绪三年）4 月，英国领事馆在温州建立，温州海关（半年以后改称瓯海关）[②]也同时开设，哈博逊（H. E. Hobson）任税务司。温州港正式对外开放。

当月 10 日，英国怡和洋行的康克斯特（Conquest）客货轮从上海运输棉布等洋货驶入温州港，首次开启了温—沪航线，这也是温州开埠后第一艘进行检验后进港的外国商轮。以后，温州口岸又陆续开辟了自温州通向宁波、福州、厦门、汕头、香港等沿海港口，南通、镇江等长江沿岸港口，以及日本、新加坡、苏门答腊等国家和地区的航线。随着对外贸易航线的增加，温州口岸进出口贸易量迅速增加，同时，各国洋货源源不断地涌进温州，外国洋行（或代理行）遍设温州大街小巷。到了 1900 年，在温开设的英、美、德、日洋行已多达 22 家，形成了"瓯为海国，市半洋商"的局面。

宁波、温州的相继开放，带动了台州的开放。根据不平等条约有关转口贸易的规定，外国商人开始通过已辟的通商口岸海关（上海或宁波）取得子口单，从而将贸易发展到还未列为通商口岸的城市。1852 年，清政府将海关子口从葭芷迁到海门，俗称"台大关"。1877 年，瓯海关成立后，于次年又在海门设分关。这标志着清政府正式承认了海门作为对外通商口岸的地位。随着海门成为台州最重要的外贸通道，它也逐渐成为台州的商贸中心。"台州海门商轮，自前清光绪二十二年倡办，风气忽开，十余年来，轮舶倍增，往来沪上、四明、瓯埠者络绎不绝，在台争人力争利权，固煞费苦心；观今日海门埠头及市面，日新月异，商

[①] 参见丁名楠等：《帝国主义侵华史》第 1 卷，人民出版社 1973 年版，第 118—121 页。

[②] 海关总税务司署 1877 年 10 月 24 日给温州海关第 24 号令，见 1877 年瓯海关档案。

务之兴隆，有如潮涌。"①当时的海门集市众多且市面繁荣，各式各样货物集聚，买卖兴旺，贸易繁盛，民国时已有"小上海"之称。

（三）杭州开埠

杭州是浙江省府驻地，然在历史上对外贸易地位却不及宁波、温州等地。康熙二十三年（1684）清政府初开海禁，允许宁波、定海、温州和乍浦等地"出洋贸易"，却未提及杭州。但是，杭州作为大运河南端重要水运枢纽，经流的钱塘江上流水系与安徽徽州及省内严州、处州、金华诸府相连，因此"发上海而经内地航路，欲抵此诸地者，势不得不经过杭州"，同时杭州又是"宁波欲抵诸地"的要冲，可谓是"商业上天然中心点"。②因此，杭州（包括苏州）对于尚不能在上海与老牌西方列强一争高低的日本来说，自然成了其争夺的目标。

1894 年中日甲午战争爆发，清政府战败，被迫于 1895 年 4 月 17 日签订了丧权辱国的不平等条约——《马关条约》。根据《马关条约》中国开放沙市、重庆、苏州、杭州，并规定"现今中国已开通商口岸之外，应准添设下开各处，立为通商口岸，以便日本臣民往来侨寓，从事商业、工艺、制作。所有添设口岸均照向开通商海口或向开内地镇市章程一体办理，应得优例及利益等亦当一律享受"，"日本政府得派遣领事官于前开各口驻扎"。③

1896 年（光绪二十二年）4 月，日本驻杭领事馆在宝石山东麓石塔儿头设立，落合谦太郎任驻杭首任领事。

1896 年 9 月 27 日，根据《马关条约》"照向开通商海口章程办理"的规定，中日双方签署了杭州通商场地址和《日本商民居住塞德耳门章程》（《杭州日本租界原议章程》），正式确定杭州拱宸桥一带为通商场地，其中北运河东半部一带辟为日本租界，面积约 900 亩。④

1896 年 6 月，杭州海关设立，杭嘉湖道王祖光兼任杭州税关监督。经清政府

---

① 项士元纂：《海门镇志》，临海市博物馆打字油印本 1988 年版，第 65 页。
② 清议报报馆编：《清议报》第 2 册，中华书局 2006 年版，第 1146 页。
③ 王铁崖编：《中外旧约章汇编》，生活·读书·新知三联书店 1957 年版，第 616 页。
④ 参见严中平等编：《中国近代经济史统计资料选辑》，科学出版社 1955 年版，第 53 页。

批准，杭关由总税务司英国人赫德派浙海关头等帮办、英国人李士理来杭筹建，并"择拱宸桥外适中之地堪以兴建"①。同年10月1日，杭州海关正式开关。同一天，拱宸桥通商场和日租界也正式使用。不久，英美等国按有关"利益均沾"约章，也纷纷在拱宸桥通商场内租地经营。

杭州正式开埠后，外国人蜂拥而来，"开设洋行，创立公司"②。他们"踵行西法，日盛一日……某商在大关外石灰坝地方设立机器制造砖瓦厂，择于本月间开工，其货物较之本地窑户所见，既见精洁，价值又廉"③。杭州迅速成为杭嘉湖地区对外贸易的一个重要商埠。在扩大进口的同时，出口货物数量的增速也在加快，如杭州土货出口总值由1900年4785371海关两，增加到1905年10200623海关两，五年中增加一倍以上。据光绪《杭州府志》载，光绪二十四年，从杭州进口洋货总值为296万两，而出口物品的总值则达503万两以上，出口大于进口70%左右。④

同时，随着杭州的开埠，嘉兴作为杭州海关的分关也于1896年12月正式开放，并从1897年4月开始收取出口税。⑤可以看出，随着清政府半殖民地化的不断加深，中国对列强的开放也在不断扩大。

（四）港口主权的丧失

港口主权是国家主权的重要体现。鸦片战争后，西方列强根据各种不平等条约从清政府手中夺得海关制度制定的权力，开始按照其对海关职能的理解改造中国海关。中国的港口主权逐渐丧失。

按照《南京条约》及其附约，中国须取消行商制度，实行领事报关制，并以协定关税和最惠国待遇的方式推行自由贸易政策。道光二十三年（1843），中英签订《五口通商附粘善后章程》，规定：英国要"严伤所属管事官等，将凡系英国在

---

① 中国第一历史档案馆编：《光绪朝朱批奏折》，中华书局1995年版，第359页。
② 《申报》1897年5月2日。
③ 《申报》1897年3月17日。
④ （清）丁丙修、（清）王棻纂：光绪《杭州府志》卷64《赋税》。
⑤ 参见陈梅龙、景波波译编：《近代浙江对外贸易及社会变迁——宁波、温州、杭州海关贸易报告译编》，宁波出版社2003年版，第218页。

各港口来往贸易之商人，加以约束，四面查察，以杜弊端；倘访闻有偷漏走私之案，该管事官即时通报中华地方官，以便本地官捉拿"①。关税协定和领事裁判权为西方列强控制海关和通商口岸创造了条件。

咸丰三年（1853），英、美、法等西方列强，利用上海小刀会起义事件，在上海组建了第一个由外国人参与管理的海关机构——税务管理委员会。第二年6月，又与上海道台吴健彰缔结了《上海海关组织协定》，规定"兹因关监督深知难得诚敏干练熟悉外国语言之人员，执行约章关章上一切事务，惟有加入洋员，以资襄助。此项人员，应有道台慎选遴委，道台亦应予以信任事权"②。外籍人员入主江海关，标志着中国的关税管理权从此逐步沦于外人之手。1858年（咸丰八年）11月8日，中英订立《中英通商条约善后条约》，规定"各口画一办理"、"任凭总理大臣邀请英人帮办税务"。③1864年（同治三年）8月，总理衙门正式颁布《通商各口募用外国人帮办税务章程》："各关所有外国人帮办税务事宜，均由总税务司募请调派。"④从此，中国海关正式进入外籍税务司管理时期。各关税务司一律听命于外籍人员充任的总税务司。

宁波开埠初，各缔约国虽在江北岸设置领事，管理本国商品的出入口税，但海关贸易官员仍由宁绍台道台兼任，清政府名义上还掌握着进出口贸易的管理权。1861年1月，根据海关税务"各口画一办理"的外籍税务司制度，清政府在江北岸成立了新的海关，专征国际贸易税，俗称新关或洋关。英国人华为士被任命为第一任浙海关税务司，宁绍台道张景渠被任命为第一任浙海关监督。原来位于江东包家衖头的浙海关则改为常关，成为一个主要管理、监督国内贸易的机构，征收常税。按例温州、杭州开埠后也同样实行外籍税务司制度。

海关具有保护本国工农业生产和对外贸易，抵制外国经济侵略的职能，然而宁波、温州、杭州新关与其他开放口岸一样税务司一职"由客卿任之"。浙江通商口岸的关税自主权被完全剥夺。

---

① 王铁崖编：《中外旧约章汇编》第1册，生活·读书·新知三联书店1957年版，第37页。
② 《北华捷报》1854年7月8日。
③ 褚德新、梁德主编：《中外约章汇要（1689—1949）》，黑龙江人民出版社1991年版，第158页。
④ 黄序鹤：《海关通志》下，商务印书馆1917年版，第149—158页。

港口自主权的丧失还表现在引水权问题上。引水，又称引航。外国船舶在没有所在国引水员的引领下，不得自由进出该国的港口，这是国家以及港口主权的体现。同治七年（1868），浙海关新关订立的《宁波口引水专章》第3款规定："凡华民及有条约各国之民有欲充引水者均准其一体充当。"[①]表面上，这一规定似乎具有公平性，但在西方列强的操控下，情况并非如此。《宁波口引水专章》第4款特别指出："备考者，其国领事官本人或派员均可在局从旁监同考试。"[②]另外第5款还规定："凡是考试合格派充引水员的人应赴税务司，由税务司代地方官发给引水字据。"[③] 由此可知，看似公平的引水员考试，实则设定了种种限制，华人根本没机会进入引水领域。当时，宁波港的引水员均为外国人。外国势力全面控制了宁波港的引水权。

三、轮船航运业的兴起

（一）轮船运输业

鸦片战争前，浙江航运主要采用帆船运输。宁波作为浙江通商的正口，是东南沿海最为重要的帆船运输中心。早在嘉庆九年（1804）间，浙江蛋船[④]仅在镇海、上海等处驻港者就有约400艘，北至天津、营口，一年可往返三次。[⑤]有人估算，宁波港在开埠前每年来往的海船当有一千数百艘，若加上从内地沿着河道而来的近4000艘河船，合计每年货运量约有20余万吨。这在当时是一个不小的数目。[⑥]宁波同时也是浙江一个重要帆船制造中心，光绪《鄞县志》称："东乡船匠善造浙江诸郡备帮粮蜡及出海大小对渔船，南乡段塘船匠善造南北洋商用蛋船及江商行走百官船、乌山船。"[⑦]

---

① 张传保等修，陈训正等纂：民国《鄞县通志·食货志》，上海书店1993年版。
② 张传保等修，陈训正等纂：民国《鄞县通志·食货志》，上海书店1993年版。
③ 张传保等修，陈训正等纂：民国《鄞县通志·食货志》，上海书店1993年版。
④ "蛋船"又叫"三不像船"，通称宁船，船身较重，不畏风浪，又能"过沙"，是通航南北洋各海港的著名海船。参见谢占圭：《海运提要》，见（清）贺长龄等编：《皇朝经世文编》卷48，台北文海出版社1966年版。
⑤ 参见（清）阮元撰，邓经元点校：《揅经室集》二集卷8《海运考跋》，中华书局1993年版，第578页。
⑥ 姚贤镐编：《中国近代对外贸易史资料（1840—1895）》第3册，中华书局1962年版，第615—616页。
⑦ （清）戴枚修纂：光绪《鄞县志》卷2《风俗》，清光绪三年（1877）刻本。

开埠初期，虽然西方列强已经将轮船驶入宁波港，英领事就是乘火轮来宁波的，但这种新式航运工具并未引起中国人的足够重视，航运仍是以使用帆船为主。以与宁波贸易往来比较频繁的福州港为例，1845 年 7 月到 1846 年 6 月间，福州港来自宁波的帆船有 1141 艘，开往宁波的帆船也有 807 艘，另外，来往于温州、镇海、舟山的也分别有 4—6 艘，占到福州港进出船只的 60% 多。①

这种情况在咸丰年间发生了变化。咸丰初年，黄河再次改道使得京杭大运河北段难以通航，而长江下游又为太平天国军所控制，漕粮只能改为海运。宁波港的商船在运粮过程中常常遭遇海盗袭击，漕运和沿海航运受到严重影响。西方列强乘机以"护航"为名，强行对中国帆船勒索护航费用。这些"护航"费多由英国驻宁波领事代为索取。据统计，仅 1853 年，宁波一地中国帆船所付出的"护航"费，表面上说是 18 万元，而实际被敲诈的竟达 22 万元。② 为了不受勒索，宁波人杨坊、张斯桂等以 7 万两银的价格从英国人那里购得西式轮船 —— "宝顺"轮。1855 年（咸丰五年）5 月，"宝顺"轮抵达宁波。③

"宝顺"轮明轮驱动、排水量三百吨，装备有当时最先进的西洋大炮。它在当时护航、打击海盗方面发挥了较大的作用，曾多次打败海盗，共击沉海盗船三十余艘，救出商船渔船二百余艘，东南海域"海氛渐靖，海运始通"④。有人甚至认为，正是因为有了"宝顺"轮，"中外臣工，咸知轮船之利，有裨于军国。曾文正首购夷船，左文襄首开船厂，二十年来，缘江缘海，增多百余艘，皆宝顺船为之倡也"⑤。

"宝顺"轮是中国近代引进的第一艘轮船。⑥ 它改变了中国航运史，宣告轮船时代的到来。宁波由此也成为近代中国最早兴办轮船航运业的地区之一。

浙江的轮船运输业始于宁波，但在初始时期，一直被外商和官商所控制。同

---

①　Statistical Returns, *Accounts and Other Papers Respecting the Fade between Great Britain and China, 1802-1888*, Ireland: Irish University Press, 1972, pp. 132- 133.

②　John King Fairbank, *Trade and Diplomacy on the China Coast*, Stanford: Stanford University Press, 1969, pp. 342-345.

③　参见（清）董沛：《宝顺轮船始末》，上海古籍出版社 1996 年版，第 407 页。

④　陈培源：《张鲁生太守传》，《慈东马径张氏宗谱》第 9 卷，永思堂 1926 年木活字刻本。

⑤　（清）董沛：《宝顺轮船始末》，上海古籍出版社 1996 年版，第 409 页。

⑥　1840 年林则徐在广东时，曾经购买过一艘外国轮船（中国史学会主编：《中国近代史资料丛刊·鸦片战争》第 5 册，上海书店出版社 2000 年版，第 56 页），但这艘轮船很快被英军掳获，实际上没有起太大的作用。

治元年（1862），美商旗昌轮船公司率先开辟上海—宁波航线，由一艘载重 1086 吨的"江西"号轮船承运。[①] 接着，英商太古轮船公司在 1869 年用载重 3000 吨左右的"北京"轮，开辟了沪甬航线。[②] 这两家公司经营不久，即以其安全、快速、运量大且不受气候和季候风影响而招徕了大量的客货运，取得了颇为优厚的利润。

同治十一年（1872），李鸿章等在上海创办了轮船招商局。次年，招商局便开通了上海—宁波航线。1874 年，招商局还在宁波设立分局，并建造专用码头，增派"德耀"、"大有"、"江天"轮行驶宁波，与英、美等外商展开角逐。

尽管轮船航运业十分有利可图，但清政府当时却不允许民间开设轮船公司从事海上运输。根据《申报》报道，早在 1872 年，宁波就有华商新制两艘小轮船，打算每天载客往来上海，定价每客船费四角，比美商旗昌轮船公司还便宜，但此事因不到清政府支持而告吹。[③]

19 世纪末，清政府被迫允许商人自办轮船公司，浙江民营轮船运输业进入了一个较快发展时期，形成了以宁波、杭州为中心的轮船航运中心。

宁波是华商轮船航运企业兴办最早，且办得颇有生气的一个典范。宁波的轮船运输业以海路为主，兼有内河航运。光绪二十一年（1895），由宁波绅商创办的外海商轮局和永安商轮局成立。外海商轮局主要经营近海航运，该公司有资本 38000 元，置有一艘 673 吨位的"海力"轮船，运行于宁波至定海、台州、海门等处，1899 年该航线又延长至温州。永安商轮局是宁波最早的近代内河轮船公司，公司有资本 48000 元，购置两艘小轮，用于宁波至余姚内河的航行。不过这两条船还不是正式轮船，而是把蒸汽发动机安装在帆船上的机帆船。[④]

光绪二十二年（1896），宁波志澄商轮局成立。该公司有轮船一艘，航行于宁波至象山、石浦的近海航线。第二年，宁波又一家轮船企业——永宁商轮局成

---

① 参见〔美〕刘广京著，曹铁珊等译：《英美航运势力在华的竞争 1862—1874 年》，上海社会科学院出版社 1988 年版，第 19 页。

② 参见宁波市民建、工商联史料组编：《宁波工商史话》第 2 辑，1981 年编印，第 261 页。

③ 参见《申报》1872 年 5 月 6 日。

④ 参见茅家琦、黄胜强、马振犊主编：《中国旧海关史料（1859—1948）》第 24 册，《光绪二十二年宁波口贸易报告》，京华出版社 2001 年版，第 352 页。

立，该公司的"永宁"轮开设宁波至台州海门间航班，1899 年又将航线延长至温州。1899 年，美益利记宁绍轮船公司成立。该公司挂德商旗号，有小轮两艘，往来于宁波至余姚、绍兴等处。接着，宁波至镇海、奉化的小轮船也相继开航。[①] 这样，短短五六年间，宁波至附近沿海和内河的各主要航线上，皆有商办轮船穿梭往来。

光绪二十九年（1903），宁波永川轮船公司成立，开通宁波至台州海门航线，由一艘 106 吨的"海宁"轮船承运。1907 年、1910 年又先后添置 154 吨的"湖广"轮和 372 吨的"永川"轮。[②] 同年，由定海商人丁钦斋在上海创立锦章航船局，所属的"锦和"客轮也开航，往来于上海至舟山、镇海间；1910 年，锦章航船局再以六万元另置一只"可贵"轮船（440 吨），将航线延长至象山、石浦、海门等处。[③]

光绪三十二年（1906）末，宁波商人朱葆三、台州商人陶祝华等人成立越东轮船公司，以一艘"永利"轮船（555 吨）航行上海和定海、石浦、海门等处。[④]

光绪三十三年（1907），宁波又出现了一家颇有生气的中国商业轮船公司。该公司创办人陈志寅，资本 70000 元，购置一艘 747 吨的"德裕"大船，开辟宁波、温州、兴化、泉州、澳门航线，定期往返，十天一趟。由于该条航线少有其他轮船竞争，盈利很大。1909 年公司增资 50 万元，将总公司迁至上海，另设宁波、烟台、海参崴等分公司。[⑤]

光绪三十四年（1908），虞洽卿、陈薰、严义彬、方舜年等人集资创办了宁绍轮船公司。从 1909 年 7 月 10 日起，以"宁绍"轮（2641 吨）航行于沪甬线上，隔日一次。后来，宁绍轮船公司又置"甬兴"轮（1585 吨），在沪甬线上对开，

---

① 参见樊百川：《中国轮船航运业的兴起》，四川人民出版社 1985 年版，第 326—327 页。

② 参见国民政府交通部铁道部交通史编纂委员会编纂：《交通史航政编》第 2 册，上海民智书局 1935 年版，第 537、681 页。

③ 参见《中外日报》1904 年 5 月 2 日。

④ 参见国民政府交通部铁道部交通史编纂委员会编纂：《交通史航政编》第 2 册，上海民智书局 1935 年版，第 535 页。

⑤ 参见国民政府交通部铁道部交通史编纂委员会编纂：《交通史航政编》第 2 册，上海民智书局 1935 年版，第 537、681 页。

逐日无间，在与英商太古轮船公司和法商东方轮船公司及轮船招商局的激烈竞争中站稳脚跟，获得了发展。1912 年，宁绍公司又定造一艘"新宁绍"轮船（总吨 3407 吨，净吨 2151 吨），于 1914 年加入沪甬航线，并将原有的"宁绍"轮调驶长江航线。①

这样，宁波在清末民初已基本形成内通绍兴、奉化，外连定海、石浦、宁海、海门、温州的轮船航运网络，成为浙江沿海及附近内河内港轮船航运中心。宁波港一度还成为全国各口岸唯一由中国轮船占主导地位的港口。根据 1913 年《海关关册》（中文）统计，宁波港全年进出的轮船共计 1589 艘次，合计吨位 1918872 吨。其中，中国轮船有 1135 艘次，合计 1248632 吨，占总量 65% 以上。

在宁波民营轮船公司的带动下，浙南温台地区的民资轮船公司也得到了相应的发展。1911 年，台州临海六埠拖船公司成立。该公司到 1916 年总资本已达 46000 元，拥有三只小轮，计 104 总吨位。温州瑞安在 1906 年设立永瑞小轮公司，该公司在 1914 年改组为通济公司，增资 20000 元，并新添两只小轮，来往于瑞安、温州之间，另一只行驶乐清等处。②

在内河轮船航运方面，杭州后来居上。光绪十六年（1890）前后，清政府迫于各方压力对上海附近的内河轮船运营的控制出现了松动，承认"上海一口，时有华洋官商雇（轮船）往内地"的事实，称"另定专章，奏准暂时雇用"，但仍"声明不准搭客各带私货"，"亦不准拖带货船"。③

光绪十七年（1891），镇海人戴嗣源、戴玉书父子在上海创办戴生昌苏杭各地官轮船局，该局经营上海至杭州的航线，以后又将航线逐步扩大至湖州、嘉兴等地。④ 此外，浙江牙厘总局招商创办浙江官轮船局，置有小轮船八只，定期往来上海、杭州之间，除载运旅客、信件外，兼运官钱和贡品；另外通利内河官雇轮船总局，也有数只小轮。1893 年，嘉兴硖石镇创办了一家萃顺昌申

---

① 参见国民政府交通部铁道部交通史编纂委员会编纂：《交通史航政编》第 1 册，上海民智书局 1935 年版，第 301—395 页。

② 参见樊百川：《中国轮船航运业的兴起》，四川人民出版社 1985 年版，第 533 页。

③ 《监督海关江南分巡苏松太兵备道聂为重申例禁剀切晓谕事》，《益闻录》光绪十九年十一月初六日。

④ 参见《申报》1891 年 6 月 12 日。

砱轮船，资本约五六千两，有"萃顺昌"号小轮 1 只，行驶于砱石、嘉兴与上海间，1900 年又添增一轮。1894 年，泰昌记申杭湖轮船公司在湖州成立，公司资本 1 万两，有"泰昌"小轮 1 只，行驶湖州、杭州与上海间。这些轮船企业，规模都不大，且在航业上都只限于搭客和附拖官商座船，不准载货，也不准拖带货船。①

光绪二十一年（1895），清廷现实电令各省督抚准许"内河行小轮以杜洋轮攘利"。1898 年又以法规方式公布《内港行船章程》，正式通告"中国内港各项轮船任便按照后列之章往来，专作内港贸易……"② 由此，中国沿江海、内河航线上中国自己的民族轮船航运业终于获得了正式兴办的合法权利。

光绪二十二年（1896），苏州、杭州即将开埠，清政府颁布《苏杭沪三处贸易试办章程》，规定华洋轮船均可往来贸易，并"饬令购置内河小轮，苏、杭、淮、扬及江西、湖南均经开办"③。同年，由杭州往来上海、苏州的轮船局已有 4 家，共有小轮 38 只。④1897 年，杭州又出现了高源裕、芝太富、通裕 3 家商办的轮船局。⑤

光绪三十四年（1908）钱塘江的轮船航运正式开通。钱江轮船公司由楼景晖等人合资组建，有资本 6 万两，小轮 3 只，航线分别为从杭州出发溯富春江至桐庐，及溯浦阳江至临浦等处。⑥ 这是钱塘江上第一家轮船企业，也是这一时期钱塘江上唯一轮船企业。

杭州地处京杭大运河南端，内河水网发达。开埠后，开通并经营内河轮船运输业，通过发达的内河干道与上海及周边地区紧密地联系起来，这对于扩大进出口贸易拓展贸易腹地具有十分重要的促进作用。至此，浙江沿海地区形成了以杭州、宁波、温州为中心、海河并举的轮船航运网络基本形成。

---

① 参见樊百川：《中国轮船航运业的兴起》，四川人民出版社 1985 年版，第 216—217 页。
② 王铁崖编：《中外旧约章汇编》第 1 册，生活·读书·新知三联书店 1957 年版，第 786 页。
③ （清）钟琦辑录：《皇朝琐屑录》卷 8《掌故七十一则》，沈云龙主编：《近代中国史料丛刊》第 54 辑，台北文海出版社 1970 年版，第 374 页。
④ 参见《关册》下卷，光绪二十二年，杭州口，第 47 页。
⑤ 参见《中外日报》光绪二十六年五月二十三日。
⑥ 参见《大公报》光绪三十四年六月初九日。

（二）新式码头和灯塔的出现

宁波开埠后，将江北外滩划为外国人居住地，并成为宁波对外贸易主要集散地。江北岸三江口至下白沙一带"河道较宽，水流稳定，水深平均达到－6.25 米，而江面的平均宽度达到 290 米，可供 3000 至 5000 吨级的轮船停泊"[①]。但在开埠初，江北码头只修建小型石勘道头组成的码头，供较大型驳船和洋式帆船停泊。

进入 19 世纪 60 年代后，随着新式轮船入港数不断增加，原有的码头已经越来越不能适应停泊与装卸的需要。同治元年（1862），美国旗昌洋行开始在江北岸建造趸船式浮码头，以供定班货轮装卸货物之用。1874 年，轮船招商局在江北岸建造了承载能力为 1000 吨级、铁木结构栈桥式趸船码头，之后码头继续扩建，靠泊能力逐步达到 3000 吨级。光绪元年（1875），丹麦的宝隆洋行在宁波修建了华顺码头；1877 年，轮船招商局供"江天"轮停泊的江天码头建成；同年 9 月，英国太古轮船公司修建了专供"北京"轮停泊的北京码头；1909 年，宁绍轮船公司兴建了铁木结构的宁绍码头，其承载能力为 2000 吨级。这些码头均为铁木结构的千吨级码头，它们的建成标志着宁波初步完成了从帆船港向轮船港的转变。在兴建千吨级码头的同时，宁波港还陆续兴建了一些一二百吨级的轮船码头和轮船埠头，主要供载重百吨级、从事沿海航线以及内河航运贸易的小型轮船停泊。表 3-2 反映了该时期宁波港码头的建设情况。

表 3-2　1862 年至 1911 年宁波港码头一览表

名称	修建时间	使用情况
江北趸船式浮码头	1862 年	定班货轮装卸货物
江北铁木趸船码头	1874 年	1000 吨级
华顺码头	1875 年	"彭格海"号靠泊
江天码头	1877 年	甬沪航线，江天轮
北京码头	1877 年	甬沪航线，北京轮
海龙轮埠	1890 年	海龙轮、济安轮（后废弃）

① 郑绍昌主编：《宁波港史》，人民交通出版社 1989 年版，第 142 页。

名称	修建时间	使用情况
云龙踏足轮埠	1898 年	后废弃
镇海轮埠	1900 年	后废弃
永川码头	1902 年	永川轮、海宁轮
宁波轮埠	1904 年	利济轮（后废弃）
小平安轮埠	1905 年	后废弃
海宁轮埠	1906 年	海宁轮、湖广轮
甬利码头	1906 年	—
新宁海码头	1908 年	新宁海轮、岳阳轮
平安码头	1908 年	平安轮、快利轮
景升轮埠	1908 年	—
宁绍码头	1909 年	宁绍轮、甬兴轮
可贵码头	1910 年	可贵轮、新永顺轮
瑞运码头	1911 年	

　　该表据郑绍昌主编《宁波港史》（人民交通出版社 1989 年版）第 236、237 页中的数据编制而成。

　　灯塔，作为一种塔状的发光航标，主要建立在航道的关键部位以指示危险区域，引导船舶安全进出港口。开埠后，进出宁波港的轮船数量与日俱增，原有的航道不利于轮船顺利进出港口，因而，必须修建灯塔来引导轮船航向。

　　同治四年（1865），甬江入口处虎蹲山和楜里山两座灯塔建成，但灯塔比较简陋，引航效果不佳。[①] 同治十一年（1872），总税务司赫德吩咐重新修建这两座灯塔。同年 5 月 27 日，新建的楜里山灯塔发光，该灯塔为白色砖木结构，塔高 17 英尺，发白色固定光、光强 5 级，光照达海平面 123 英尺，无云天气能见度达 9 海里。后来又将雾枪换成了机械带动的每分钟响 4 下的雾钟。6 月 27 日，虎蹲山灯塔改建完成，该塔高 17 英尺，换上了光强 6 级、发红色固定光的塔灯，光照达海平面 148 英尺以上，同时也换上了雾钟。[②] 两座灯塔为进出宁波港的轮船引航

① 参见郑绍昌主编：《宁波港史》，人民交通出版社 1989 年版，第 143 页。
② 参见郑绍昌主编：《宁波港史》，人民交通出版社 1989 年版，第 143 页。

避险，完善了港口货运。

光绪三年（1877），宁波又兴建了鱼腥脑灯塔。灯塔未建之前，其所建之地礁石众多，许多船只在此失事。灯塔建成之后，使用四级定光的单芯白灯，强度为 175 烛光，主要为上海与宁波之间的夜航轮船以及来自福州、舟山的船只导航。1903 年，随着技术的改进，原来的单芯喷灯换成双芯喷灯，光强度提高至 1000 烛光，1910 后又使用白炽罩喷灯，光强度上升为 3000 烛光。1907 年，沪甬航线上又增建了唐脑山灯塔。该灯塔靠上海较近，位于大戢山西南 17 海里。装有六级定光灯，光强度为 155 烛光。同时，灯塔附近还建有浓雾报警台。[1] 这对沪甬航线以及杭州湾、舟山海域的船只作用极大，有效地减轻了暗礁险滩的威胁。

第二节　口岸城市的形成与发展

城市是人类文明的结晶，是一个国家和地区发展的重要标志和窗口。鸦片战争后，一些口岸的被迫对外开放，对中国社会经济产生了多方面的重要影响。一方面，开埠使通商口岸城市逐渐成为输入外国工业品和输出中国原料的集散地，从而为近代工业的发展提供了商品市场和劳动力市场；另一方面，口岸城市由于西方近代科技、近代工业和城市文明的不断传入，也为中国资本主义的发展和城市近代化奠定了物质基础。

一、宁波"外国人居留地"

1843 年（道光二十三年）12 月，英国驻宁波领事罗伯聃到宁波，并迅速与宁波地方官员议定在江北岸设立领事馆。随后，英国政府各派领事、翻译官一人在江北岸杨家港租赁民房设立领事署 —— 宁波大英钦命领事署，民间习称"大英公馆"，管辖浙江全省有关英帝国对华的交涉事务。接着，美国、法国、西班牙、普鲁士、荷兰、挪威、瑞典、日本等国也纷纷委派领事、副领事或商务代表入驻

---

[1]　参见郑绍昌主编：《宁波港史》，人民交通出版社 1989 年版，第 237 页。

江北岸。法国曾"援例"在宁波设立领事署，其领事一职由宁波的法国天主教教主兼任。同治九年（1870），法国撤销了领事署，并将通商事务委托英国领事署兼管。

江北岸在开埠前是一片荒滩，芦苇丛生，残破不堪，仅有几个小渔村。英国人之所以选该处为开埠贸易之地，主要是因为江北岸位于甬江下游，具有良好的岸线，出海交通较为便利，而且这里与老城区仅一江之隔，既相互独立又联系方便，又靠近传统的贸易中心，有利于今后贸易与商业的拓展。

1844 年后，随着宁波正式开埠，各国领事、商人、传教士侨居江北岸沿甬江地带，这一区域逐渐成外国人聚居之地。根据统计，1850 年常住在江北岸的外国人有 19 人，1855 年增至 22 人，1859 年则有 49 人，以后逐年有所增加（见表 3-3）。

表 3-3　宁波江北岸外国人居留表（1850—1879）

时间	人数	人员构成	资料来源
道光三十年（1850）	19	外交人员、传教士、商人	乐承耀《宁波近代史纲（1840—1919）》
咸丰五年（1855）	22	传教士 14 人、外交官 3 人、商人 5 人	
咸丰九年（1859）	49	大多数为外交人员，也有士传教和商人	
同治十一年（1872）	64	英籍 34 人，德籍 12 人，美籍 9 人，法籍 3 人，意大利籍 2 人，瑞典籍、奥地利籍、墨西哥籍、瑞士籍各 1 人	《同治十一年浙海关贸易报告》
同治十三年（1874）	131		《光绪元年浙海关贸易报告》
光绪元年（1875）	147		
光绪五年（1879）	150	英籍 76 人、法籍 34 人、美籍 27 人、德籍 13 人	《光绪五年浙海关贸易报告》

常年居留在江北岸的外国人大多具有外交官、商人和传教士的双重身份。尽管中外双方没有签订类似上海租界的协议或章程，但清政府实际上"默认了外国居留区的事实"。[①]

————————

① 〔日〕植田捷雄：《关于中国的租界的研究》，转引自张洪祥：《近代中国通商口岸与租界》，天津人民出版社1993 年版，第 61 页。

　　1861 年 12 月，太平军攻占宁波城。约 7 万宁波人为躲避战火，纷纷涌进江北外国人居留地。此时江北岸已完全为英法军队所控制。1862 年 1 月 13 日，英国领事 F. 何威（Frederiek Harvey）、美国领事曼杰姆（W. P. Mangum）、法国领事里昂·奥伯雷（Leon Odry）经协商，以保护外侨生命财产为借口，单方面提出了两项规定：一、江北岸居留地界址为东起甬江边，西至余姚江边，南至三江口，北抵北戴河和寺庙一线，此域外国人自由居住，不受干涉；二、将来必要时，领事有制定地域内规则的权利，但所定规则同中国所订条约规定内容一致。[①] 是年 5 月 31 日，英法联军协同清军夺回宁波城，三国领事又召开第二次协商会议，再次确认上述条款。至此，由西方列强单方面规定江北岸"外国人居留地"基本成型，见图 3-1。

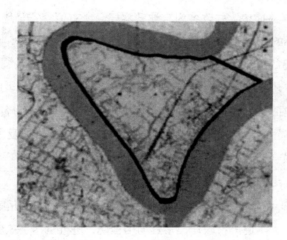

图 3-1　宁波江北岸"外国人居留地"示意图

　　江北岸虽然未被辟为租界，但界内的市政建设已被外国人控制，外国人在居留地享有种种类似租界的特权。

　　在市政管理方面，为维护江北岸居留地的治安，领事团在开埠不久便要求宁绍道台拨绿营兵勇 8 名，改为巡捕，驻扎江北岸，由英国人戈林做监带，受税务

---

① 参见〔日〕植田捷雄：《关于中国的租界的研究》，转引自张洪祥：《近代中国通商口岸与租界》，天津人民出版社 1993 年版，第 61 页。

司节制。① 同治三年（1864），经浙江巡抚批准，宁绍道台在江北岸外滩正式设立巡捕房，行使江北岸商埠区的一切治交、刑事等权力。当时，巡捕房有巡捕 40人，英国人华生担任督捕。外国人在江北岸行使警察权，引起了当地民众的强烈反对。光绪六年（1880），中国方面部分收回了当地警察权。根据当年制订《宁波重设巡捕办事章程》规定：一、中国方面承担巡捕房经费，任命外国人担任督捕；二、逮捕居留地内的华人，手续如同逮捕华界中的华人；三、逮捕"无约国"的外人，通常应由税务司会同地方官一起办理；四、逮捕"有约国"的外人，通常应有该国领事签发的逮捕证，"拿获解交该国领事衙门办理"。② 这样，西方列强在江北外滩的治权已与租界相差无几。这种状况一直到 1909 年才有所改变。

宣统元年（1909），宁波人民一致要求收回外滩主权的呼声下，中国方面全部接管了江北岸巡捕房，并改名为宁波警察局，所有警察官员均由中国人担任，但最终收回外滩的行政管理权则要到 1927 年收回江北工程局。

江北工程局的前身是道路委员会，成立于 19 世纪 80 年代，其主要职能是负责道路、码头、桥梁的修建，以及建立与建设相配套的财务管理制度。道路委员会成立时有"包括 5 名外国人和 4 名中国人，巡捕房督捕被聘为名誉秘书"，规定"每年初开一次捐助会，会上秘书出示收支平衡表、工作汇报以及来年的计划"。③可见，道路委员会已经拥有初步的市政建设职能。它的设立对于宁波江北岸市政建设，还是具有比较积极的意义。

光绪二十四年（1898），经浙海关税务司提议，开始在江北岸成立了负责道路、卫生、电气、水道等市政建设事宜的工程局，进行筑路、盖房。工程局设董事会，浙海关外籍税务司穆麟德任董事长，另有局董中外各 4 人，计 8 人。工程局的局务虽仍由外国人控制，但它的成立，对于江北岸的市政建设还是具有促进作用。此后，江北岸的市政建设凡修理街道、马路、沟渠等市政工程，都由工程局承办，而资金则由浙海关筹集，主要是开征修路铺桥的各种捐税。这种通过

① 参见张传保等修，陈训正等纂：民国《鄞县通志·政教志》，上海书店 1993 年版。
② 参见张传保等修，陈训正等纂：民国《鄞县通志·食货志》，上海书店 1993 年版。
③ 陈梅龙、景消波译编：《近代浙江对外贸易及社会变迁——宁波、温州、杭州海关贸易报告译编》，宁波出版社 2003 年版，第 34、35 页。

"劝捐归入工程局常年经费","每月可集洋五百元有奇"。①

"外国人居留地"是指外国人已拥有一定特权但尚未发展成租界的外国人居留、贸易区域。它不同于"国中之国"的租界，既没有特定的边界，也没有类似租界那样完全独立的行政、司法机关，其居留地的建设与管理往往需要地方当局参与。但是，在不平等的通商条约体系下，中国地方当局在居留地所能行使的权力也是有限的。居留地的外国人经常凭借不平等条约保护，任意越界扩张，谋取不法利益，侵夺中国主权。同治十一年（1872），法国在江北岸同兴街前（今中马路）建造天主堂，便将新江桥堍到宁绍码头一带水岸线和水面，全划归天主教堂的管理范围内，并当作他们的产业，用于出租、建筑码头、停靠轮船，这就是所谓天主堂的"白水权"。这一"白水权"直到1933年才被地方政府收回。总之，"外国人居留地"是中国通商口岸半殖民地化的一个象征。

二、杭州日租界

1895年4月17日（光绪二十一年三月二十三日），中日签订了《马关条约》签订，杭州被新辟为通商口岸。同年11月，日本驻上海总领事珍田舍己来到杭州，欲在涌金门旁的西湖边开辟租界，遭到中国政府的拒绝。

当时，许多中国朝野多主张新辟商埠当模仿宁波"外国人居留地"的做法，保留行政管理权。两江总督张之洞在其奏议中就称："宁波口岸并无租界名目，洋商所在居地名江北岸，即名曰洋人寄居之地。其巡捕一切由浙海关道出资，雇募洋人充当。今日本新开苏、杭、沙市三处口岸，系在内地，与海口不同，应照宁波章程，不设租界名目，但指定地段纵横四至，名为通商场。其地方人民管辖之权，仍归中国；其巡捕、缉匪、修造，一切俱由该地方官出资募人办理。"②

因此，中国方面最初只愿将杭州城北15里处拱宸桥以北、京杭大运河东岸划为通商场地，范围包括：西以运河为界，从贯通运河的一沟起，向南至乌龟桥；北以一沟为界，从运河向东至陆务河；东以陆家务河为界，从一沟起，向南到

① 《创议建局》，《申报》1898年12月7日。

② 〔清〕王彦威、王亮辑编：《清季外交史料》卷117，湖南师范大学出版社2015年版，第2315页。

茶汤桥；南则从乌龟桥向东至茶汤桥划成一线为界（此线大致为当时的一条贯通运河与陆家务河的小河沟，后填没，今为定海路）。其中北半部为日本租地，面积 900 亩左右，约占整个商埠区 1809 亩的一半。

经过激烈交涉，1896 年 9 月 27 日（光绪二十二年八月二十一日），中日双方最终签订《杭州通商场地址和日本商民塞德耳门章程》（后来称为《杭州日本租界原议章程》）。"塞德耳门"（Settlement）即居住地、居住点或租界。该章程确认了清政府之前选定的通商场地和界址，明确：日本商民在此界内往来侨寓，中国地方官应按约保护；所有巡捕房事宜，由中国地方官会同税务司设立管理；外国人愿在界内居住者，只能居住，不能租地。也就是说，按照《杭州日本租界原议章程》，中国方面保留了行政管理权。

1896 年 10 月 1 日（光绪二十二年八月二十五日），杭海关正式开关。同一天，拱宸桥通商场正式启用。紧接着，英美等国按有关"利益均沾"约章，也到拱宸桥通商场内租地经营。到次年三月，杭州通商场内租地除日本外，"所有土地都被买去，英国 335 亩、美国 124 亩、法国 111 亩、意大利和瑞士共 31 亩、中国（官方大楼）66 亩"[1]。这些土地是十分低廉的。按界址初定时的价格，当时"所有界内田亩应给价值由洋务局核定，享请廖大圣批准，计田每亩给钱四十千文，地每亩给钱五十千文，荡每亩六十千文，地上有房屋者，每间给费三十千文，楼屋六十千文，坟墓每棺三十千文，无主者由局埋葬，限一月内迁移"[2]。

但是，日本不满足于类似宁波"外国人居留地"的租地条件。经过多方施压，日本驻杭州领事小田切万寿之助与杭嘉湖道道台王祖光于 1897 年 5 月 13 日在杭州又重新签订了《杭州日本租界续议章程》，规定"界内所有马路、桥梁、沟渠、码头以及巡捕之权，由日本领事官管理"[3]。这样，日本人居留区便改为了日本专管租界。租界内的财政、司法等一切中国主权全部丧失，均被日本领事控制。

日本在杭州设立租界，标志着杭州的对外开放。早在正式开埠之前，许多市

---

① 陈梅龙、景消波译编：《近代浙江对外贸易及社会变迁——宁波、温州、杭州海关贸易报告译编》，宁波出版社 2003 年版，第 217 页。

② 《申报》1896 年 4 月 20 日。

③ 王铁崖编：《中外旧约章汇编》第 1 册，生活·读书·新知三联书店 1957 年版，第 703 页。

民对开埠后租界商业的发展有所期望，一些"在关外置有田产者，皆欲期善价而沽"①，一些绅商则"争先在彼购买空地，营造新市屋"，城内的"店铺多搬往彼处开张"②。

开埠后，市政建设有所起色。马路开始拓宽，所有材料皆是"用石子乱砖营造"③；西式建筑也开始出现，所造"西洋房子别精致，雪白个高墙红窗子"④；警察制度和管理机构也开始建立与完善，租界"组建了一个由22名警察、2名下士、1名中士和1名外国上尉级警察局长组成的警察局，用来保护租界"⑤。

在商业方面，拱宸桥在开埠之初也曾呈现过一时的繁盛。一些外国人蜂拥而来，"开设洋行，创立公司"⑥；之前开设在杭州南城门外的"剧院、歌厅、旅馆、商店"也迁到此地营业，"市面渐集，茶酒店铺生意最为繁盛"⑦。

但是，杭州的日租界并没有呈现出类似上海、汉口等租界的"繁华"。到光绪二十三（1897），通商场内"各国所筑马路俱已竣工，洋商租地造屋者亦十有七八，惟日人界内，租者寥寥"⑧，只有阳春戏馆、丹桂茶园生意兴隆⑨。部分日本人只好前往租界以南的公共通商场，开设大量妓院。杭州的日租界没有发展成为现代工商业的新中心，相反却变成了赌馆和妓院遍布的贼窝淫窟。相较于欧美，日本的近代化起步较晚，工商业发展程度远不如欧美，在租界经营方面显得力不从心，一些有钱的日本人，甚至还谋求在杭州城区开店设铺，而不是在日租界投资经营。究其因：

一是位置偏僻。开埠初，日本将驻杭领事馆设在保椒山石塔儿头附近，紧邻市区，但通商场却设在城北15里外的拱宸桥地区。拱宸桥虽然水陆交通便利，适

---

① 《申报》1895年11月10日。

② 《申报》1895年12月5日。

③ 《申报》1896年7月29日。

④ 《拱宸桥踏歌》卷上，见孙忠焕主编：《杭州运河文献集成》第1册，杭州出版社2009年版，第631页。

⑤ 陈梅龙、景消波译编：《近代浙江对外贸易及社会变迁——宁波、温州、杭州海关贸易报告译编》，宁波出版社2003年版，第266页。

⑥ 《申报》1897年5月2日。

⑦ 《申报》1897年1月23日。

⑧ 《申报》1897年7月16日。

⑨ 参见《申报》1898年10月21日。

合货物转运，具备通商条件，但"不意拱宸桥离城太远，修治道路、建造房屋招来生意，事事为难"①。本来，划定的日租界三面临河，一面有陆路与南面公共通商场相通，但由于日方人员的"横蛮"经常与当地居民发生冲突。1897 年 6 月，中日双方通过协议，又在日租界和公共通商场之间开了一条界河，从而使日租界交通更为不便，偏于一隅。

二是投入不力。20 世纪末的日本在政治、经济、文化等方面远远落后于欧美各国，因此对市政管理与市政建设都缺乏必要的投入。由于疏于建设，租界内市政设施十分简陋，除了建造了大马路、二马路和里马路三条马路，开了中日汽轮会社、邮便所以及西药房等几家商辅外，大部分地方仍为农田及坟墓。在商业经营方面，则主要依靠不平等条约的保护，采取巧取豪夺、明火执仗的方式，经营妓院、烟馆、赌场之类黑道生意。当然，类似阳春戏馆、丹桂茶园的生意还是比较兴隆的。②

总之，杭州日租界自设立之日起一直"生意寥寥"，其商业繁华程度甚至还比不上半个世纪前宁波外滩。但是作为杭州第一个也是唯一的一个外国租界，日租界和公共通商场也给杭州这座传统的城市带来了一些西方的都市文明，诸如宽敞雅致的马路、洋式建筑、排水系统以及市政管理制度等。从这个意义讲，开埠标志着杭州开始了城市近代化的进程。

三、城市建设与拓展

开埠前，浙江沿海城市与大多数未开放的城市一样，虽然也在发展变化，但基本还是沿袭以封闭为特征的传统城市的老面孔，主要承担着政治中心和军事中心的功能。开埠后，随着对外商贸的逐渐增加，外国人不断增多，以及居住地和租界建设的不断推进，城市空间格局也发生了急骤变化。口岸城市在走向半殖民地化的同时，也拉开了城市近代化的序幕。

---

① 《杭报》1897 年 8 月 23 日。

② 参见《申报》1898 年 10 月 21 日。

（一）城市建设

中国传统城市道路多以石子路、泥石路、石板路、砖路为主，并没有现代意义上的马路。开埠后，为了便于开展商贸活动、改善道路环境，新式马路首先在居留地和租界修建起来。在宁波江北，海关税务司葛显礼曾提出"通过整个港湾，从浮桥到外国公墓建造一条江边道路"①的修路计划，但这一计划因一些业主不愿放弃江边用地而搁置。这条连接海关与英国教堂，全长约有半英里，路宽 6 米江边道路，由于征地上的周折，直到 19 世纪 80 年代江北道路委员会成立后才得以实施。1884 年 4 月这条滨江道路正式竣工。此后，江北岸还在 1902 年修建了一条从海关后面到老跑马场宽 40 英尺的马路。另外，铁路公司也修建了一条从火车站址到滨江大道的马路。这三条新式马路构成了江北岸城市的主干道路。

杭州的新式马路首先出现在城外日租界和公共通商场。城内马路的修筑几乎与沪杭铁路的建成同步。宣统元年（1909），杭州城站清泰门内羊市街一条长约 320 米的弹石马路筑成。这是杭州城内的第一条现代意义上的马路。时任浙江铁路公司经理职的汤寿潜赞"马路铁道相依，行旅即便，营业亦盛，杭市幸甚，公司幸甚"②。此后，杭州还修筑了"清泰路、许衢路、灵芝路和福缘路等"③。但直至清末，杭州与宁波一样，道路修建工作并没有取得更多的进展，除外国人居住区外，道路基本上还是老样子，交通工具依旧是船只和轿子。

开埠后，列强各国纷纷在通商口岸开设洋行、商号，修建领馆、教堂等，形成了一副洋味十足的城市景观。

宁波江北外滩是浙江沿海开放最早的地方。鸦片战争后，美、英、法、德、俄、西等国在江北岸一带建领事、开洋行、造码头、造教堂、设商铺，还有经营夜总会、妓院、饭庄、戏院和弹子房等，逐渐形成了一个以轮船码头为中心的五洋杂处的洋场。一批具有外来建筑文化特色的近代风格的建筑在这里相继出现。如现存的建于 1880 年具有殖民地建筑风格的英国使馆、具有哥特式建筑风格的法

---

① 茅家琦、黄胜强、马振椟主编：《中国旧海关史料（1859—1948）》第 10 册，京华出版社 2001 年版，第 383 页。

② 《申报》1909 年 3 月 16 日。

③ 建设委员会调查浙江经济所编：《杭州市经济调查》上编，台北传记文学出版社 1971 年版，第 187 页。

国天主教堂以及罗马式建筑风格的槐树路教会用房、浙海关等。这些近代风格的建筑表明传统港城的风貌正在悄悄地发生改变。

温州开埠后，选定正对江心屿的北门外的江滨为温州海关新关址，将领事馆建在江心屿东塔下面，并在旁边又建造一座两层楼房作为海关外勤宿舍，据《1882—1891 年瓯海关贸易报告》："英国领事馆和洋关外班职员宿舍就在岛上"，而"其他洋人居住在散布在城内各处的寺庙或洋人建造的房屋里。"由此在这一带形成了温州新的商埠和新式建筑。英国驻温领事馆，有建筑面积 409 平方米，为外廊连续拱券带柱垛的三层砖木结构，具有文艺复兴时期民间建筑艺术的浓厚韵味，是典型的欧洲式建筑。

杭州刚开埠就有绅商在拱宸桥外"捷足争先在彼购买空地，营造新市屋有数百余幢"[①]。开埠后，杭城各类洋房到处可见，"西洋房子别精致，雪白个高墙红窗子"[②]。与宁波、杭州不同的是，杭州的西式建筑虽多在拱宸桥等郊区地带，但有更多的外国人进入杭城造房开设西式店铺。

（二）商业发展

商业是近代城市最基本的功能。1844 年后，宁波外国人居留地在很长的一段时间内，仅仅是一个航运与贸易的场所，其城市的空间形态具有功能性的殖民城市特征。但是，随着对外贸易的发展，宁波作为东南沿海重要的贸易中心，"百货咸备，银钱市直之高下，呼吸与苏杭相通。转运既灵，市易愈广，滨江列屋皆商肆"，各种贸易"盛极一时"。[③] 开埠后，宁波的商业已不再局限于农副产品、手工业产品的流通和交换，有越来越多的洋货及工业品进入流通市场。与此相适应的是经营工业品、洋货的百货业逐渐兴起，并向老城区扩展。同治元年（1862）浙江最早的一家百货店舒天成德记百货店在宁波东门外开业。接着在东门大街上又出现了大有丰洋货店。其后，新兴的玻璃店、五金店、钟表店、眼镜店、纸店等相继在城区开设，并形成了江厦、东门大街、西门大街等繁华的商业区。

---

① 《申报》1895 年 12 月 5 日。
② 《拱宸桥踏歌》卷上，见孙忠焕主编《杭州运河文献集成》第 1 册，杭州出版社 2009 年版，第 631 页。
③ 姚贤镐编：《中国近代对外贸易史资料（1840—1895）》第 3 册，中华书局 1962 年版，第 1623 页。

温州、杭州也与之相类似。据不完全统计，外国在温州先后开设过的洋行有：英国有亚细亚煤油公司、英瑞炼乳公司、英美烟公司、太古保险公司、卜内门肥田粉颜料公司；美国有美孚煤油公司、中国肥皂公司、大美烟公司、安罗洋行、德士古煤油公司；日本有东洋堂、广贯堂百货店、林木、义大、东利洋行；德国有拜耳洋行、谦信洋行；等等。温州开埠后，曾形成"甄为海国，市半洋商"的局面。[①] 杭州还出现了一些替外国洋行、公司办理贸易业务的买办化商人。如当时五味和蜜饯南货店店东宁波人杨直钦，他既替英国洋行经销英美烟、英瑞炼乳、双狮牌肥田粉，又代办外国轮船进出口业务。[②] 凡此，不一一列举。

（三）公共事业的发展

城市的发展推动了城市公共事业的发展。19 世纪 70 年代，宁波江北岸率先引进煤油灯，"自英署至浮桥前后街一带通明彻夜，无不颂声载道[③]"。煤油灯与原本的油盏灯相比，"其光较豆菜油为巨，其价亦较廉[④]"。煤油灯在公共道路上的设置，为百姓的生活提供了便利，标志着宁波开始步入了城市公共照明时代。

光绪二十四年（1898）江北岸又引进了煤气照明。"与煤油灯相比，煤气照明具有清洁、便利、亮度高等优点[⑤]"，因此迅速得到推广。但是，宁波比其他口岸城市，电灯照明相对滞后。1897 年，宁波曾在战船街创办过电灯厂，并向附近的江厦街、东大路等处供电，但因实力不继，只开办几个月就停歇。[⑥] 1901 年江北岸也曾有过一家电灯公司，但不久也倒闭。宣统元年（1909），在"原来旧厂的厂址上建立了一家新的电灯公司[⑦]"。不过，还是由于煤气照明成本更低，公司实力不足，并没有被用于市政照明。宣统二年（1910）和丰纱厂筹资 10 万元开设和丰电灯公司作为其附属厂向工厂供电。1914 年，拥有 15 万资本的永耀

---

① 根据 1964 年对温州市区洋行旧址调查材料，到 1949 年，所列洋行在温州开设时间均已四五十年以上。
② 参见郑加深：《温州工商业历史沿革及其优势与特点》，中国人民政治协商会议浙江省温州市鹿城区委员会文史组编：《鹿城文史资料》第 1 辑，内部发行，1986 年。
③ 《添设路灯》，《申报》1876 年 10 月 27 日。
④ 《禁卖火油》，《申报》1880 年 6 月 7 日。
⑤ 熊月之主编：《上海通史》第 5 卷，上海人民出版社 1999 年版，第 166 页。
⑥ 参见周时奋主编：《鄞县志》，中华书局 1996 年版，第 471 页。
⑦ 茅家琦、黄胜强、马振犊主编：《中国旧海关史料（1859—1948）》第 155 册，京华出版社 2001 年版，第 518 页。

电厂建成，并向城区北门部分地区供电，但江北岸开始安装电灯进行照明则要到 1917 年。

　　相比于宁波，杭州在电灯照明方面发展得更快些。光绪二十二年（1896），拱宸桥附近的世经缫丝厂自备发电机发电，供厂内照明。这可以说是近代杭州电灯照明的开始。一年后的 2 月 16 日，求是书院学生陆肖眉等在他们的租屋内创办了浙省电灯公司，并在元宵节试灯，向附近衙署供电，自此电灯盛行而"煤气等为之黯然失色"①。7 月，浙省电灯公司拆股，由裘吉生接收并改名杭州电灯公司。1898 年（光绪二十四年）4 月，公司迁至葵巷，开始向城区供电。1911 年（宣统三年）7 月，大有利电灯股份有限公司板儿巷电厂正式发电，市区道路间距 40 米—50 米的近万盏路灯被点亮。杭州开始进入电灯时代。

　　与此同时，杭州的电话、邮政服务也开始出现。光绪三十二年（1906）浙江电话局设立，开展电话营业业务，"无论官民均可装设，并聘留学日本之经松堂君来杭总理"②。第二年杭州送信官局改名为大清杭州邮政局，营业的项目包括：信函、明信片、书籍、货样、包裹等。次年始开办邮政汇兑、保险包裹以及代卖主收价等业务。

（四）近代交通与城市的拓展

　　近代交通业在城市也得到了较快的发展。随着宁波、温州、杭州相继被开辟为通商口岸，中外国轮船公司相继进入这 3 个城市，同时也吸引了民族资本置业于轮船运输业。自 19 世纪 70 年代中叶后，浙江城市的近代民族航运业得到了较快的发展，到 1911 年浙江各地创办了 51 家轮船航运企业，其中绝大部分集中在杭州和各府城，其中杭州、宁波就有 29 家（杭州 17 家，宁波 12 家），占 56.86%。轮船航运业的发展，拓展了城市功能和城市空间。宁波江北城区原本就是因港而兴。开埠后，宁波港码头外迁至江北甬江沿岸，极大地刺激了江北地块的开发与繁荣，一些商业由老城区逐渐转移到这里来，形成了

---

① 陈梅龙、景消波译编：《近代浙江对外贸易及社会变迁——宁波、温州、杭州海关贸易报告译编》，宁波出版社 2003 年版，第 253 页。
② 《申报》1907 年 5 月 20 日。

古城与新商埠南北布局的格局。航运业的发展客观上推动了宁波城市建设的进步。

杭州城市拓展与沪杭甬铁路的建成直接相关。1896年杭州开埠后，就不断有人提出修筑连接租界、城区和钱塘江的铁路，认为"考虑到乘客和货物运输量，赢利将会很大"①。当时，也有人提议修建从拱宸桥到江干的铁路。鉴于拱宸桥通商场一直不是十分繁荣，他们甚至呼吁"非速造铁轨通行火车，不足以利行运而兴商务"②。

1906年（光绪三十二年）11月14日，铁路江墅线开工建设，它南起闸口，经南星、清泰（即现在的杭州火车站）、艮山至拱宸桥，全长16.135公里。因全线所经之路相对平坦，建造过程十分顺利，1907年8月23日即告全线通车并开始客货运营。江墅线是浙江省历史上第一条铁路，"江墅铁路开车以来，营业上异常发达，近数月内实计进入款项月约三万元，其间客车价居其半数，载货亦半数"③。它的建成，使得大运河和钱塘江的运输得以贯通，市民出行更加方便，同时，因铁路进城建站所需，作为传统城市象征的城墙开始被打开口子，城市拓展的空间被彻底打开。宣统元年（1909），沪杭铁路通车并开筑杭甬铁路，江墅铁路闸口至艮山门段成为沪杭铁路的一部分，其拱宸桥到艮山门的江墅线则成了沪杭铁路的支线。

轮船、铁路等近代交通事业在城市的发展，构建了一个以城市为中心的交通网络，进而加强了城市在政治、经济、文化等方面的辐射功能，而且也进一步推动了城市的繁荣。口岸城市逐渐从封闭走向开放。

---

① 《申报》1896年11月11日。
② 《申报》1903年11月20日。
③ 《申报》1908年12月25日。

第三节　港口贸易

鸦片战争后，随着西方对华入侵力量的不断加强，浙江沿海主要通商城市先后开放，成为不平等条约体制制约下的通商口岸。浙江的口岸贸易发生了许多新的变化。

一、开埠后宁波港贸易（1844—1877）

1844 年（道光二十四年）1 月，宁波作为五口通商之一的口岸正式对外开放。在 1877 年温州港正式开埠前，宁波港一直是浙江唯一的对外贸易港，然而，随着这一时期上海港的迅速崛起，宁波反而从开埠前中国东部沿海的主要贸易港，逐渐沦为上海港的支线港，贸易额一直未能达到英国商人当初预期的目标，进出口贸易总额一度呈缩减态势。1844 年为 50 万元，第二年为 128723 元，至 1849 年"更降至约 5 万元"[①]。

开埠后，宁波港贸易额下降最主要的因素是上海港的崛起，但上海港口的崛起并非只影响宁波一口。其实，率先开放的五口在开埠初，除了上海外，其余各口的情况都不是很理想，只是宁波距上海更近，影响更大（见表 3-4）。

表 3-4　1844—1847 年五口通商口岸贸易统计（英镑）

年份	广州	厦门	福州	上海	宁波
1844	7335140	192952	—	487529	108342
1845	6814662	162972	84274	2571000	27893
1846	5545137	176372	—	2593000	9317
1847	5492000	186896	—	2526000	12406

资料来源：姚贤镐编：《中国近代对外贸易史资料（1840—1895）》第 1 册，中华书局 1962 年版，第 622—628、2、565 页；郑绍昌主编：《宁波港史》，人民交通出版社 1989 年版，第 148 页。

---

① 姚贤镐编：《中国近代对外贸易史资料（1840—1895）》第 1 册，中华书局 1962 年版，第 620 页。

可见，在开埠初期，除上海外其余各口每年的增长额都很低。广州和厦门对外贸易额几乎始终维持在同一水平，变化不大；宁波对外贸易额虽然不高，但比福州要好些，福州几乎没有对外贸易；即使发展较快的上海，也不是一直呈现增长的势头，1847 年还出现了下滑。

究其因，一是开埠初西方经济力量还未渗透到内陆腹地，中国自给自足的自然经济仍具有强大的抑制作用。二是西方国家对中国市场需求不甚了解，"对华人习惯及需要，茫毋所知，即刀、叉、钢琴大宗输出，此等投机行为令人发笑，设洋商果能以适合华人需要之货物廉价出售，将畅通无阻"①。而对宁波而言，上海港的崛起对宁波贸易起到了分流作用。

宁波港与上海港，相距仅 140 海里左右。鸦片战争以前，上海仅是一小县城，尽管其地理位置和自然条件与宁波类似，但由于宁波历来是东南沿海对外交往的主要港口，上海的优势并未受到西方人关注。开埠后的上海港，凭借同样优越的地理和自然条件，迅速崛起，并逐步压缩、吞噬原本属于宁波港的陆向及海向腹地，使得宁波港日益成为上海的支线及辅助港口。过去来往于南、北航线的船只大多取道上海，抵达宁波的船只数量急剧减少。1850 年，宁波"南北号商行，只剩下了 20 多户，共有木帆船 100 余艘，最大的木帆船载重约 250 吨"②。此后形势未见好转，《清代钞档》中记载咸丰三年（1853）后，"本省（宁波）航海贸易之人，大半歇业；前赴南北各洋货船，为数极少"③。至 19 世纪 50 年代中期，"宁波的贸易发展似乎至今还是很缓慢，它 1855 年通过英国商船所做进口贸易额仅为 231618 美元，出口仅为 398328 美元，进口商品主要是糖，为 79545 美元，出口商品主要是大米，为 205409 美元，出口货物主要来源于宁波沿海及海峡地区。"④

咸丰十一年（1861），太平天国大规模经略浙江。同年 12 月攻下宁波，建立了新海关——天宁关，此后五个月宁波港一直处于其控制之下。太平天国实行严

① 姚贤镐编：《中国近代对外贸易史资料（1840—1895）》第 1 册，中华书局 1962 年版，第 510 页。

② 郑绍昌主编：《宁波港史》，人民交通出版社 1989 年版，第 154 页。

③ 《清代钞档》，咸丰四年正月二十二日浙江巡抚黄宗汉奏，中华书局 1986 年版。

④ 中华人民共和国杭州海关编译：《近代浙江通商口岸经济社会概况——浙海关、瓯海关、杭州关贸易报告集成》，浙江人民出版社 2002 年版，第 95 页。

格的禁烟政策，这一时期鸦片贸易被严格禁止，但其他贸易并没有因为战争而停止。为了获得作战所必需的物资，太平天国大力增加对军火武器以及粮食的进口。据当年《北华捷报》报道：曾有"大炮成百地，枪支成千地，弹药成万地进入宁波港"①。太平军还鼓励丝茶等贸易来增加关税收入。据一位为了购买生丝而前往产丝区的英国人说："都是太平军占领下的，这些城镇的人口稠密，农村情况也比清政府统治时期要好，去年整年内的生丝交易都是同起义者进行的。"②

　　太平军退出宁波后，随着国内市场的逐步转型，宁波港的贸易转运能力和对商品的消化吸纳能力得到增强。尤其是新式航运的兴起，使得宁波逐渐由旧式的帆船港转变为近代轮船港，进出口产品也不再局限于鱼、盐、粮食和土特产。洋货的大量进口，使宁波的对外贸易逐步融入世界市场，带动了地区经济的发展。19 世纪 60 年代中叶后，宁波的对外贸易进入了一个相对较快的发展时期（见表 3-5）。

表 3-5　1865—1877 年宁波港进出口贸易统计表（单位：海关两）

年份	洋货进口净值	土货进口净值	土货出口净值	进出口贸易总值
1865	3947270	2242363	5081457	11271090
1866	3891446	2262419	6432297	12586162
1867	4746215	1984741	5832585	12563541
1868	4720063	1808661	6070721	12599445
1869	4965140	2051169	7267416	14283725
1870	5618493	1698964	7296576	14614033
1871	5190789	1847821	8976484	16015094
1872	5922646	1635503	10351148	17909297
1873	6312646	1618714	7721672	15653032

① 《北华捷报》1862 年 5 月 17 日。
② 北京太平天国历史研究会编：《太平天国史译丛》，中华书局 1985 年版，第 65 页。

年份	洋货进口净值	土货进口净值	土货出口净值	进出口贸易总值
1874	5998926	1533539	7013845	14546310
1875	6180252	1682131	4983932	12846315
1876	5761476	1607048	5035897	12404421
1877	5937638	1874807	4609208	12421653

注：本表格中所指的贸易总值是由洋货进口净值、土货进口净值、土货出口值三项相加所得可以反映出宁波及其腹地通过宁波港与国内外其他港口的货易量。

资料来源：根据姚贤镐编《中国近代对外贸易史资料（1840—1895）》（中华书局 1962 年版，第 1623 页）、郑绍昌主编《宁波港史》（人民交通出版社 1989 年版）第 162 页中数据计算而得。

从表 3-5 可以看出，这一时期宁波港的贸易总值相对稳定。1872 年还突破 1700 万两大关，成为这一时期贸易总值的峰值，之后，虽逐年有所下降，但幅度不大，基本稳定在 1200 万到 1500 万两贸易额之间，且交易的大宗货物也基本相同。

在土货出口方面，棉、茶是该时期最大宗的出口产品。宁波港绿茶出口总量几乎占到全国绿茶出口总量的 90% 以上，贸易额也占到宁波港全部出口总值的一半以上。经宁波出口的绿茶，主要为产自安徽屯溪的徽茶和省产平水茶。

棉花也是宁波出口的主要土货。1860 年美国爆发南北战争，世界市场对棉花的需求激增，棉价大幅上涨。宁波的棉花价格也从每包 9 元上涨到 28 元，进而推动了棉花的出口。1863 年宁波棉花出口达到顶峰"经宁波海关运往上海的棉花为 125155 担"[1]，之后出口量虽有下降，但应国内外市场的需求，棉花的出口依旧保持较高水平，成为继茶叶之后的第二大出口产品。

此外，草帽、纸扇、海产品、明矾以及其他出口土产品也是宁波港出口的主要土产品。其中，草帽作为地产手工制品，最初在出口土货中"尚不足道"，但由于在欧美市场有销路，到 1873 年出口已达 1229000 顶，价值 12400 两，到 1874 年"出口又增加了一倍"[2]。

---

[1] 郑绍昌主编：《宁波港史》，人民交通出版社 1989 年版，第 135 页。

[2] 姚贤镐编：《中国近代对外贸易史资料（1840—1895）》第 2 册，中华书局 1962 年版，第 1448、1449 页。

在进口方面，宁波港主要进口国内南北土货和洋货。南北土货以药材和糖类居多，洋货则以鸦片、棉匹头货、大米、金属材料等产品为主。

鸦片进口最初以走私贸易为主。鸦片贸易合法化后，鸦片一直居宁波进口洋货首位（见表3-6）。

表3-6　1861年—1887年宁波港鸦片进口数量统计（单位：担）

年份	1861	1865	1870	1873	1874	1875	1876
数量	1514	3379	5024	7358	7723	10116	9498

据茅家琦、黄胜强、马振犊主编的《中国旧海关史料（1859—1948）》（京华出版社2001年版）中1885年至1887年中的海关数据编制而成。

此外，除了棉布、大米等民需产品，锡、铁等金属材料进口量也比较大。1867、1868年宁波每年进口锡23000多担，占到全国进口总量的50%以上。铁的进口量在1868年达到31650担，占全国铁器进口总量的13.20%，其中"12000担用子口单运往绍兴和杭州，在那里制成农具、工具、水桶箍和中国式厚底冬鞋的钉子"[①]。

总体来，宁波开埠之初对外贸易额并不大，到了19世纪60年代中期后才有明显回升，但也以转口贸易为主，直接对外贸易额所占的比例一直很低（见表3-7）。

表3-7　1867—1877年宁波港直接从外洋进出口贸易货值表

年份	直接从外洋进口货值（海关两）	占本港进口总值百分比（%）	直接向外洋出口货值（海关两）	占本港土货出口总百分比（%）
1867	675445	14	5117	0.088
1868	537870	11	29921	0.50
1869	401988	8	336065	4.60
1870	765900	13.60	136193	1.86
1871	579363	11	7903	0.088

---

① 郑绍昌主编：《宁波港史》，人民交通出版社1989年版，第159页。

续表

年份	直接从外洋进口货值（海关两）	占本港进口总值百分比（%）	直接向外洋出口货值（海关两）	占本港土货出口总百分比（%）
1872	1225147	20	18987	0.18
1873	1786875	28	2627	0.034
1874	1977925	32.90	6396	0.09
1875	1902759	30.70	5543	0.10
1876	2106626	36.50	22378	0.40
1877	634522	10.60	18668	0.40

资料来源：宁波市对外贸易经济合作委员会编：《宁波市对外经济贸易志（638—1995）》，宁波出版社 1997 年版，第 9—10 页。

　　宁波港的转运业务主要是通过上海进行的。宁波"密迩上海"，对外贸易由上海外贸埠际转运较为便捷。上海将国外进口的洋货转运至宁波，同时又将宁波运至上海的土货转运至国外。上海成为宁波对外贸易的中转点。

　　通过上海转运大宗洋货，大大影响了宁波海关的税收。浙海关方面曾抱怨："洋货进口税确实很少，那是因为宁波进口之洋货绝大多数均来自上海，而且都是已在上海缴纳了进口税的，运来宁波都有免重征执照，因此，那些从上海转口来宁波的洋货，宁波就收不到税也，而这些又是大宗的重要进口货，如匹头、棉、毛制品、五金之类者也。为此，宁波海关之所能收到的洋货进口税主要是靠西姆逊轮船公司轮船直接从香港运来的货物和一些帆艇直接从南洋和暹罗曼谷运抵宁波的货物。"[1]另据 1869 年《浙海关贸易报告》记载："从福州进口来宁波者有橄榄、橘子、纸张和蜜饯，共计达 14000 银两。而从宁波都是经由上海而并无直接运至福州者也"，"宁波与山东芝罘、直隶天津之直接贸易甚少，所有芝罘、天津与宁波之进出口贸易均列入江海关之贸易统计中也"。[2]

_____

① 中华人民共和国杭州海关译编：《近代浙江通商口岸经济社会概况——浙海关、瓯海关、杭州关贸易报告集成》，浙江人民出版社 2002 年版，第 207 页。
② 中华人民共和国杭州海关译编：《近代浙江通商口岸经济社会概况——浙海关、瓯海关、杭州关贸易报告集成》，浙江人民出版社 2002 年版，第 125 页。

二、温州开埠后浙江对外贸易（1878—1896）

温州地处浙东南沿海，在地域交流和海上交通方面具有先天的优势，是浙江沿海航运的主要港口之一。光绪二年（1876），根据中英《烟台条约》温州辟为通商口岸。次年 4 月，港口正式对外开放。

最初，西方商人对温州开埠后的贸易形势态度非常乐观，但开埠后的贸易规模却很小，与他们原先的期望相去甚远。当时，温州与外界联系的船只主要依靠往返于温州和宁波之间的 1 艘小老闸船，以及两地之间每周一次的陆上邮路来维持。而经常光顾温州港的也只是一些装载量 500 担—1500 担（即 30 吨—90 吨）的本地小船，且绝大多数来自邻近的沿海港口。结果，温州在开港第一年（共 9 个月）"进港船只 23 艘，载货量 7486 吨，出港 24 艘，载货量 7508 吨。其中，17 艘悬英国旗汽船，2 艘悬美国旗汽船，4 艘悬德国旗老闸船，1 艘装载量 22 吨的中国老闸船"[①]。

开埠后的第二年（1878 年），贸易状况也只能用"停滞"来形容。税收、船运和货物没有出现预期的增加。相反，根据《1878 年瓯海关贸易报告》当年贸易净值还低于 1877 年的 9 个月，即贸易总额由 1877 年 263526 平关两下降为 1878 年的 225367 平关两。

究其因，与温州南北相距不远且开埠早得多的福州和宁波两港制约了温州港的贸易拓展。就本省而言，温州港从某种意义上讲是宁波港的子港。就进出温州港小而多的民船而言，在 1878 年进港 1810 艘、出港 1686 艘的民船中，其中分别有 339 艘、321 艘来自宁波。[②]

在进出口大宗商品方面，温州周边的府县也大多从宁波浙海关供货、出货。以棉织品为例，处州从宁波接收办理的半税单照棉织品 1877 年为 114000 匹，1880 年不少于 79487 匹。另外，宁波与衢州之间也可以通过钱塘江水路进行直接

[①] 《1877 年瓯海关贸易报告》（*Wenchow Trade Report for the Year 1877*），见中国海关总税务司署汇编：《1865—1881 年通商口岸贸易报告》（*Reports on Trade at the Treaty Ports for the Year 1865 -1881*）。

[②] 参见《1878 年瓯海关贸易报告》（*Wenchow Trade Report for the Year 1878*），见中国海关总税务司署汇编：《1865—1881 年通商口岸贸易报告》（*Reports on Trade at the Treaty Ports for the Year 1865 -1881*）。

贸易；1877—1880 年衢州从宁波年均接收办理半税单照的棉织品为 107000 匹。而温州除了东南部一小块区域，与宁波"几无希望争得市场份额"[①]。

但是，温州港对外贸易在 1881 年后出现了明显的改善。当年，贸易值得增加到 487775 海关两，较前一年猛增了 13.44%，且大部分增量来自洋货进口的增长，增率为 29.36%。其实，温州开埠后的贸易总额除第二年（1878 年）是下降外，其余几年还是呈正增长的，只是增幅不大而已。另外，温州的土货贸易与洋货贸易相比也不是十分理想，出口在贸易总值的占比增长一直缓慢，1881 年较前两年出口比重还出现了净下降。这说明当时温州港的贸易腹地还是十分有限的，具体见表 3-8。

表 3-8　1877—1881 年温州贸易额统计表（单位：海关两）

年份	1877	1878	1879	1880	1881
洋货进口	223506	180733	199572	249487	322742
土货进口	21903	22787	61605	92108	95185
出口	18117	21847	54213	88375	69848
总值	263526	225367	315390	429970	487775

资料来源：中国海关总税务司署汇编：《1865—1881 年通商口岸贸易报告》（*Reports on Trade at the Treaty Ports for the Year 1865 -1881*）。

光绪八年（1882）后，温州对外贸易总体上说呈现了平稳发展的态势。根据《瓯海关十年报告（1882—1991）》，1882—1885 年贸易净值波动在 467000—487000 海关两之间；1886—1888 年，呈现大幅增长，并在 1888 年达到巅峰，贸易净值达 702000 海关两。之后，又有所下降，但贸易净值平稳地在 639000 —659000 海关两区间波动。在具体的进出口指标方面，与 1882 年相比，1891 年洋货进口增长 32.34%，土货进口增长 17.30%，出口增长 67.55%，而贸易总净值增长 37%，详见表 3-9。

---

① 中国海关总税务司署汇编：《1865—1881 年通商口岸贸易报告》（*Reports on Trade at the Treaty Ports for the Year 1865 -1881*）。

表 3-9　1882 年、1891 年温州的贸易值（单位：海关两）

年份	进口净值		出口
	洋货	土货	
1891	372738	102796	164342
1882	281657	87642	98087
总增量	91081	15154	66255

资料来源：茅家琦、黄胜强、马振犊主编：《中国旧海关史料（1859—1948）》第 17 册，京华出版社 2001 年版。

　　总的来说，温州自开埠后在对外贸易方面还是呈现出增长的态势，但这种增长并非实质性的增长，它主要是从临近的福州、宁波分流了一些贸易量，只不过是贸易渠道从一条换到另一条而已。

　　需要指出的是，在温州港的进出口贸易中，仍以国内转口贸易为主，直接对外贸易所占比重甚微。在转口贸易中，由于地理位置和汽船运输业的相对劣势，温州周边地区的部分土洋货仍然由宁波或福州供应。

　　温州地处福州、宁波中间，超过一定吨位的汽船又很难进港，不多的轮船航线也主要限于宁波和上海。1886 年 2 月，一艘吨位只有 296 吨悬德国旗的"青春女神"号汽船，在去宁波、上海途中，经停温州装货，曾令瓯海关税务司那威勇（A. Novion）十分鼓舞。[①] 因此，在与邻近口岸竞争中，由于宁波港地处上海与温州中间，在国内转口贸易中比温州更有地理上的优势。

　　但温州的开埠，毕竟分流了宁波一部分贸易。温州开埠后，温州、处州东部一小部分、台州南部和福建紧邻温州的一小部分便成为温州港的腹地。宁波港的贸易腹地进一步缩小，港口对外贸易也随之发生变化。

　　宁波港的贸易额在 1877—1891 年基本维持在同一水平。洋货进口净值、土货出口净值、土货出口总量均没有大幅度的增长。而与此形成鲜明对比的是，温州港的贸易额在其开埠后，就开始不断上升，1891 年进出口总值达 639876 海关两，约为 1878 年 225367 海关两的 2.80 倍（见表 3-10）。

---

① 参见茅家琦、黄胜强、马振犊主编：《中国旧海关史料（1859—1948）》第 17 册，京华出版社 2001 年版。

表 3-10 1877—1891 年宁波港、温州港进出口货值比较表（单位：海关两）

年份	宁波港				温州港			
	洋货进口净值	土货进口净值	土货出口总值	贸易总值	洋货进口净值	土货进口净值	土货出口总值	贸易总值
1877	5937638	1874807	4609208	12421653	223506	21903	18117	263526
1878	6452924	1926660	4271018	12650602	180733	22787	21847	225367
1879	6410259	1656138	4869972	12936369	199572	61605	54213	315390
1880	5693549	1558852	5131929	12384330	249487	92108	88375	429970
1881	6948856	1782941	4537223	13269020	322742	95185	69848	487775
1882	6109280	1797576	3763870	11670726	281657	87641	98087	467385
1883	5674046	1682576	3560428	10917050	272194	83317	59883	415394
1884	5353484	1295633	4773272	11422389	292344	79118	62929	434391
1885	5655854	1718215	5107028	12481097	296343	90037	101490	487870
1886	6245897	2192033	4810377	13248307	368238	105689	103005	576932
1887	4481687	2039361	4444484	10965532	353831	133502	105598	592931
1888	5554647	1946446	5657732	13158825	483697	121416	97630	702743
1889	5697317	1798942	5177781	12674040	438841	110842	110093	659776
1890	6107790	2087035	4874590	13069415	317163	150613	135385	603161
1891	6157435	1802906	4911963	12872304	372738	102796	164342	639876

注：本表格中所指的贸易总值是由洋货进口净值、土货进口净值、土货出口值三项相加所得，可以反映出宁波及其腹地通过宁波港与国内外其他港口的货贸量。

资料来源：姚贤镐编：《中国近代对外贸易史资料（1840—1895）》，中华书局 1962 年版，第 1623、1632 页；中华人民共和国杭州海关译编：《近代浙江通商口岸经济社会概况 —— 浙海关、瓯海关、杭州关贸易报告集成》，浙江人民出版社 2002 年版，第 465—535 页。

根据表 3-10 数据可知，一方面，这一时期洋货进口值在对外贸易总值中的比重已超过土货出口值，成为宁波港主要的贸易形式。另一方面，随着温州港的开埠，宁波港的对外贸易总值有明显下跌。1878 年至 1887 年，宁波港对外贸易总值基本呈下降态势，到 1888 年才有所回升，其中洋货进口值的变化对贸易总值的波动具有关键作用。可见，温州港的开埠造成了宁波港进出口货物的进一步分流。

三、杭州开埠后浙江对外贸易（1896—1911）

杭州开关虽晚，但它作为浙江省府所在地是全省政治、经济、文化中心，且交通发达、运输便利，贸易优势明显。因此，杭州开关后对浙江省的进出口贸易格局产生了重大影响。

从交通条件来看，杭州的对外贸易主要依赖通往上海的道路交通，尤其是水网、运河的交通。《马关条约》允许外国人从事内河航运，自此一些"识时君子恐利柄之外夺，惧他人之我先，于是招商集股，创设内河轮船。如苏、杭、常、镇、湖、绍及江西等处，先后兴办者不含十数处，获利当亦无算"[1]。他们抢占内河航运市场，开设轮船局，并在上海、苏州设有分号，通过来往于上海和苏州小轮船、拖船，进行贸易往来。由于紧临中国贸易中心上海，杭州自开埠后进出口贸易一直保持明显的上升势头（见3-11）。

表 3-11　1896—1910 年杭州海关进出口货值对比表（单位：海关两）

年份	净进口洋货值	净进口土货值	土货出口值	净进出口总值
1896	92217	32185	102994	227396
1897	1259544	241703	6169372	7670619
1898	2084875	875359	5033245	7993479
1899	2736032	2363183	6402552	11501767
1900	2581807	2066593	4785371	9433771
1901	3565760	2723925	5815982	12105667
1902	3660386	3523652	7125445	14209483
1903	4344168	3059939	8203026	15607133
1904	5144223	3444920	9158519	17747662

---

① 聂宝璋、朱荫贵编：《中国近代航运史资料》第 2 辑下册，中国社会科学出版社 2002 年版，第 851 页。

年份	净进口洋货值	净进口土货值	土货出口值	净进出口总值
1905	4438522	2857835	10200623	17496980
1906	4354880	2174540	9769765	16299185
1907	4787900	4596740	10301995	19687735
1908	5070753	5112390	11833917	22017060
1909	5653614	5841518	12557729	24052861
1910	4550816	4557633	11735868	20844317
年平均	3873884 （25%）	3102852 （20%）	8506672 （55%）	15483409

资料来源：茅家琦、黄胜强、马振犊主编：《中国旧海关史料（1859—1948）》，京华出版社 2001 年版。1896—1910 年杭海关税务司报告。1869 年只有三个月数据记录，在计算年平均值时未统计在内。

从表 3-11 的统计来看，杭海关在 1896—1910 年年均贸易总值达 15483409 海关两（1896 年仅为三个月），在这 14 年中只有 1900 年、1905 年、1906 年、1910 年进出口总值是下降的（其中 1905 年、1906 年下降幅度十分有限），其余每年都是有所增长，基本上是三五年上一台阶，1899 年突破 1000 万两大关，1903 年跃上 1500 万两台阶，1908 年又破 2000 万两大关。这对一个通商未久的新关口岸来说，是非常不容易的。

另外，从杭州海关土货出口值来看，仅开埠第一年（1896 年，仅三个月）与 1901 年、1902 年三年，低于当年土洋货进口总值，其余各年年均土货出口值比土洋货进口值多 10%，这说明，杭海关与浙海关、瓯海关不同，它长期处于贸易的出超状态。

杭州开埠后之所以能够在对外贸易中处于出超地位，其主要原因是杭州很好地吸纳了本地及周边盛产的丝、绸缎、茶叶类农副产品。另外，杭州传统手工制品也很有特色，在全国同类产品中具有绝对优势，因而成为出口大项（见表 3-12）。

表 3-12　1897—1910 年杭州海关出口大宗商品货值对比表（单位：海关两）

年份	出口总值	生丝	绸缎	绿茶	扇	棉花
1897	6169372	729960	802300	4267869	193524	3578
1898	5033245	634210	1935540	1921935	70418	9796
1899	6402552	1111842	2516028	1833472	101208	138083
1900	4785371	229626	1580571	1859383	186376	32209
1901	5815982	667663	1502541	2506439	230973	66321
1902	7125445	408630	1323762	—	314410	122132
1903	8203026	367695	1472167	4325448	541497	149442
1904	9158519	623905	1776703	4183096	801680	306228
1905	10200623	308447	2244824	5253298	863137	65648
1906	9769765	340471	1774496	4860512	960115	30750
1907	10301995	763924	1805529	4005502	991289	127855
1908	11833917	816695	2932708	4588240	775347	156588
1909	12557729	600885	2977926	5119787	969246	241525
1910	11735868	506940	2632000	5033837	1307896	303926
年平均	8506672.10	579349.10（6.80%）	1948363.50（22.90%）	3827601.40（45%）	593362.90（7%）	125291.50（1.50%）

　　资料来源：茅家琦、黄胜强、马振犊主编：《中国旧海关史料（1859—1948）》，京华出版社 2001 年版。根据年杭州海关外籍税务报告中"Trade in Native Produce-Exports and Re-exports"和"Principal Articles exported through the Maritime Customs"两项及 1906 年和 1910 年的"Analysis of Foreign Trade：Exports"联合统计得出。

　　上述大宗商品已经占了杭海关出口份额的 83.20%，其中绸缎、茶叶就要占近 68%。杭嘉湖地区是中国传统的丝绸产地，杭州又是著名的龙井茶原产地，这些产品同时又是外埠商人最喜欢的大宗商品，因此，杭州开埠后这些土产品包括徽州绿茶、平水珠茶大多便就近在杭海关出口，从而推动了土货贸易值的持续增长。相反，杭州关在进口洋货中多为各通商口岸都在进的大路商品，即除鸦片外，主要以煤油、糖类、锡块、日本洋火（火柴）等为主（详见表 3-13）。

表 3-13 1897—1910 年杭州关洋货进口大宗商品年均比重表（单位：海关两）

年均进口值	进口鸦片	洋油	糖类	锡	日本洋火
3873884	1142596（29.50%）	447830.20（11.60%）	930223.60（24%）	134261.90（3.50%）	97348.80（2.50%）

资料来源：茅家琦、黄胜强、马振犊主编：《中国旧海关史料（1859—1948）》，京华出版社 2001 年版。根据杭州海关外籍税务司报告 "Trade in Foreign Goods—Imports and Re-exports"、"Principal Articles Imported through the Maritime Custom"，以及 1906 年、1910 年 的 "Analysis of Foreign Trade：Imports" 统计。

不难发现，鸦片是杭海关进口洋货最大宗的商品。开埠第二年（1897），鸦片进口就达 543800 两，占当年洋货进口的 43.20%，1900 年这一比值更是接近 46%，以后所占的比重虽有减少，但到 1910 年仍然有 584973 两的进口值，占当年洋货进口值的 12.90%。除此之外，糖类、洋油、锡块、火柴也是杭州关进口的大宗商品。由于这些商品并非一定要在杭州入关，需求量也不是很大。洋货进得少，土产出口量大，杭海关贸易额出超也就在情理之中了。

杭州开埠后，利用特殊的地理位置，成为周边地区与上海、苏州进行贸易往来的通道和中继站，这在很大程度上分流了宁波的对外贸易量，从而悄然改变了浙江对外贸易的格局。例如，过去从安徽、江西等省运往宁波的货物，现在基本经杭州出关。当然，宁波还是有它特殊的优势。杭州是内河港，宁波则是海港。随着航运业广泛采用轮船，宁波商人投资实业以及周边地区产业结构的转变，宁波的对外贸易在短暂回落后又出现了缓慢增长。

根据统计，宁波海关的贸易总值 1896 年是 17123444 海关两，之后一直徘徊在 14500000 海关两—16400000 海关两之间，直到 1902 年超过 1896 年贸易额。1903 年，浙海关首次突破了 2000 万海关两大关，到 1908 年达到 26643123 海关两，为晚清宁波对外贸易总额的最高值，之后虽有下降，但也基本维持在二千二三百万两之间。[①] 从贸易额来看，宁波仍然是浙江对外贸易最大口岸。

同时，这一时期宁波对外贸易的结构也发生了一些变化。在洋货进口方面，

---

① 参见中华人民共和国杭州海关译编：《近代浙江通商口岸经济社会概况 —— 浙海关、瓯海关、杭州关贸易报告集成》，浙江人民出版社 2002 年版，第 299 页；郑绍昌主编：《宁波港史》，人民交通出版社 1989 年版，第 199—200 页。

一是鸦片的进口迅速下降，卷烟进口则增长较快，二是与工业、民用相关材料用品，如洋油、煤、棉纱、糖类持续进入宁波口岸（见表 3-14）。

表 3-14   1897—1910 年宁波海关部分进口洋货数量统计表

年份	煤（吨）	洋纱（担）	鸦片（担）	卷烟（海关两）	红糖、白糖、冰糖（担）
1897	10166	7139	3811	—	320756
1898	15134	4005	3584	—	338554
1899	16578	5135	3393	—	408062
1900	15671	5731	2559	—	213879
1901	14903	11049	2357	58492	321195
1902	9055	10631	1989	74729	448609
1903	14495	23412	2177	64758	416064
1904	12350	16877	1309	111946	331883
1905	8511	8702	1814	181599	347792
1906	18681	8108	1419	239268	488386
1907	18029	8227	1463	287002	478243
1908	22369	5687	1323	299629	396424
1909	19316	3765	936	298746	385327
1910	10458	3852	505	386039	254417

该表据茅家琦、黄胜强、马振犊主编的《中国旧海关史料（1859—1948）》（京华出版社 2001 年版）中 1897 年至 1910 年中的海关数据编制而成。

鸦片进口的持续减少，与杭州开埠直接相关。从表 3-14 中，我们能够发现 1897—1899 年，宁波尚有年 3000 多担鸦片进口，之后就持续下降，到 1911 年仅为 412 担。虽然这与国产鸦片逐渐取代进口鸦片有一定的关系，但鸦片贸易被杭海关分流则是不争的事实。与鸦片进口持续下降相联系的则是卷烟进口的持续增长。卷烟自 1901 年首入宁波口岸，到 1910 年已经从当年的 58492 海关两激增到 386039 海关两，增长近 7 倍。此外，煤、洋纱、各类糖等洋货的进口，虽有波动，但还是相对稳定。另外，洋油的输入也稳定增长。洋油进入浙海关大致是在同治四年（1865）。1882 年的进口量为 989000 加仑，1899 年达到 2893415 加仑，17 年间猛增了近 3 倍，增长之快为其他进口洋货所不能比。之后，进口"煤油数字缺少变化"，年进口大约在 250 多万加仑左右，其中"约 2/3 为美国产品"。[1]

宁波港在出口方面的变化是茶叶出口随着杭州的开埠急剧减少，并不再是宁波港土货出口的最大宗产品。

表 3-15　1894—1901 年宁波口岸茶叶出口量（单位：担）

年份 品种	1894	1895	1896	1897	1898	1899	1900	1901
平水茶	85812	98390	96897	61579	50579	79005	68600	60072
徽州茶	74345	90380	78660	12468	3561	299		

资料来源：中华人民共和国杭州海关译编：《近代浙江通商口岸经济社会概况 —— 浙海关、瓯海关、杭州关贸易报告集成》，浙江人民出版社 2002 年版，第 44、420、660 页。

可见，杭州开埠对宁波的茶叶出口影响较大，特别是徽州茶由于产区紧邻杭州，其出口贸易几乎全部转移至杭州。

在茶叶贸易减少的同时，宁波本地生产的棉花在这一时期则有所增加，并基本取代茶叶成为最大宗出口土产。其他地产土货，如花生油、海产品、草帽等出口也有所增长（见表 3-16）。

表 3-16　1897—1910 年宁波港出口土货数量统计表

年份	棉花（担）	草帽（顶）	花生油（担）	鱼肚、鱼胶（海关两）
1897	108964	4810870	56844	2630
1900	115984	7437853	5631	1234
1906	104590	5475415	4764	2650
1910	173992	3950368	6091	2335

该表据茅家琦、黄胜强、马振犊主编的《中国旧海关史料（1859—1948）》（京华出版社 2001 年版），根据 1897 年至 1910 年中的海关数据编制而成。

---

[1]　中华人民共和国杭州海关译编：《近代浙江通商口岸经济社会概况 —— 浙海关、瓯海关、杭州关贸易报告集成》，浙江人民出版社 2002 年版，第 72 页。

从土货出口的品种来看，宁波港已经在激烈贸易竞争中，逐渐从过境货物转运港向本地产品输出港转变。但是，宁波港作为上海转运港的地位始终没有改变，其直接出口的比例依然只有 0.10%（见表 3-17）。

表 3-17　宁波土货直接出口国外比重表（单位：海关两）

年份	土货出口总值	土货出口往国内口岸值	土货直接出口值	直接出口占出口总值比重（%）
1890	4874590	4870939	3651	0.10
1895	6396155	6396155	0	0
1901	4560928	4552672	8256	0.20
1905	6151744	6146614	5130	0.10
1910	10319536	10313848	5688	0.10

　　数据来源：根据茅家琦、黄胜强、马振犊主编的《中国旧海关史料（1859—1948）》（京华出版社 2001 年版）及中华人民共和国杭州海关译编《近代浙江通商口岸经济社会概况 ——浙海关、瓯海关、杭州关贸易报告集成》（浙江人民出版社 2002 年版）历年数据整理。

总之，开埠以来，浙江各口相继开埠，对外贸易有所增长，开放程度进一步加深。然而，由于紧邻上海，虽有转口贸易的地理优势，但也影响了直接的进出口贸易。因此，整个晚清时期，无论是宁波，还是温州，以及后来的杭州，都是上海的转运口岸。

第四节　通商口岸的地域市场及变迁

地域市场是指人们在一定空间范围内进行物质产品和精神产品交换所形成的商品市场，构成地域市场的区域也就是这个地区的腹地。港口腹地则主要是指能对港口提供出口物资和销售进口商品的内陆地区。开埠以后，远离港口的内陆区域通过开放口岸与外界进行贸易往来，从而在不同程度上形成了相对稳定的港口腹地和地域市场。它们通过港口—腹地的运销网络，形成了地域空间相对稳定的物资集散中心和市场。因此，腹地和地域市场的变化，从某个程度上说决定着一个港口的兴衰。

一、五口通商时期宁波港的港口腹地

宁波港，自唐宋以来便是中国东南沿海重要的港口。清朝前期作为浙海关的驻所，坐拥浙江及周边内陆腹地，既可循沿海平原通温台地区，又可经陆路交通与浙中南金（华）衢（州）盆地相连，进而深入到江西、安徽。同时，还可通过浙东大运河与京杭大运河相连，从而将内陆腹地向钱塘江两岸、太湖流域，甚至长江流域拓展。因此，早在开埠前宁波港便已是"番货海错，俱聚于此"[①]。

然而，随着上海港的崛起，宁波港在五口通商期间往来于南北洋航线上的船只逐渐减少，进出港的商船"仅系运输沪甬两埠之货物"[②]。宁波港逐渐沦为上海的中转港，港口腹地逐渐萎缩。

宁波港港口腹地被压缩，最主要的原因是它对外直接贸易的航线被上海港取代，从而影响了地域市场间的商品交换。

宁波地理位置优越，自古便是沟通南北贸易的重要口岸。鸦片战争前，北洋航线上，宁波港与上海、青岛、烟台、营口等口岸，南洋航线上则与福州、泉州、厦门、广州等国内沿海港口进行贸易。明清时期，宁波南、北洋航线上的贸易非常繁荣。就来往船只来看，"当时在这两条航线上专门从事转运贸易的船只有很多，对山东、辽东方面约 670 条，对福建和海南方面约 560 条，对广州的约 25 条"[③]。通过南、北两个航线，宁波与南、北各港口之间实现了货物的流通。北方的大豆、食用油、药材、牛骨，南方的糖、木材、干果，宁波的海产、陶瓷、贸易、棉花、杂货等物产聚集于宁波港，品种之多，交易之盛，充分展现了宁波港贸易的繁荣。然而，上海港崛起后，宁波港的贸易盛况一去不返。过去来往于南、北航线的船只取道上海，抵达宁波的船只数量

---

① （清）徐兆昺：《四明谈助》卷 29，宁波出版社 2003 年版。

② 姚贤镐编：《中国近代对外贸易史资料（1840—1895）》第 2 册，中华书局 1962 年版，第 618 页。

③ 姚贤镐编：《中国近代对外贸易史资料（1840—1895）》第 2 册，中华书局 1962 年版，第 615 页。

急剧减少。"到了 1850 年，宁波的南北号商行，只剩下了 20 多户，共有木帆船 100 余艘，最大的木帆船载重约 250 吨。"[①] 此后的形势也未见好转。据《清代钞档》记载："及至三年（1853）入春以来……本省（宁波）航海贸易之人大半歇业；前赴南北各洋货船，为数极少。"[②] 1851 年，"该处虽系海口……商贩不甚流通，查道光三十年夷货税册，仅收税银一百一十余两，该夷无利可图，船伙往来甚稀"[③]。

宁波港长期以来是中国与东南亚、日本、朝鲜、琉球海上贸易的重要口岸。以日本为例，8 世纪以来，宁波一直是中日经济文化交流的重要港口。1633—1854 年日本锁国时期，仅长崎一口与荷兰及中国贸易，但这一时期宁波港的对日贸易仍居全国之首（见表 3-18）。

表 3-18　1685—1722 年闽浙两省各口至日本长崎商船数量统计表（单位：艘）

福州	厦门	泉州	漳州	沙埕	台湾	宁波	普陀山	温州	台州
212	138	57	39	23	101	423	70	25	17

资料来源：王慕民、张伟、何灿浩：《宁波与日本经济文化交流史》，海洋出版社 2006 年版，第 209—210 页。

但是，宁波港对外贸易的优势地位在五口通商后被上海取代。19 世纪 60 年代日本政府曾四次派出使团来华，试图重建中日之间昔日繁荣的贸易关系，"这是 1633 年日本进入'锁国'以后首次踏上中国土地，而这四次的目的地都是上海"[④]。另据《中国近代航运史资料》记载："日本之后还与上海之间开通了三条定期航线，即 1875 年的上海—横滨线、1894 年的上海—神户线以及 1923 年的上海—长崎线。"[⑤]

总之，随着上海港的崛起，大部分原属宁波港的南、北洋贸易以及国际航

① 郑绍昌主编：《宁波港史》，人民交通出版社 1989 年版，第 154 页。

② 《清代钞档》，咸丰四年正月二十二日浙江巡抚黄宗汉奏，中华书局 1986 年版。

③ 《筹办夷务始末（咸丰朝）》卷 4，中华书局 1979 年版，第 155 页。

④ 冯天瑜：《日本幕末"开国"与遣使上海》，《武汉大学学报》（人文社科版）2000 年第 5 期。

⑤ 聂宝璋、朱荫贵编：《中国近代航运史资料》第 2 辑上册，中国社会科学出版社 2002 年版，第 155、156 页。

路，被迅速转移到上海港。直接出口市场的萎缩，反过来又压缩了宁波港的内陆腹地，其中邻近上海的浙北地区（湖州、嘉兴）直接成了上海的陆向腹地。以丝绸出口为例，浙江的大部分生丝产自湖州、嘉兴、杭州和绍兴，原先多从宁波离岸。开埠后，湖州、嘉兴、杭州等钱塘江以北地区出口的生丝，便基本上通过发达的运河网直接运往上海出口，只有钱塘江以南的绍兴等地才就近通过宁波港出口，且数量很少。这样，五口通商后宁波港便直接失去浙北嘉兴、湖州的贸易腹地。不过，当时宁波港还是比较完整地保留了过去传统的贸易腹地。

对此，1868年的浙海关贸易报告就有描述："宁波所有贸易范围，自东至西约290英里，自南至北约350英里，除了浙江杭州以北靠近上海那部分外，因为那一带以地理和商业上就近江苏，因此浙江杭州以北就归上海去进行外贸业务，皖东南部就归宁波这一口岸，作为其外贸之供应和土货出口之口岸矣。"可见，宁波港当时的腹地还是比较广阔，即包括安徽省的徽州、江西省的广信[①]以及浙江省内除湖州、嘉兴以外的所有区域，所不同的是当时宁波港已经成为上海港的附属港——转运港。

在土货出口方面，当时宁波港出口最大宗的商品——绿茶，都是"从省内的淳安、平水（在今绍兴）、天童（在今宁波）和安徽的徽州等4个地区运来的，其中徽州绿茶往往占了宁波港出口绿茶总量的三分之二"，然后这些绿茶再"从宁波港运往上海出口"。[②]

与之相对应的是，这些地区所需的洋货则大多从宁波港进口。这些洋货最主要的是鸦片、大米、布匹、五金、食糖、煤油等。在五口通商时期，经宁波港运入内地的洋货，几乎遍及除浙北以外浙江所有的府县，以及安徽的徽州府、江西的广信府（见表3-19）。

[①]　即今江西上饶市。该地之所以不从九江而是从宁波进出货物，根据浙海关税务司惠达分析是因为"宁波虽离广信府较远，但较方便和低廉"。

[②]　中华人民共和国杭州海关译编：《近代浙江通商口岸经济社会概况——浙海关、瓯海关、杭州关贸易报告集成》，浙江人民出版社2002年版，第113页。

表 3-19　1876 年经浙海关运入内地的货物数量表

运往地区	棉制品（件）	毛织品（件）	铁（担）	铅（担）	锡（担）	胡椒粉（担）	海新产品(担)	糖（担）	藤器（担）	檀香（担）	苏木（担）
杭州	2020	0	638	0	1747	0	0	0	35	46	0
绍兴	7993	0	10619	1895	3524	20	24	0	1591	173	659
温州	84153	4467	0	0	0	0	0	77	0	0	0
金华	9238	18	1537	0	0	15	199	0	503	29	0
衢州	130726	1598	3310	0	0	257	2980	1832	665	42	0
严州	15159	135	297	75	0	8	40	133	0	0	0
处州	67884	906	0	0	0	93	382	240	113	3	0
徽州	1500	0	1095	1678	0	295	408	3659	0	199	250
广信	36092	262	399	0	0	22	393	70	70	9	0
建宁	4710	50	0	0	0	52	393	0	94	2	0
泉州	5065	0	0	0	0	13	78	0	0	0	0

注：表中海产品为海参、海藻。另，绍兴地区在该年度还进口了 2000 平方英寸窗玻璃。

资料来源：茅家琦、黄胜强、马振犊主编：《中国旧海关史料（1859—1948）》第 6 册，京华出版社 2002 年版，第 451、542 页。

　　从 1876 年宁波港进口货物流向来看，大多流向港口背靠的传统内陆腹地，而且当时福建的建宁、泉州也从宁波港进出货物。这说明，宁波港的贸易腹地与市场网络还是比较广的。同时，货物的流向也基本反映了当地对某种产品的需求。如对海产品的需求，主要集中在内陆地区；金属加工相对发达的杭州、绍兴、金华、衢州、徽州则对金属的需求量较大。

　　宁波进口的金属以锡、铁、铅为主。1868 年，宁波进口的锡和铁分别占全国的 50%、13% 以上，这些金属又通过转运发往内地，如 1868 年就有"12000 担用子口单运往绍兴和杭州，在那里制成农具、工具、水桶箍和中国式厚底冬鞋的钉子"[1]。这个数字，与表 3-19 所示的 1876 年铁的流向基本一致。

　　另外，周边各地棉制品的需求也比较大，其中衢州、温州、处州、严州、广

————————

① 郑绍昌主编：《宁波港史》，人民交通出版社 1989 年版，第 159 页。

信的进口量较大。当时，从宁波港进口的洋标布深受衢州、严州、金华等地欢迎。根据 1871 年、1872 年海关统计，两年内运入衢州、广信、温州三地的毛棉匹头就已达 32 万件。[①] 由此看来，在整个 19 世纪 70 年代，这些地区已经与宁波在棉制品交易方面结成基本固定的市场运销网络。

二、温州开埠与地域市场变化

温州在开埠之前是宁波港陆向腹地的重要组成部分，其"口岸和周围地区所有洋货，均由宁波陆路或装民船运来"[②]。然而，光绪三年（1877）温州开埠后，这种状况就发生了变化，温州"不再从宁波凭'入内地验单'提取供应物品，而且温州还供应本省其他地方以及缘由宁波所供应的福建境内一些地方的洋货等物资"[③]。温州及周边地区逐渐脱离宁波港，转变为温州港的腹地。

1877 年以前，温州及其附近区域从宁波港进口的洋货主要是棉、毛制品。随着温州的开埠，宁波港的棉、毛制品进口量就开始大幅度下降。1878 年，在宁波港进口的棉织品中，除了床单布和美制斜纹的进口量上升、花布和棉绒进口量保持不变外，其他各种布匹的进口量均大幅度下降。毛制品的进口情况也大同小异，1878 年"（宁波港）所有毛织品之进口数都比过去四年减少很大"[④]。之后，宁波港的棉毛制品进口量仍在减少，"自 1876 年以来（注：至 1879 年），细斜纹之进口已从 73000 件下降到了 35000 件，而英制斜纹也从 36000 件下降到了 8000 件"[⑤]。

但是，温州并没有动摇宁波港在地域市场争夺中的优势地位，这恐怕与温州的地理位置相关。温州四周环山，交通不便，加上轮船招商局垄断了温州地区的

[①] 参见中华人民共和国杭州海关译编：《近代浙江通商口岸经济社会概况 —— 浙海关、瓯海关、杭州关贸易报告集成》，浙江人民出版社 2002 年版，第 145 页。

[②] 参见中华人民共和国杭州海关译编：《近代浙江通商口岸经济社会概况 —— 浙海关、瓯海关、杭州关贸易报告集成》，浙江人民出版社 2002 年版，第 411 页。

[③] 参见中华人民共和国杭州海关译编：《近代浙江通商口岸经济社会概况 —— 浙海关、瓯海关、杭州关贸易报告集成》，浙江人民出版社 2002 年版，第 195 页。

[④] 参见中华人民共和国杭州海关译编：《近代浙江通商口岸经济社会概况 —— 浙海关、瓯海关、杭州关贸易报告集成》，浙江人民出版社 2002 年版，第 195 页。

[⑤] 参见中华人民共和国杭州海关译编：《近代浙江通商口岸经济社会概况 —— 浙海关、瓯海关、杭州关贸易报告集成》，浙江人民出版社 2002 年版，第 217 页。

航运，缺少竞争，导致运输成本增加。因此，在开埠后相当一段时间里，即使是更接近于温州的处州府，也并没有全部成为温州港的腹地（见表3-20）。

表3-20 1877—1896年浙海关、瓯海关运入处州府的主要货物数量比较表（每十年平均）

年份	海关	布匹（件）	铁（担）	火柴（罗）	煤油（加仑）	糖（担）	海藻（担）
1877—1886	浙	72891	94	70	2 290	308	387
	瓯	2037.5	0.5	2.5	142	4	192.5
1887—1896	浙	100353	531.5	1230	22425.5	1633.5	531.5
	瓯	776.9	35.5	—	4 453.5	31.5	664

资料来源："Ningpo Trade Report for the Year 1877-1898"，"Wenchow Trade Report for the Year 1877-1898"，根据《中国旧海关史料（1859—1948）》第7—20、22—25、27册整理。

需要指出的是，表3-20还不包括胡椒、海参、檀香、苏木、铅、玻璃等几乎全从浙海关运入的货物。由此看来，运入处州府的货物，浙海关不仅在同类货物的数量上远超瓯海关，而且在货物的种类上也大大多于瓯海关。对此，瓯海关在其贸易报告中承认"温州供应仅只是该州（处州）之一小部分，而几乎所有它的洋货供应来自宁波"[1]。可见，处州虽与温州同属瓯江流域，但它在温州开埠后在很长一段时间内，大部分地区仍不是温州港的腹地。

这里除了两地大山相隔交通不便因素外，温州港的运费成本不占优势也是一个重要的原因。以一件匹头的纺织品计算，一般来说从上海到宁波是0.7银元，再从宁波通过内地水道和陆路运到离温州只有160公里的处州只需要大约0.5银元，而这件货当时如果通过轮船从上海运到温州就要达到1.5银元。这主要是因为，当时上海到温州的航线被轮船招商局所垄断，该条航线"如不去别处，就一个月来三个航次"[2]。由于缺少竞争，运费自然很高。同样，许多位于宁波、温州之

———————

[1] 中华人民共和国杭州海关译编：《近代浙江通商口岸经济社会概况——浙海关、瓯海关、杭州关贸易报告集成》，浙江人民出版社2002年版，第502页。

[2] 中华人民共和国杭州海关译编：《近代浙江通商口岸经济社会概况——浙海关、瓯海关、杭州关贸易报告集成》，浙江人民出版社2002年版，第433页。

间的象山、宁海、台州、温岭、玉环、海门等县，上海到宁波航线多且价格比温州低廉，因此"则概由宁波供应矣"①。

温州开埠后，温州及其附近地区的进口货物开始由温州港供应，但总体而言，当时温州港的腹地还是比较小的。1879—1896 年的 18 年间，经瓯海关运入内地的货物，主要集中在平阳、龙泉、处州、桐山、台州、乐清、松阳等温州附近地区，而且贸易额不大（见表 3-21）。

表 3- 21　　1879—1896 年经瓯海关入内地货物总值（单位：海关两）

地点	价值	地点	价值	地点	价值	地点	价值	地点	价值	地点	价值
平阳	135380	龙泉	102844	处州	67052	桐山	63197	台州	35558	乐清	11380
黄岩	9186	青田	8287	大荆	5767	玉环	5047	瑞安	5047	福宁	4995
兴化	4990	坎门	4691	云和	4142	丽水	2636	景宁	2626	泉州	1792
楚门	1671	沙埕	1439	福鼎	1283						
太平	959	缙云	855	福州	733	泰顺	727	台南	540	宁德	457
浦门	378	遂昌	290	福清	234	嘉义	232	庆元	130		
仙居	82	宜平	80	永康	67	江山	63	碧湖	49	海门	46
西溪	41	临海	34	大峃	30	金华	14	凌溪	7		

资料来源："Wenchow Trade Report for the Year 1879–1896"，根据《中国旧海关史料（1859—1948）》第 8—18、20、22—24 册整理。

由此可见，温州开埠后的地域市场基本稳定在"温州、处州的东部一小部分、台州的南部和福建紧邻温州的一小部分成为温州港的腹地"②。而宁波港的地域市场则被压缩至宁波、绍兴、严州、金华、衢州、广信、处州的大部和台州的北部地区。

三、杭州开埠与地域市场变化

杭州所在的钱塘江流域，人口众多，物产丰饶，且紧靠安徽、江西两省，对

---

① 中华人民共和国杭州海关译编：《近代浙江通商口岸经济社会概况 ——浙海关、瓯海关、杭州关贸易报告集成》，浙江人民出版社 2002 年版，第 577 页。

② 王列辉：《近代宁波港腹地的变迁》，《中国经济史研究》2008 年第 1 期。

两省的经济辐射较强，因此杭州开埠对宁波港的地域市场形成了更大的挑战。

杭海关的开设，导致宁波直接失去了传统腹地——徽州。徽州一直是宁波重要的贸易腹地，其进出口货物，一直取道宁波出口。以徽州出口的最大宗货物茶叶为例，在杭海关未开之前，徽州茶大部分经多次转运后到宁波出口。据统计，徽茶在宁波出口数每年平均7万多担，1895年则达90379担。[①] 1896年杭州开埠后，徽茶开始改从杭州出口，当年宁波茶叶出口即降到12468担，并持续走低，至1900年后就再无徽茶经宁波出口。而与之相反，杭州自1897年起便取代宁波，成为徽州出口的主要口岸，年出口量都在7万担以上（见表3-22）。

表3-22 杭州开埠前后浙海关、杭海关茶叶出口量比较表（单位：担）

年份		1893	1894	1895	1896	1897	1898	1899	1900	1901
浙海关	平水茶	109974	85812	98290	96897	61579	50579	79005	68600	60072
	徽州茶	73801	74345	90380	78660	12468	3561	299	—	—
杭海关	徽州茶	—	—	—	—	71131	76231	74618	69792	75371
	龙井茶	—	—	—	—	—	161	656	998	941
	平水茶	—	—	—	—	—	—	—	2594	5786
	毛茶					576	4615	4642	4304	3697
	茶末					3440	5976	6085	3157	4136

资料来源：中华人民共和国杭州海关译编：《近代浙江通商口岸经济社会概况——浙海关、瓯海关、杭州关贸易报告集成》，浙江人民出版社2002年版，第44、424、600页。

需要说明的是，徽茶之所以转到杭州出口，除了杭州开埠这一因素外，还与"塘捐"的废除直接相关。"徽属六县，年产徽茶约18万担，其中西部婺源和祁门二县所产约6万担，取道鄱阳湖，经九江运往上海；其余四县约产12万担由钱塘江水道运出，运往了宁波港"。虽然运往宁波要比运往上海路途更加远，要"在义桥驳运过塘，及至曹娥仍需过坝；不过数里又过百官坝，数易其船。由百官抵

---

① 参见茅家琦、黄胜强、马振犊主编：《中国旧海关史料（1859—1948）》第23册，京华出版社2001年版，第228页。

余姚县复有河清、横山、马车、陡门等坝，不一而足，始达宁波"[①]。但是这样辗转下来的费用却比直接经杭州到上海出口还要少 1 海关两，个中差别主要在于经杭州往上海要交纳杭州海塘捐 1.2 海关两，上海地方税 0.3 海关两。[②] 因此，在杭州开埠之前，徽茶多由宁波出口。然而 1896 年杭州开埠以后，"塘捐"随即被废除。这样，徽茶便就近选择杭州出关。

与此同时，宁波港运往徽州的洋货也不断减少。布匹由 1896 年的 15296 件下降到 1898 年的 3599 件，煤油从 1896 年的 37050 加仑减少到 1898 年的 11950 加仑，火柴已不再通过宁波港进口，其他商品如糖、铁、铅等都有不同程度的减少。[③] 对此，有人评论："其（徽州府）所运入内地之货，大半由徽州钱塘之支江，运至屯溪，该地系徽州商务总汇处。该府东北一带，所需之洋货，皆由杭州输入。"[④] 由于进出商品均要经过杭州，徽州从此成为杭州的腹地，"凡安徽徽州一带，其货物出入向须经由此者（宁波港），至是皆改向杭州，而此港销售之区域，不得不缩小几分矣"[⑤]。

杭州开埠之后由于受地缘因素的影响，浙江的绍兴、严州、衢州、金华诸府，以及江西的广信，逐渐转为杭州的直接腹地或宁波、杭州的混合腹地。"近来（1896—1899 年）安徽，江西与杭州及杭州通往沿江城镇的江干，与省内之金华、衢州、严州以及绍兴之间交通运输日益频繁"[⑥]，"自其（杭州）境内，以至钱塘江南绍兴、严州、衢州、金华、徽州之货物，无论或出或入，莫不经此焉"[⑦]。由此，严州府、衢州府、金华府逐渐成为杭州的贸易腹地，而介于杭州与宁波之间的绍兴府则逐渐成为杭州与宁波的混合腹地。

---

① （清）应祖锡：《洋务经济通考》卷 7，上海鸿宝斋石印 1898 年版。

② 参见中华人民共和国杭州海关译编：《近代浙江通商口岸经济社会概况——浙海关、瓯海关、杭州关贸易报告集成》，浙江人民出版社 2002 年版，第 165—166 页。

③ 根据茅家琦、黄胜强、马振犊主编《中国旧海关史料（1859—1948）》（京华出版社 2001 年版），第 24、27 册"Ningpo Trade Report for the Year"（1896、1898）统计。

④ 中华人民共和国杭州海关译编：《近代浙江通商口岸经济社会概况——浙海关、瓯海关、杭州关贸易报告集成》，浙江人民出版社 2002 年版，第 732 页。

⑤ 〔日〕胜部国臣著，霍颖西译：《中国商业地理》下卷，广智书局 1913 年版，第 78 页。

⑥ 王种麟：《全国商埠考察记》，世界书局 1926 年版，第 250 页。

⑦ 王列辉：《近代宁波港腹地的变迁》，《中国经济史研究》2008 年第 1 期。

　　绍兴紧邻宁波，此前多从宁波进出货物。随着 1896 年杭州开埠，尤其是 1908 年沪杭铁路的修通，绍兴也开始大规模地从杭州、上海直接进货，成为宁波与杭州、上海的混合腹地。例如锡、糖、进口洋布等"向来由香港运至宁波，再运绍兴"，"现在（1911 年）改由沪、杭运绍较为迅速"。[①] 不过，绍兴的若干重要出口商品，如平水茶、棉花仍以宁波港出口为主。[②]

　　这样，经过激烈地市场争夺，宁波港又失去了皖南徽州、江西广信，以及浙西严州、金华、衢州诸府的贸易市场，同时紧邻温州的处州府随着温州港口和航运条件的逐渐改善也渐渐成为温州的贸易腹地。浙江的港口地域市场进行了重新组合（见表 3-23）。

表 3-23　1899—1910 年浙海关、杭州关入内地洋货数值（每三年年均）（单位：海关两）

年份	浙海关				杭州关			
	浙江	安徽	江西	合计	浙江	安徽	江西	合计
1899—1901	2545641	82567	107257	2735465	96015	235711	3877	335603
1902—1904	1926062	78871	92738	2097671	188829	295640	22908	507377
1905—1907	1727811	54156	73005	1854972	265395	241741	23190	530326
1908—1910	1400062	41142	50032	1491236	270042	206688	29979	506709

该表据茅家琦、黄胜强、马振犊主编：《中国旧海关史料（1859—1948）》，京华出版社 2001 年版，"Ningpo Trade Report for the Year 1899-1913"，"Hangzhou Trade Report for the Year 1899-1913"。

　　由表 3-23 看，经浙海关进入浙江内地的洋货在 1899—1910 年间显著减少，如 1899—1901 年间每年运入浙江内地的洋货价值近 255 万海关两，之后一直在 200 余万海关两之下，而到 1908—1910 年间每年仅为 140 余万海关两，下降幅度十分明显。而运往安徽、江西的洋货货值下降更多。1899—1901 年间每年还分别有 8 万和 10 万多海关两，而到 1908—1910 年间两地只有 2.70 万左右海关两。而与之相反，

---

① 中华人民共和国杭州海关译编：《近代浙江通商口岸经济社会概况 ——浙海关、瓯海关、杭州关贸易报告集成》，浙江人民出版社 2002 年版，第 333、350、356 页。

② 根据民国政府实业部国际贸易局编纂：《中国实业志（浙江省）》170（庚），实业部国际贸易局 1933 年版；建设委员会经济调查所统计课编辑：《浙江之平水茶》，建设委员会经济调查所 1937 年版，第 24 页。

经杭州关输入省内及安徽、江西的洋货却增幅明显，尤其是其输往省内的洋货货值由 1899—1901 年年均 9.60 万余海关两增加到 1908—1910 年年均 27 万多海关两。同时，杭州关输往安徽洋货数值则也高于浙海关。这说明，浙海关虽然在洋货进口市场的总量方面仍远高于杭州关，但其市场份额已逐渐缩减。

四、口岸贸易对地域市场的影响

鸦片战争后，西方资本主义势力逐渐内侵中国。它们先是在沿海开辟通商口岸，建立桥头堡，而后沿着交通路线向内陆腹地扩展，通过洋货输入和销售、土货收购和输出，逐级将中国纳入其主导的世界市场体系。在这个空间扩展的模式下，上海是中国东部沿海乃至全国口岸地域市场的第一层级。

五口通商后，上海利用优越的地理位置，迅速崛起，成为中国最大的对外贸易中心。根据统计，上海港 1896 年输往英国的出口货值已等于宁波港的 111.7 倍；光绪二十五年（1899），上海港从英国进口货值大大超过国内所有通商口岸，占全国进口货值的 59.70%。[①] 早在同治二年（1863），就有人曾对上海做过描述："从美国和欧洲开往（中国）通商口岸的商船……以及从沿海和沿江运输的轮船……不论其最终的目的地是哪儿，它都要先开到上海。"[②] 这说明，当时在中国，至少在东南沿海地区，并没有形成多个地位并列的通商口岸。上海是中国对外贸易最主要的口岸，其他口岸只是它贸易网络下面的一个节点。

宁波首先成为上海口岸下的一个重要节点。由于临近上海，同为五口之一的宁波在开埠后不久便迅速地由过去的全国性对外贸易港转而成为上海的转运港。同样，1877 年、1896 年先后开埠的温州、杭州也主要通过与上海的物贸联系进行对外贸易。由此，浙江沿海的三个通商口岸都成为上海与长江沿岸、江浙地区贸易转运的一个节点，而三者之间地域市场范围的竞争在很大程度上又取决于它们与上海的交通便捷程度与航线的多少。

上海—宁波线、上海—宁波—温州航线是浙江对外贸易的主要通道。其中

---

① 参见黄苇：《上海开埠初期对外贸易研究》，上海人民出版社 1979 年版，第 19 页。
② 聂宝璋编：《中国近代航运史资料》第 1 辑上册，上海人民出版社 1983 年版，第 141 页。

上海—宁波线是开辟最早的一条航线。这条航线连年兴旺，由此使上海成为宁波腹地大宗进出口商品的集散地。温州开埠后分流了原来属于宁波腹地的一部分进出口贸易，但由于上海—宁波—温州航线在温州开埠不久即被轮船招商局垄断，且温州与上海的距离比宁波远，其轮船班次方面的优势也不及宁波，因此温州在与宁波地域市场的争夺中处于相对的劣势。杭州离上海更近，且内河水网发达。杭州开埠后利用地理上的优势，迅速吞噬了原来从属于宁波腹地的对外贸易。浙江通商口岸的地域市场之争更为激烈。对此，早在 1877 年宁波海关（浙海关）税务司杜德维就曾担忧：钱塘江流域人口众多、物产富饶，是掌握和支配皖、赣两省贸易之地，若落入上海怀抱之中，则宁波港惨矣。[①] 可见，港口—腹地的交通以及物贸关系一旦发生变化，就会导致所在地区的地域市场发生变迁，而这种变化也反映了西方资本主义深入中国程度的深浅。

当然，宁波、温州、杭州这三个通商口岸又是西方资本侵入浙江及周边地区的据点。通商口岸周边及其内陆腹地，通过物贸流动，使与之相联的城乡地区也被逐渐卷入世界市场体系之中。以宁波为例，光绪二十六年（1900），美孚石油公司在江北岸桃渡路设立支公司，同时还在镇海、象山、穿山、莫枝、慈溪、百官、石浦、定海、宁海等地设立经销处，各经销处又在下属乡镇还有二至三个分销处。1904 年，英商亚细亚公司也开始进入宁波，设立鄞属部，并在宁波、余姚、慈溪、镇海、柴桥、定海、石浦、象山、岱山、鸣鹤场、百官、奉化方桥、鄞县五乡矸等设立经销点，由此将洋油的销售渗透到穷乡僻壤。[②]

口岸贸易给参与贸易地区的社会经济带来了深刻的变化。这种变化表现为，一方面有不断的区域或经济类型被卷入世界市场，另一方面又瓦解了传统的自给自足自然经济。

西方资本对中国传统社会与经济的侵蚀，往往是通过大的或小的口岸逐渐扩展到内地，并从城市逐渐扩展农村。事实上，无论是洋货的输入和销售，还是土

①　参见中华人民共和国杭州海关译编：《近代浙江通商口岸经济社会概况——浙海关、瓯海关、杭州关贸易报告集成》，浙江人民出版社 2002 年版，第 171—172 页。

②　参见陈梅龙、沈月红：《近代浙江洋油进口探析》，《宁波大学学报》（人文科学版）2006 年第 3 期。

货的收购和输出，主要是通过各级城市和市镇进行的。其方法是通过收购、输出土货，输入、销售洋货，逐渐将中国纳入世界市场的体系之中。

外国资本主义对土特产品和原材料收购，促使农业的商品性生产日益发展。主要表现为，棉花、茶叶、蚕桑等农副产品的生产有了很大的发展，油料、谷物、豆类、药材等商品率有了提高。

茶叶一直是浙江对外贸易的最大宗商品，但在开埠前，浙江的传统茶业虽然比较发达，但茶的种植面积并不大。19 世纪中叶，随着茶叶外销勃兴，茶源开始出现紧张，采购人员接踵上山采购茶叶，刺激了农民种茶的热忱。如浙东四明山横跨余姚、鄞县、上虞、奉化、嵊县、新昌等县原产著名的日铸茶。鸦片战争后，"海禁大开，各县所产之茶，集中平水，加工精制为圆形绿茶，大量输出，以供国内外市场之需要，昔日供应全国之日铸茶，遂一变而为运销海外之平水茶"①。新昌茶叶原来"出销杭嘉湖。海禁开后，半改为园茶，由宁绍各栈运销于外地。近因各栈货益求良，工费殊繁，有改为烘青而出自沪上以销营口者"②。这些茶叶"经过山区到宁波后，仍然留在中国人手里，外国人只能在它运到上海后并经行帮的准许才能得到"③。也就是说，鸦片战争后，由于外销旺盛，广泛分布于产区的茶叶初级市场迎来了发展的黄金时期。茶叶种植已不再主要面向国内市场，而是面向国际市场。

与之相对应的是，各地民众大多结合气候、土壤等条件，针对国际市场的需要，建立了农业生产专门化区域。如，杭嘉湖为蚕桑区，"尺寸之堤，必树之桑"；余姚、慈溪为植棉区，"植棉之地，年有扩张"；黄岩、温州则为柑橘水果区。

同时，按商品需求进行专业生产的形式也开始出现。1905 年有法商到宁波采办菲律宾金丝草制品。他先让华商向宁波农村发料，编结西式草帽，并支付相应工资，加工地区遍及宁波及周边县的。④ 这种由包买商经办的经营方式，不仅表明这些农民已经参与到世界经济活动的某个环节，而且他们已经逐渐丧失家庭手工

---

①　吕允福：《浙江之平水茶业》，实业部国际贸易局《国际贸易导报》1934 年第 6 期。

②　金城修，陈畬等纂：民国《新昌县志》卷 4《食货》下。

③　〔美〕马士著，张汇文等译：《中华帝国对外关系史》第 1 卷，上海书店出版社 2006 年版，第 406 页。

④　参见袁代绪：《浙江省手工造纸业》，科学出版社 1959 年版，第 12、33 页。

业的独立地位，成为雇佣劳动者。它表明资本主义家庭劳动在浙江农村已经滋长起来。

随着农产品日益国际化，被卷入世界市场的农民开始变成外国资本工业原料的供应者，产品的价格也日益受到国际市场的影响。如浙江农村商品棉的种植，在 19 世纪 60 年代起有了较快的发展，其重要的原因是受美国内战的影响。宁波港自开埠至 1860 年棉花出口量一直较少。然而，1860 年美国内战战争爆发使世界市场对棉花的需求激增，棉价也因此大幅上涨。受其影响，宁波棉花价格从每包 9 元上涨到 28 元。[1] 鉴于此，宁波附近的农户开始大量种植棉花，出口量也因此大增。1863 年经宁波海关运往上海的棉花就有 125155 担，1864 年也有 103200 担。美国内战结束后，宁波出口的棉花又迅速降到 10 万担以下，1865 年、1866 年分别只有 33563 担和 33727 担。[2]20 世纪 90 年代，随着日本棉花需求量的增加，宁波的棉花出口又迅速攀升，与茶叶一起成为宁波土货出口的最大宗商品之一。1893 年宁波运往上海 90000 担棉花，其中有约 83000 担转运日本。[3]1902—1911 年，"据测，宁波棉约八成是经由上海运往日本"[4]。

口岸贸易的兴起，不仅使地域市场内的经济被卷入到世界市场体系中，而且对腹地内的自然经济也形成了很大的冲击，并引发了城乡经济关系的变动。鸦片战争前，浙江沿海地区商品市场基本上是内贸型市场模式。商品种类与价格，运销方式与流通量，以及商业资本的构成等，都是依附于自然经济，并为自给自足的小农经济服务的。鸦片战争后，随着通商贸易的发展，集市上交易的货物不再只是农副产品及手工业品，也不是仅仅为了农民之间或农民与手工业者之间的余缺调剂。外国商品，诸如洋纱、洋布、煤油及家用杂器开始充斥集市市场。

棉花是浙海关最大宗出口商品之一，但奇怪的是在输出棉花原材料的同时，

---

① 参见李文治编：《中国近代农业史资料》第 1 辑，生活·读书·新知三联书店 1957 年版，第 396 页。

② 参见郑绍昌主编：《宁波港史》，人民交通出版社 1989 年版，第 135 页。

③ 参见中华人民共和国杭州海关译编：《近代浙江通商口岸经济社会概况——浙海关、瓯海关、杭州关贸易报告集成》，浙江人民出版社 2002 年版，第 283 页。

④ 参见中华人民共和国杭州海关译编：《近代浙江通商口岸经济社会概况——浙海关、瓯海关、杭州关贸易报告集成》，浙江人民出版社 2002 年版，第 62 页。

却需要大量进口由棉花加工的半成品和成品——棉纱、棉布来满足市场需求。以光绪二年（1876）宁波港输入的部分洋货为例，棉制品位列第一。这些棉制品通过浙海关运销到省内各地。据 1888 年浙海关贸易报告，当年处州从宁波、温州口岸输入的洋布就超过了 10 万匹；由宁波输入的洋纱从 1886 年的 30 担增加到 1892 年的 16932 担，六年内增长了 563 倍。[①]

洋纱、洋布倾销，冲击了浙江传统的土纱、土布市场，使手工棉纺织业濒临破产。土布俗称结布，或称老布，清同光年间"洋布输入，花色尤少，惟光滑为土布所不及，故其时民俗多好土布，以其质量耐用"，而到光绪十年（1884）后"外人益诣吾国民嗜好，乃有各种膏布输入……而土布已受打击矣"，"巡行百里，不闻机阳。耕夫蚕妇，周体洋货"。[②]到 19 世纪末，"通商大埠及内地市镇城乡，衣土布者十之二，衣洋布者十之八九"[③]。于是，"民间纺织，渐至失业"[④]。

明清时期，杭州有"数千家之男女"从事丝绸业，"机杼甲天下"[⑤]，但自 19 世纪末洋绸输入以来，浙江的丝织物外销开始锐减。杭州销出的丝织品"光绪二十五年为 4193 担，次年减为 2634 担，光绪二十九年更减少到 1784 担，直到宣统元年还是绸销无起色"[⑥]。

另外，洋油的输入对地域市场的传统产业也产生了重要影响。洋油也叫煤油，大致在 1864 年进入中国，当时主要消费者是在华的外国侨民。由于煤油比传统的照明用油——植物油价格更便宜且亮度更高，所以有不少中国人开始用煤油代替植物油。根据《浙海关贸易报告》记载，浙江的煤油进口是从 1865 年开始的，之后"煤油进口之快，进口货中也许除了食糖外，无所可以媲美者"，20 年内进口就"从零增长到居宁波进口货值的第四位，仅被鸦片、本色细布和锡所超过"[⑦]，成

---

① 参见姚贤镐编：《中国近代对外贸易史资料（1840—1895）》第 3 册，中华书局 1962 年版，第 1426 页。

② 张传保等修，陈训正等纂：民国《鄞县通志·博物志》，上海书店 1993 年版。

③ （清）郑观应：《盛世危言》卷 7，内蒙古人民出版社 1996 年版。

④ 彭泽益编：《中国近代手工业史资料》第 2 卷，中华书局 1962 年版，第 232 页。

⑤ 沈廷瑞：《东畲杂记》，转引自周峰主编：《元明清名城杭州》，浙江人民出版社 1990 年版，第 179 页。

⑥ 刘志宽、缪克沣、胡俞越主编：《十大古都商业史略》，中国财政经济出版社 1990 年版，第 275 页。

⑦ 中华人民共和国杭州海关译编：《近代浙江通商口岸经济社会概况——浙海关、瓯海关、杭州关贸易报告集成》，浙江人民出版社 2002 年版，第 12 页。

为海关记录的重要进口洋货之一。

　　洋油的进口是人们对新能源的一种需求，但也冲击了中国传统的植物油业，导致大豆、胡麻子、菜籽、芝麻等榨油用的植物籽实大量出口。据统计，油菜是杭州、嘉兴两地主要农作物，约占冬季作物的 25%。油菜籽压榨后成为菜籽油（菜油）可供食用，还可以用作照明，其压榨后的渣再做成薄圆形的饼，是良好的肥田用品。洋油盛行后，大量的油菜籽和油菜饼经由嘉兴转运上海出口日本，菜油则留在省内内销，很少出口。杭州被辟为通商口岸后，菜饼出口逐年增加，1898 年为 40306 担，1899 年为 124827 担，1901 年为 187692 担，主要出口日本做肥料。之后，平湖、嘉善出口日本的油菜籽和菜籽饼仍然"蒸蒸日上"，产品"由民船经上海出口日本"①。

　　总之，近代口岸贸易是西方资本主义经济扩张的一种形式。西方列强强迫清政府开放口岸的最初目的是为了打开中国市场，使之成为工业产品的倾销地和原材料供应地。但是，无论是土货出口还是洋货输入，通过通商口岸形成的地域市场逐级渗透，西方列强在将地域市场卷入世界市场体系的同时，客观上也促进了地域市场内传统自然经济的解体。

---

① 中华人民共和国杭州海关译编：《近代浙江通商口岸经济社会概况——浙海关、瓯海关、杭州关贸易报告集成》，浙江人民出版社 2002 年版，第 688 页。

第四章
民族工商业与新式商人群体的兴起

第一节　近代民族工商业的兴起

鸦片战争后，随着洋货源源不断输入、土货等原材料不断输出，沿海通商口岸地域市场内的城乡商品经济有了很大的发展，从而为浙江近代民族工的产生准备了条件。晚清时期，浙江民族工业经过 19 世纪 60 年代到 19 世纪 90 年代准备与初创，在甲午战争后迎来了办厂小高潮。早期民族资本家在工业、民族航运业与近代金融业方面的努力，为中国近代民族工商业发展打下了基础。

一、浙江近代民族工业的萌发

鸦片战争后，根据不平等条约的规定，外国商人和传教士可以在通商口岸创办企业。道光二十五年（1845），美国长老会就将一年前刚在澳门创办的华花圣经书房迁至宁波，并改名为美华书馆。该书馆起初使用铅印法，到咸丰九年（1859）则"始创电镀华文字模"，首印《乡洲》7000 册，之后不久书馆就迁到了上海。[①]

美华书馆可以说是外国人在宁波乃至浙江开办的第一家外资企业，但它还不是真正意义的机器工厂。外资在宁波创办的第一家机器工厂则是创建于光绪十一年（1885）的轧花厂。该年 10 月，一日商在宁波创办一家合营的梳棉厂，"使用

---

① 参见贺圣鼐：《三十五年来中国之印刷术》，见张静庐辑注：《中国近代出版史料初编》，中华书局 1957 年版，第 259—260 页。

日本制美式梳棉机 30 台日夜开工"，"引进梳棉机确凿是对土法分离棉籽的手工操作又慢又贵，效果又差是个明显的对比"。①

太平天国时期，在浙清军因"剿贼药尽"，时任浙江巡抚左宗棠曾命其下属陈元其在宁波开局制配火药。"爵相（左宗棠）闻之，亦饬余在宁（波）局制造万斤（火药）。久之，洋人之药运到，遂止。……并仿造小火轮船二只，试之，均能合用。第以公费甚巨，无款可筹，且贼已将次剿灭，仍置之不讲。"②同治三年（1864），左宗棠曾经在杭州试造轮船，但是"试之西湖，驶行不远"，没有成功。1880—1881 年，洋务派还在宁波开办过火药局和军械局，但因规模较小，制造品种单一，被浙江巡抚钟麟制止。③总的来说，洋务派所办的军火工业在浙江并没有多大的发展。

洋务派也曾在浙江创办过一些军火工业。19 世纪 60 年代，洋务派官僚在"自强"、"求富"的口号下，兴办了一些军事和民用企业。

从 19 世纪 70 年代起，洋务派开始创办民用企业。由于洋务派在上海创立的一些民用企业都有浙江商人参与，因此这些洋务企业对浙江的民族企业的发展还是产生了一定的影响。

同治十一年（1872），轮船招商局在上海创立。第二年便在宁波设立分局。清末，轮船招商局转为商办时，宁波巨商纷纷参股，宁波人沈仲礼、周金箴、虞洽卿等都成为董事。

光绪二年（1876），李鸿章等在上海筹办上海机器织布局。许多宁波商人如蔡鸿仪、严信厚、叶澄衷、许春华、朱志尧、邵友濂等都有投资。1884 年（光绪十年）2 月，鄞县商人蔡鸿仪致函盛宣怀："查织局同人前奉伯相札委办理，斯时公司风气未开，集股不易。弟等各竭心力，招股始得满额。"④同年，杭州设立机器局，有产业工人 20 人，能制造铜帽、开花弹、火雷和铸造小炮，并修理枪械，

① 中华人民共和国杭州海关译编：《近代浙江通商口岸经济社会概况 —— 浙海关、瓯海关、杭州关贸易报告集成》，浙江人民出版社 2002 年版，第 256 页。

② （清）陈其元：《庸闲斋笔记》，中华书局 1989 年版，第 265 页。

③ 参见樊百川：《清季的洋务新政》第 2 卷，上海书店出版社 2003 年版，第 1335、1440 页。

④ 陈旭麓、顾廷龙、汪熙主编：《上海机器织布局 —— 盛宣怀档案资料选辑之六》，上海人民出版社 2001 年版，第 68 页。

这是杭州近代首批产业工人。后来浙江巡抚刘秉璋在杭州开设浙江机器局，制造枪支弹药，有产业工人 50 余人。

进入 19 世纪 80 年代后，近代宁波最早的民族企业如机器制造、轮船航运、棉纺、印刷等工厂在江北岸及附近地区出现。宁波近代化民族经济迈出了最初的步伐，但发展的速度并不快，至清末甬埠"大小厂家亦仅百许，而略具规模之工厂更属寥寥以出产数量之价值别之：第一纺纱、第二棉织与针织、第三面粉。在三百万以上者为电气、火柴、榨油；未满三十万者为皂烛、机械碾米；其他则仅数万元矣"①。可见，在当时的时代背景下，民族企业发展之艰难。

宁波近代民族企业的绝大部分是旅沪的宁波商人投资的。1887 年（光绪十三年）3 月，由著名实业家严信厚筹银 5 万银创办的宁波通久源轧花厂在北郊正式开工。通久源机器轧花厂原是一个旧式轧花厂，最初使用的设备是 40 台踏脚板操纵的手摇轧花机。1887 年春，严信厚从日本引进 40 台"较大的用蒸汽发动的轧花机"②，正式使用机器加工棉花，实现了从手工工场到近代工业企业的转型。

通久源轧花厂是浙江第一家近代民族资本主义企业。该厂自建成后，"全年日夜开工，雇工 300 到 400 人之间，请的是日本人工程师和机械师。1891 年销售皮棉 3 万担"③。时人有评论称："这件事有它的重要意义。以往进的都是由一个人操作的踏板机器，而这次……输进的却是一些较大的机器和发动机器的蒸汽所需的锅炉和发动机。直到目前，除了与外国人无干的官办兵工厂、煤矿及轮船外，它将是中国为工业制造而使用动力机器第一次成功的尝试了。"④

光绪十五年（1889），宁波商人在慈溪开办火柴厂，制造火柴。慈溪火柴厂创办资本 15000 两，雇佣工人 200 人。最初雇用日本工匠，并要求他们指导中国工人"直到中国工人学会了制造技艺为止"。当时有人称"可使中国在这种一向被外国进口货独占的行业中，今后也可分得一分利润"⑤。但该厂不久就因原料与技术

---

① 张传保等修，陈训正等纂：民国《鄞县通志·食货志》，上海书店 1993 年版。
② 《捷报》1888 年 7 月 13 日。
③ 中华人民共和国杭州海关译编：《近代浙江通商口岸经济社会概况——浙海关、瓯海关、杭州关贸易报告集成》，浙江人民出版社 2002 年版，第 33 页。
④ 《捷报》1888 年 8 月 4 日。
⑤ 《捷报》1889 年 1 月 11 日。

方面的原因而停业。

另外，杭州在 1892 年也曾建立过一家约有 30 个工人的蒸汽印刷厂，其印刷出来的样本相当精美。[①]

但是，浙江的民族资本主义工业在甲午战争前并不多，所办的新式厂矿也是零星的，且规模不大。当然，除了机器生产的工厂外，这一时期还有一些以手工生产为主的民族企业。如，温州的茶叶厂和鄞县的纬成布局。

茶叶加工企业的出现，与茶叶出口贸易的发展相一致。温州是浙江传统的茶叶出口口岸。1893 年温州南门外开办了第一家茶厂——裕成茶栈。裕成茶栈的创办人为裕大南北货行店员（后为经理）陆佑臣。该茶厂拥有女工 300 人，专门从事茶叶挑选、烘烤等工作。这种茶栈实际上是一种茶厂，"收买茶户毛茶，加以精制，与代客堆存买卖之栈不同"，采用一种滚茶小机器制茶，效率与利润大为提高。至 1896 年，这类茶厂迅即增至 9 家。[②] 因此，裕成茶栈的创建也可以视作是温州最早的近代民族企业的诞生。

光绪十一年（1885），王承维在鄞县三桥（今陈婆渡）创建了纬成布局。纬成布局有手拉织机 20 台，开办之初用"发机"的办法，把纱轴发给农户代织。光绪二十二年（1896），王承维改良布机，制作新式土布，并向清政府申请专利，获得批准。对此，当时的《德商甬报》曾有详细报道："本郡纬成布局王承维，独出心裁，置办机器，制造各种布匹，颇与专利新章相符。由邑绅蔡鸿仪禀请转详，已由邑尊比大令详请抚宪核办在案。昨奉抚宪刘中丞来文，以该局创造织布，核与定章相符，应其专利二十年，别人不得冒揽云云。"[③]

二、甲午战争后出现的办厂热潮

晚清浙江民族工业的快速发展时期出现在甲午战争后。1895 年，甲午战败，举国震动，不少人从战败的教训中发出了"设厂自救"、筹办近代企业的呼声，逐渐

---

① 参见《捷报》1895 年 4 月 26 日。

② 参见彭泽益编：《中国近代手工业史资料》第 2 卷，中华书局 1962 年版，第 352 页。

③ 《德商甬报》1899 年 5 月 16 日。

形成了一个投资办厂的浪潮。浙江也迎来了民族资本主义发展的第一个办厂热潮。

这一时期，浙江民族工业首先在棉纺织业和机器缫丝业方面有了初步发展。鸦片战争以后，宁波、温州、杭州相继被列为通商口岸，省内棉花低价外流，"洋纱"、"洋布"大量倾销，使棉纺织手工业受到严重冲击，农村副业生产纺纱、织布人数减少。当时一些有识之士看到纺织工业利益优厚，纷纷出资筹建棉纺厂，促使浙江棉纺织手工业开始向机械化发展。

光绪二十年（1894），严信厚与周晋镳、汤仰高、戴瑞卿等沪甬巨商富贾集资45万元，筹建——通久源纱厂。1896年6月，通久源纱厂正式开工生产。当时雇有1800工人，"设有柔钢锅炉三具，以生蒸汽之用，竖身机器足抵300匹马力，纺纱厂有抽筒（纱锭）计11048筒，每月出纱250000磅"[1]。该厂开设头几年，发展较快，盈利丰厚。《中外日报》曾报道："宁郡通久源纱厂，开设有年，生意也畅，现在新添纺织机器，前次所用女工，不敷工作，因此扩招女工，并造有房屋40余间，以备来厂女工居住。"[2]

通久源纱厂是浙江第一家机器纱厂，一年后杭州通益公纱厂也正式投产。通益公纱厂筹建时间比较长。光绪十五年（1889），杭州富绅丁丙、王震元和湖州南浔富商庞元济等筹措资金，在拱宸桥运河西岸筹建杭州最早的机械纺织企业——通益公纱厂，拉开了杭州近代工业的序幕。但通益公纱厂筹建8年，到1897年才得以竣工投产。通益公纱厂拥有资本53万多元，雇佣工人1200人，纱锭15000枚，棉纱平均年产量有200万磅，其中1898年产纱200万磅，1899年为300万磅。1900年为230万磅，1901年为180万磅。[3] 通益公纱厂是浙北民族资本所创办的最早的棉纺织工厂，棉厂"由自己的电厂供给500盏16烛光的灯，与街上昏暗的灯光相比就算好多了"[4]。

光绪二十五年（1899），嵊县候补同知楼景辉，会同萧山士绅陈光颖，筹资

---

① 《捷报》1897年7月2日。

② 《中外日报》1898年9月21日。

③ 参见汪敬虞编：《中国近代工业史资料》第2辑下，科学出版社1957年版，第691页。

④ 陈梅龙、景消波译编：《近代浙江对外贸易及社会变迁——宁波、温州、杭州海关贸易报告译编》，宁波出版社2003年版，第238页。

近 56 万元，在萧山县西门外姑娘桥建立起通惠公纱厂。通惠公纱厂有 10376 纱锭，雇佣工人 1100 多人，所产之棉纱以原棉纺成，所产棉纱优于沪纱，因此"销路畅旺，获利甚厚"，经营颇为顺利，不数年，便增机添人，有所发展。①

宁波通久源纱厂、杭州通益公纱厂、萧山通惠公纱厂被称作浙江近代民族工业的"三通"。它们是省内最早建成、规模最大、设备较为先进（进口），并在全国颇有影响的三个机械化纺纱厂，它们使浙江的棉纺业从传统手工业开始向机械化发展，在全国有一定的影响。

浙江的机器缫丝业主要集中在杭嘉湖地区。杭嘉湖地区享有"丝绸之乡"美誉，英国对华贸易报告中称："中国出口生丝几乎全部产于浙江北面的三个府：即杭州府、湖州府、嘉兴府"，其中"湖州府的产量较其他两府为多"。②19 世纪 90 年代中叶后，浙江的一些绅商为了获取更高利润，提高缫丝效率，开始兴办机械缫丝厂。

光绪二十一年（1895），萧山富商陈光颖与楼景晖集资 20 余万两银在萧山东门外创建合义和丝厂。合义和丝厂是萧山最早使用电力机器的工厂，有丝车 200 余部，女工 300 到 350 人，营业顺利。1899 年增加车锭，扩招妇工，规模扩大，后来还在上海、北京设有办事处，办理生丝出口业务。③

1895 年 8 月，绅商丁丙和庞元济等出资 42 万元在杭州拱宸桥附近如意里筹建世经缫丝厂，第二年该厂建成投入生产。工厂共装备了由上海摩宜笃公司生产的直缫式丝机 208 台，由于本地缺乏相应的技术女工，在二百多名女中有"三分之二募诸上海，其余募于本地者也"，"其熟练技艺者，能缫丝四缕，至其未熟者，则不过缫丝二缕耳"。④这些工人每天的工作时间在十二小时以上，日产一担生丝。后来。工厂因原料供应等问题于 1898 年停办，1901 年其厂房、设备等被日本商人廉价收购后又重新营业。⑤

另外，丁丙和庞元济还于 1896 年在杭州塘栖镇开设了大伦制丝厂。大伦制丝

---

① 《民国日报》1919 年 1 月 28 日；《中外日报》1900 年 4 月 30 日。

② 姚贤镐编：《中国近代对外贸易史资料（1840—1895）》第 1 册，中华书局 1962 年版，第 69—70 页。

③ 参见《中外日报》1899 年 2 月 18 日。

④ 汪敬虞编：《中国近代工业史资料》第 2 辑下，科学出版社 1957 年版，第 1176 页。

⑤ 参见《申报》1897 年 7 月 27 日。

厂，有资本 8 万元，开始时有丝车 8 台，后扩充到 276 台。该厂还利用本地三眠蚕做原料，茧丝纤度细匀，行销国外，尤为法国商人欢迎。

萧山合义和丝厂、杭州世经缫丝厂和余杭大纶制丝厂是当时浙江最有影响的机器缫丝厂，人们把这三家缫丝厂称之为民族工业"三丝"。除了这"三丝"外，绍兴、海盐、嘉兴、桐乡、富阳等地也先后创办了许多家缫丝工厂，据不完全统计，从 1895 年到 1896 年的短短 4 年中，在浙江共开办了 17 家机器缫丝厂，资本额 2411000 元。[①] 见表 4-1。

表 4-1　1895—1896 年浙江新办的缫丝厂 [②]

开办时间	企业名称	创办人	所在地	资本（千元）
1895 年	合义和丝厂	陈光颖、楼景辉	萧山	24
	新城缫丝厂	翁玉轩	新城	
	富阳缫丝厂	翁学坤	富阳	
	公豫缫丝厂		绍兴	
	开源永缫丝厂		绍兴	约 117
	同和缫丝厂	姚文柟	海盐	
	碤石缫丝厂	叶涛	碤石	约 56
	余杭缫丝厂	方锡炜	余杭	约 28
	维大缫丝厂	石蕴真	嘉兴	约 281
	光裕缫丝厂	姚涌芬	秀水	约 281
	治经缫丝厂	虞颂南	嘉善	约 281
	昌大缫丝厂	陆清国	平湖	约 281
	保经缫丝厂	殷戴华	桐乡	约 281
	德永缫丝厂	姚文柟	石门	约 281
	萧山缫丝厂	周某	萧山	
1896 年	世经缫丝厂	丁丙、庞元济	杭州	420
	大纶缫丝厂	丁丙、庞元济	塘栖	80

---

① 据《浙江丝绸史料》等资料综合。

② 根据汪敬虞编《中国近代工业史资料》第 2 辑下、《浙江丝绸史料》等资料记载综合制表。并参阅杜恂诚《民族资本主义与旧中国政府（1840—1937）》（上海人民出版社 2014 年版）附录。

这一时期，面粉厂、茶叶厂等食品加工类企业也开始出现。在国际茶叶市场的刺激下，19世纪末，温州茶商开始延聘徽帮茶司来温州指导出口茶叶生产，开办机器焙茶厂，催生了温州近代工业的发展。1895年前浙江没有机器面粉厂。1900年，浙江候补知府、信义洋行买办庄诵先在杭州拱宸桥附近开办利用面粉厂，使用机器磨面。该厂"专为兴利便民，因名为利用公司"①。这是浙江省机制面粉之始。

三、1900—1911 年民族工业发展小高潮

经过五年的努力，浙江民族工业在1900年后迎来了一个发展小高潮。光绪二十七年（1901）清政府实行新政，在经济上采取了所谓奖励工艺的措施。1903年，清政府设立商部（后改为农工商部），颁布了《奖励公司章程》等一系列发展工商业的规章条令。这些政策客观上为民族资本的发展提供了相对宽松的成长环境。浙江的一些官僚、地主、商人在"抵制外商，争回利权"的口号下，在杭州、宁波、绍兴等地掀起了开办实业的高潮。根据民国元年农商部调查，到1911年，浙江已有各类工厂2493家，其中知名的新式企业有112家。②这一时期开办的实业主要集中在纺织业、火柴业、电灯电力、农垦及一些日用品生产领域。

纺织业仍然是浙江民营资本投资的重要领域。在棉纺织方面，除了之前创办的"三通"外，宁波和丰纱厂也跻身于大纱厂行列。清光绪三十一年二月（1905年3月），宁波富商戴瑞卿等21人组建了和丰纺织股份有限公司（简称和丰纱厂）。纱厂有股份六千股，戴瑞卿一人占一千股，为最大的股东，并被推为总经理。厂址设在江东，占地80多亩，建筑面积12630平方米，其中车间占5684平方米，纱锭为11200枚。工厂聘请日本技师，选用美国机器，每月产纱一万包，所用原料为余姚棉花，其所产"荷峰"、"金财神"牌棉纱，质量匀称，色泽洁白，堪与日本纱"兰鱼"牌相媲美，产品销售省内及川、湘、鄂、桂等地，利润丰

---

① 汪敬虞编：《中国近代工业史资料》第2辑下，科学出版社1957年版，第709页。

② 参见叶建华：《浙江通史·清代卷》（下），浙江人民出版社2005年版，第12页。

厚。① 1910 年王笙甫以 10 万两资本在湖州创办公益丝厂，是为湖州第一家近代机器缫丝厂。

　　除纺织业外，这一时期火柴制造业、电力电灯业、日用品制造业，在浙江也得到了较快的发展。

　　开埠后，"洋火"一直是进口大宗商品。光绪二十五年（1899），慈溪曾开办过火柴厂，可惜不久就告破产。光绪三十三年（1907），宁波正大火柴厂正式开工投产。这一工厂最初是以教堂名义在宁波创办的，有一位传教司事姚方庭任经理，厂址位于教堂附近的宁波江北草马路姚江畔。当时，工厂规模较小，设备简陋，且大部分是手工操作，有工人 80 名，每月产量只有 300 箱（每箱 7200 小盒），所产火柴商标有"龙凤"、"教五子"、"枪猫"等。经过四年经营，因原料得不到正常供应，资金周转又出现困难，再加上教堂内部的矛盾，于 1911 年宣告停产。② 1913 年，留日学生徐惠生接管正大火柴厂，采用德、英及沪产原料，每年生产火柴 1500 箱，产品行销沪、杭、芜湖、福州、宜昌、温州、台州等地，才使该厂得以重生。③

　　这一时期，杭州也有一家火柴厂投产。清宣统元年（1909），赵志诚、冯畅亭等人开始筹办生产安全火柴的杭州光华火柴厂。1910 年 3 月，工厂在江干海月桥里街正式开工生产。这是杭州首家火柴厂。光华火柴厂为了垄断市场，在创办之初还向政府申请专利："于十年之内，凡上至肴严，下至嘉湖，行销范围之地，无论何处商人，不准于年限内添设火柴公司，以保资本。"④

　　在电力电灯业方面，杭州早在光绪二十三年（1897）曾有求是书院学生陆肖眉创办浙省电灯公司向衙署供电。1911 年（宣统三年）7 月，商办的大有利电灯

---

① 参见宁波市民建、工商联史料组：《宁波和丰纱厂的创建与演变》，见中国人民政治协商会议宁波市委员会、文史资料研究委员会编：《宁波文史资料》第 3 辑，1985 年；郑绍昌主编：《宁波港史》，人民交通出版社 1989 年版，第 256 页。

② 参见中华人民共和国杭州海关译编：《近代浙江通商口岸经济社会概况——浙海关、瓯海关、杭州关贸易报告集成》，浙江人民出版社 2002 年版，第 67 页。

③ 参见郑绍昌主编：《宁波港史》，人民交通出版社 1989 年版，第 257 页。

④ 《申报》1910 年 3 月 15 日。

股份有限公司正式建成发电，至此，杭州进入了电灯时代。[①] 宁波曾在 1897 年创办了电灯厂，以后也时断时续地开过几家电灯厂，但皆因各种原因，开办不久就停歇。[②] 光绪二十七年（1901）宁波又出现了一家电灯公司，"目的是为了给宁波城和江北岸的郊区供电"[③]，但不到几个月也宣告倒闭。宣统二年（1910），和丰纱厂筹资 10 万元开设和丰电灯公司作为其附属厂，向厂区供电。[④] 1914 年，拥有 15 万资本的宁波永耀电厂建成，并向北门地区开始供电照明。嘉兴地处上海与杭州中间，其领风气之先，不逊于其他开放口岸。1911 年，嘉兴永时电灯厂改为电灯公司，资本由 5 万扩大到 10 万，并向城区扩大供电范围。[⑤]

在日用品业加工方面，光绪三十年（1904）严信厚、汤仰高等集资 10 万元在通久源纱厂的厂地上建立了一家以蒸汽作动力的面粉厂 —— 通久源面粉厂。通久源面粉厂是浙江继杭州利用面粉厂后的又一家是机器面粉厂。该厂使用的发动机和其他机器均由一家英国公司提供，日生产能力 600 包，年产面粉近百吨。因所产面粉质优，市场销路曾一度看好。[⑥]

此外，满足百姓日常生活需要的榨油、造纸、肥皂、毛巾等厂也纷纷创建。清光绪三十二年（1906）九月，宁波绅士张玉成等 7 人集资 12 万元，在城区南门濠河创办通利源榨油厂。该工厂利用通久源轧花厂轧下的大量棉籽，生产棉油和棉籽饼。工厂有美国制造的榨油机 4 台，工人 100 多名，每天榨棉籽 10 万斤，产品畅销本埠及外埠。通利源榨油厂是浙江第一家机器榨油厂。[⑦]

同年，庞元济、庞元澄兄弟创办青城造纸厂在湖州投产，这是浙江第一家

①　参见陈梅龙、景消波译编：《近代浙江对外贸易及社会变迁 —— 宁波、温州、杭州海关贸易报告译编》，宁波出版社 2003 年版，第 253 页。

②　参见周时奋主编：《鄞县志》，中华书局 1996 年版，第 471 页。

③　《和丰纱厂史（1905—1989）》，内部未刊稿。

④　参见傅璇琮主编：《宁波通史·清代卷》，宁波出版社 2009 年版，第 230 页。

⑤　参见陈真、姚洛、逄先知编：《中国近代工业史资料》第 1 辑下，生活·读书·新知三联书店 1958 年版，第 53 页。

⑥　中华人民共和国杭州海关译编：《近代浙江通商口岸经济社会概况 —— 浙海关、瓯海关、杭州关贸易报告集成》，浙江人民出版社 2002 年版，第 13 页。

⑦　参见中国人民政治协商会议宁波市委员会文史资料研究委员会编：《宁波文史资料》第 6 辑，浙江人民出版社 1987 年版，第 176 页。

规模较大的造纸厂。次年，庞元济又联合湖州丝商吴少卿、顾敬斋、王亦梅，投资 61.60 万元，在上海创办造纸厂。庞元济等成为"上海新式造纸之鼻祖之一"，也开了"全国机制纸工业先河"。[①]

这一时期，比较有影响的日用品生产企业还有 1902 年创办的杭州洋烛厂、1905 年创办的杭州祥华肥皂厂等，它们的资本都在 5 万元以上。[②] 值得一提的是，温州的加工业在 1900 年后也有了明显的起色，且多引进外国技术。光绪二十九年（1903），温州第一家肥皂和毛巾厂在城内创设，"创此二业者为台州人，曾游历日本学习制造等艺"，"所制肥皂、毛巾，价较廉于外来之货，故人乐购之"。[③] 宣统元年（1909），毕业于日本工业专门学校食品制造专业的李墨西，在瑞安北门外本寂寺创办太久保罐头厂。李墨西亲自主管技术，同时还雇佣二名日本技工协助操作。[④]

四、民族航运业与现代金融业的创建

浙江自通商开埠以来，航运一直被外资垄断。甲午战争后，宁波商绅先后创办了外海商轮局（1895 年）、永安商轮局（1895 年）、志澄商轮局（1896 年），经营近海和内河航运。进入 20 世纪后，宁波商人又先后创办了永川（1903 年）、越东（1906 年）、中国商业（1907 年）、宁绍（1908 年）等轮船公司。这些轮船公司无论是资本、经营规模、还是航运范围都较前有质的飞跃。宣统元年（1909），中国商业轮船公司增资 50 万元将总公司迁至上海，并在宁波、烟台、海参崴等地开设分公司。[⑤] 虞洽卿等创办的宁绍轮船公司，轮船吨位有一两千吨，在与外国轮船公司、轮船招商局的激烈竞争中，不落下风。此外，杭州、温州、台州、绍兴、嘉兴等地也相继成立了民营轮船公司，或航行于外海，或行走在内河。总之，这一时期浙江民办航运业获得了长足发展的机会。据有关资料记载，从 1895 年到

---

① 上海市通志馆年鉴委员会编：《上海市年鉴》，中华书局 1937 年版。

② 参见许涤新：《中国资本主义发展史》第 2 卷，人民出版社 2003 年版，第 2 页。

③ 彭泽益编：《中国近代手工业史资料》第 2 卷，中华书局 1962 年版，第 336 页。

④ 参见政协瑞安市文史资料委员会编：《瑞安文史资料》第 21 辑，2002 年，第 3 页。

⑤ 参见国民政府交通部铁道部交通史编纂委员会编纂：《交通史航政编》第 2 册，上海民智书局 1935 年版，第 537、681 页。

1900 年，浙江商办航运公司资本在万元以上的就有 14 家，共有轮船吨位 5533 吨和 100 匹马力。[1] 这些民营航运企业作为民族资本的一部分，对于推动浙江民族工商业的发展做出了重要的贡献。[2]

浙江民族工商业的发展，催生了新式银行的诞生。1907 年 10 月 15 日，由浙江铁路公司发起建立的浙江兴业银行正式营业。浙江兴业银行，拟定的股本 100 万元，以先收 1/4 计 25 万元开业。总行设杭州，另在上海等地设分行。[3] 这是中国第一家商办银行，也是浙江省第一家银行，是当时中国最大的民族资本银行。

光绪三十四年（1908），浙江官钱局开办。浙江官钱局，又称浙江官银号，系官办地方金融机构，因总局设在杭州，故亦称浙江官钱总局。官钱局 50 万元开办资本全部由官府提供，因此就资本结构而言，为官办官有性质。官钱局的职能是"设值市银紧迫，可借官局以流通；公款艰窘，亦可以通缓急"[4]。也就是说，一是为了调剂本地市场的银根松紧，二是帮助地方官府筹措公款应对财政拮据。至于经营管理，按当时官府的说法则是"全仿商业银行钱庄成法妥办，不准稍袭官中习气"[5]。但官钱局开办不久，继任浙江巡抚增韫便二次上奏请将官钱局改为银行。宣统元年（1909）五月，清政府批准将浙江官钱局改组为浙江银行。[6] 浙江银行在资本股权结构上有政府资本（官股）和民间资本（商股）两种，规定"无论官股商股，同为浙江银行股东"。浙江银行共有股本 2 万股，每股计银 100 两，官商各占一半股，但实收资本仅为 1/4，即 54.20 万余两（5420 余股），其中官股 30 万两（3000 股），商股 24.20 万余两（2420 余股）。[7] 因此，浙江银行系"官商集股合办"性质地方银行。1915 年，浙江银行改组为浙江地方实业银行。

① 参见郑绍昌主编：《宁波港史》，人民交通出版社 1989 年版，第 215—216 页。

② 详见第三章第一节。

③ 参见陈真、姚洛、逄先知编：《中国近代工业史资料》第 1 辑，生活·读书·新知三联书店 1958 年版，第 797 页。

④ 《光绪三十四年四月初六日浙江巡抚冯汝骙片》，见中国第一历史档案馆编：《光绪朝朱批奏折》第 92 辑，中华书局 1995 年版，第 381 页。

⑤ 《光绪三十四年四月初六日浙江巡抚冯汝骙片》，见中国第一历史档案馆编：《光绪朝朱批奏折》第 92 辑，中华书局 1995 年版，第 381 页。

⑥ 参见杭州金融志编纂委员会编：《杭州市金融志（1912—1985）》，内部资料，1990 年，第 86—87 页。

⑦ 参见周葆銮：《中华银行史》，商务印书馆 1919 年版，第 25 页。

光绪三十四年八月（1908 年 9 月），四明银行正式成立。四明银行初名四明商业银行，后改名为四明商业储蓄银行，简称四明银行。该行是由在沪宁波商人袁鎏、朱葆三、吴基传、李厚垣、方舜年、严义彬、叶璋、周晋镳、虞洽卿 、陈薰等创议并筹资开设的私营商业银行，原始资本计 150 万两，总行设于上海。四明银行在上海成立后的第二年便在宁波设立分行。[1]

此外，还有杨鼎恩于 1908 年在海宁开办的资本为 30 万元的大通商业银行兼储蓄所，以及后来的镇海渔业银行等。[2]

晚清是近代中国发展转型时期，在西方的刺激下，中国经济逐渐从传统的自给自足农业经济向以机器生产为代表的近代工商业经济转变。浙江沿海开放较早，得开风气之先，在西力的影响下从 19 世纪年代 70 年代后民族企业有了较快的发展，但是由于近代化刚刚起步，浙江的民族工业在当时浙江社会经济中所占比例较少，其力量还是薄弱，同时又面临封建势力和西方资本主义的双重压迫，发展阻力很大，因而其发展从一开始就存在先天不足。

首先，力量弱小，工艺落后，资金难筹，抗风险能力差。自 19 世纪 70 年代以来，浙江的民族工商业在内外力的共同作用下有了不同程度的发展，但总的来说，企业的技术、工艺及管理水平都比较落后，企业的规模也比较小。如创办于1901 年的宁波顺记机器厂，资本只有五千元，工人依靠手工操作，主要为宁波进口的外国轮船修理零件。清政府虽然在税收上标榜"华洋一体待遇"，但实际上"洋货在其本国，大率免出口税，销之我国，完全轻之正税，其子口税名完而实免，分运熟货固如是，采购生货也然。外商货物，成本皆轻，是以制内商之生命而有余矣"[3]。如杭州通益公纱厂，虽领有公款，资本雄厚，但在 1900 年"因洋庄不通，掉转不灵，因而停工"[4]。又如，宁波的两家纱厂在1909 年由于产品销路与资金周转问题出现了关停。和丰纱厂"因棉花冬令价涨，所以利息也有所损"，而通久源纱厂则"只得勉强开销，未能获利"，结果两家纱厂先后在 7 月、9 月停

---

① 参见上海市档案馆藏：《四明银行档案全宗》，案卷号：Q279-1-119。

② 参见《商务官报》1909 年第 21 期。

③ 张謇：《拟请提议照约速定裁厘加税请秘密会议文》，《政闻录》卷 3，第 33 页。

④ 《中外日报》1901 年 5 月 15 日。

工，同时"本口（宁波）洋皂厂、洋烛厂、自来火厂，传云皆属亏本"。[①]

其次，民族工业的发展十分不平衡。从这一时期浙江近代工业发展的情况来看，地域较为集中，所办厂矿都集中在宁绍和杭嘉湖等水陆交通便利的地方。原因很简单，这一时期浙江所办的一些工厂，大多是缫丝、纺织、制茶和轧花等日常生活用品加工类企业。宁绍和杭嘉湖地区靠近上海，既容易获得原材料、技术，又便于产品销售。令人有点意外的是，开埠较早的温州在民族工商业发展上反而相对滞后。这主要是由于温州民族工业自诞生以来，资本一直缺乏，因而规模小、设备差。清代温州拥有巨资的大商人主要为客帮。从道光至民国初，经营钱庄、国药、南货、绸布、银楼、酱园等业的多为宁波商人所左右，有"无宁不成市"之说。所获利润，他们常于年节寄回老家，不愿在异乡投资实业。因此，温州民族工业的资金主要是来自中小商人。如最早创办裕成茶厂，是裕大南货行店员陆佑臣；后来肥皂厂、罐头厂的业主，也是来自留学归来的中小商人。温州直到 1913 年才出现棉织业工厂。

第二节　浙江新式商人群体的兴起

浙江地处中国东南沿海，面向辽阔的海洋，宁波、杭州、温州等自唐宋后就是我国对外贸易的重要港口，鸦片战争后又先后成为最早对外开放的地区，因而这里更多地受到海洋文化的影响，人们的商品意识、开放意识、金融意识远胜于其他地区。他们经营的航运、金融、丝织等传统行业，在欧风美雨的侵蚀和历史合力作用下，开始向新式的经营模式转化，成为近代中国的新式商人群体。

一、买办的崛起

买办，亦称通事或华经理，上海等地称之为康白渡（comprador）。他们"是

---

① 中华人民共和国杭州海关译编：《近代浙江通商口岸经济社会概况——浙海关、瓯海关、杭州关贸易报告集成》，浙江人民出版社 2002 年版，第 329 页。

在华外国行号的中国经理，在外国行号同中国人的交易中充当中介人"①。

中国最早一批近代买办，产生于广州公行制度时期的行商。鸦片战争以前，清王朝唯一向外部世界开放的城市是广州。当时垄断中外贸易的公行行商，既充当外商商品买卖的代理，还管理外人商馆内部的经济和其他事务，形成了早期的买办。鸦片战争后，随着公行制度被废，西方商人经营范围的扩大，作为中外贸易的中间媒介——买办，在外商集中的通商口岸出现并迅速发展起来。

上海因港而兴。鸦片战争后，上海迅速崛起，取代广州，成为中国最大的对外贸易口岸。

浙江毗邻上海，尤其是宁波，早在开埠前已与上海有紧密的海上往来。五口通商后，随着上海商机的不断涌现，海上交通日益便利，"宁波之商业，遂移至上海，故向以宁波为根据以从事外国贸易之宁波商，亦渐次移至上海"②。在这些人群中就产生了一批买办。到20世纪末，一个以上海为中心、活跃在各通商口岸，势力遍及全国各地的，以浙江宁波籍为主体的买办群体逐渐形成。

宁波籍买办早在上海开埠伊始就已经出现在上海滩。鸦片战争期间，宁波商人穆炳元在定海失陷时被俘。英国人"以其年少且习于琐务，即教以英语及普通学科"。后来，穆炳元随英国军舰来到上海，由于他已经会讲英语，颇得英国人信作，于是，"无论何人接有大宗交易，必央穆为之居间，而穆又另收学徒若干，教以外人贸易之手续法，以后外人商业愈繁，穆一人不能兼顾，乃使其学徒出任介绍"③。当然，从穆炳元当时的角色来看只是充当了近似于居间说合的掮客，他还不能说是严格意义上的近代买办，但这一事例本身就说明宁波商人在上海开埠之初就与西方商人建立了较为密切的关系，熟悉对外商贸手续，并受到外商信任。

从严格意义上讲，宁波籍最早大买办是杨坊。杨坊，鄞县人，"以通事奸商起家，致数百万"④。他原是宁波绸布店的店员，曾在教会学校学习英语，1849年到

---

① 〔美〕郝延平著，李荣昌等译：《十九世纪的中国买办——东西间桥梁》，上海社会科学院出版社1988年版，第1页。

② 《商务官报》1906年第12期。

③ 姚公鹤：《上海闲话》，上海古籍出版社1989年版，第61—64页。

④ 《筹办夷务始末（咸丰朝）》卷19，中华书局1979年版，第21页。

上海进入英商怡和洋行任买办，主管生丝和茶叶的采购。之后，镇海方氏家族也很快加入到对外贸易和买办行列。方仁照，镇海人，原本在上海从事茶、丝出口业务，19 世纪 50 年代起出任英商李百利洋行的丝茶买办。[①] 其弟方仁荣（1812—1865）、方仁孝（1823—1872）则协助其经营。

在宁波籍买办中，叶澄衷是其中较为著名的一位早期买办人物。叶澄衷（1840—1899），宁波镇海人，出自贫寒，自幼丧父，11 岁便入油坊做童工，14 岁时被同乡带其到上海法租界杂货店当学徒。叶澄衷 17 岁时在上海"掉扁舟来往浦江，就番舶贸易"，"益与外人习，渐通过其语言"。[②] 后来，遇美孚洋行"大班"，受其信任，即"延掌帐籍，已而迁华经理，十余年致巨富"[③]。

19 世纪 50—60 年代，以叶澄衷为代表的宁波籍买办逐渐兴起。当时，"宁波人之在上海交易者，多与夷人交好"[④]，已经成为仅次于广东籍的最大买办群体。李鸿章在同治二年（1863）曾言："广州、宁波商伙子北，佻达游闲，别无转移执事之路者，转以学习通事为逋逃数。"[⑤]

进入 19 世纪 80 年代后，更有一大批著名的宁波籍买办相继活跃在上海滩。如朱葆三、虞洽卿、邬挺生、王槐山、周宗良、刘鸿生、傅筱庵等，他们都是近代中国名噪一时的著名买办。其中，"五金大王"朱葆三是在自营慎裕五金店后才出任英商平和洋行买办。[⑥] 虞洽卿先是在德商鲁麟洋行任跑街，后升为买办。"烟草大王"邬挺生也经历了洋行职员、大班，再任英美烟公司买办的过程；周宗良则专为德商颜料行服务，担任德商谦信洋行总买办，被时人称为"颜料大王"。凡此等等，他们通过各种途经，担任了各国各业在沪洋行的买办，并由此垄断了相关行业的交易。

大致从 19 世纪 80 年代起，上海的宁波籍买办不仅在人数已经超过广东籍买办，

---

① 参见中国人民银行上海市分行编：《上海钱庄史料》，上海人民出版社 1960 年版，第 730 页。

② 洪锡范等修，王荣商等纂：民国《镇海县志》卷 27《人物传》，上海书店 1993 年版。

③ 沃丘仲子：《近代名人小传》，中国书店 1988 年版，第 111 页。

④ （清）段光清：《镜湖自撰年谱》，中华书局 2009 年版，第 192 页。

⑤ 《李文忠公全书·奏稿》卷 3《请设外国语言文字馆折》。

⑥ 参见宁波帮博物馆编：《朱葆三史料集》，宁波出版社 2016 年版，第 2 页。

而且在影响方面也已经开始超越广东籍买办。光绪十七年（1891），上海海关税务司裴式楷（R. E. Bredon）在贸易报告中明确指出，这一时期上海的买办已"主要来自宁波"①。而在"输入贸易方面，金属、燃料、棉布、棉纱、砂糖、机械、杂货等外国输入品之经营，数十年来，为宁波人绝对独占，有逐年增长之势"②。以美孚、亚细亚二公司煤油销售为例，其"十之六七"则由定海商人经销。③

当然，除了宁波籍买办，来自浙江其他地区的买办也不少。根据日本学者根岸佶对20世纪20年代90名上海著名买办籍贯的分析：浙江43人，江苏31人，广东7人，安徽5人，江西1人，不明3人。④浙籍买办大致占有47.8%比例。陶水木根据《上海工商人名录》、《上海总商会同人录》、《申报》等"散件资料"进行了统计，认为在沪浙江籍买办共有128名，且其中多数是20世纪前期就在上海任职的买办。⑤

在这些买办中，除宁波买办尤以湖州籍为多。如湖州大丝商陈竹坪和顾丰盛就是旗昌洋行在上海的总买办。顾丰盛，字成之，号春池，1860—1868年任旗昌洋行股东兼广东买办，是旗昌轮船公司货栈金利源的主要投资者。⑥陈竹坪不仅在旗昌洋行的轮船企业中投资，而且还投资琼记经营的轮船，1874年他在旗昌轮船公司的投资达到60万两。⑦除此之外，黄佐卿、莫觞清、杨信之等湖州商人分别担任过英商公和洋行、美商上海兰乐壁洋行、意商上海延昌恒洋行的买办。

浙籍买办除了在洋行任职外，还占有外资银行买办的"半壁江山"。同治四年（1865）英国汇丰银行在上海设立分行，其首任买办即为余姚人王槐山。余姚人王槐山早年在上海三余钱庄跑街，因曾资助过英商被聘为汇丰银行首任买办。后来，汇丰银行在王槐山的策划下，开始向中国钱庄拆放款项，不数年"银行获

①　徐雪筠等译编：《上海近代社会经济发展概况（1882—1931）》，上海社会科学院出版社1985年版，第21页。

②　陈真、姚洛、逄先知编：《中国近代工业史资料》第1辑，生活·读书·新知三联书店1958年版，第314页。

③　参见陈训正、马瀛等纂修：民国《定海县志》卷16《风俗》，台北成文出版社1970年版。

④　参见〔美〕郝延平著，李荣昌等译：《十九世纪的中国买办——东西间桥梁》，上海社会科学院出版社1988年版，第64页。

⑤　参见陶水木：《浙江商帮与上海经济近代化研究（1840—1936）》，上海三联书店2000年版，第390—405页。

⑥　参见汪敬虞：《十九世纪外国侵华事业中的华商附股活动》，《历史研究》1965年第4期。

⑦　《申报》1874年4月10日。

息无数，王亦骤富"①。王槐山也因此被同乡称为"快发财"。担任外国银行买办的还有：原籍宁波的许春荣 1889 年任德商德华银行买办，镇海人虞洽卿先后任鲁麟银行买办、华俄道胜银行买办、荷兰银行买办。此外，宁波籍朱鲁异任中法银行买办，客籍定海人朱之奎任日商三井银行买办，镇海人傅筱庵任美商友华银行买办等。

　　以宁波籍为代表的浙江买办不仅在上海控制半壁江山，在天津、汉口等重要通商口岸也颇有势力。

　　天津开埠后，以掮客为业者"通常都是宁波人"②。天津宁波籍买办势力的发展壮大始于王铭槐。王铭槐，鄞县人，光绪六年（1880）被叶澄衷派往天津老顺记任经理，因经营军火与李鸿章相识，并在李鸿章的支持下出任天津德商泰来洋行买办，继续经营军火、军装，兼营机械进口等业务，因此势力发展很快。后来，王铭槐还在华俄道胜银行天津行、天津和沈阳两地德商札和洋行充当买办，成为天津著名的四大买办之一。与王铭槐一样，天津的宁波买办大多是从上海前往天津任洋行买办的，如镇海人严蕉铭原来是上海美商旗昌洋行轮船买办，1882 年到天津后历任顺全隆、禅臣、锦华、立兴等洋行买办。叶星海原在上海美隆洋行任职，到天津后任兴隆洋行和永兴洋行买办。

　　汉口也是近代宁波商人重要活动中心之一。汉口地处华中，交通便利，1862 年开埠后，外商洋行纷纷建立，很快成为长江中游最重要的商埠。许多宁波商人看到商机来汉口经商，并任洋行买办。晚清时期，宁波籍买办在汉口的能量很大，以至外商在汉口的活动"完全依靠他们的广东或宁波籍买办的协助"③。如，余姚人宋仪章，早年在上海经营钱庄，后出任汉口义源钱庄经理，兼任汉口美国花旗银行买办；镇海人王柏年任汉口美最时洋行买办；鄞县人蔡永基任汉口华昌洋行买办等。他们都为当时汉口很有影响的买办。外商对宁波籍买办的才干亦尤为赞赏，认为宁波买办在"招徕货支和推销进口货方面，都具有决定的优势"，"同宁波人

---

① 《申报》1884 年 1 月 12 日。
② 聂宝璋：《中国买办阶级的发生》，中国社会科学出版社 1979 年版，第 15 页。
③ 〔美〕郝延平著，李荣昌等译：《十九世纪的中国买办 —— 东西间桥梁》，上海社会科学院出版社 1988 年版，第 216 页。

买办一起，便能很容易地做蜡、烟草等生意"。①

　　买办是近代中国的暴发户。他们除了向雇主"索取"薪水、佣金和其他合法收入外还以商人的名义经商致富。一旦担任买办很容易在相当短的时间内积累了巨额财富。据初步统计，仅 1842—1894 年买办的总收入（含买办和自己独立经商所得）约为 5.30 亿两。② 如果以此为准，按"上海买办人数约占居全国之半"，浙江籍买办占上海买办总数47% 左右估算③，仅仅甲午以前在沪浙江籍买办的总收入就有 1.18 亿两。可见，浙籍买办积聚财富之可观。

　　从事买办业成为以宁波商帮为中坚的浙江商人进行资本原始积累的重要途径。许多浙江买办致富后转而投资于近代工商业、金融业、航运业，使买办所积累的财富大多转化为民族资本。据不完全统计，在民族工业（1895—1913 年）和航运业（1890—1926 年）的投资中，买办占 12.46%，计 1500 万元，其中叶澄衷、虞洽卿、朱志尧、朱葆三等四位宁波籍买办商人的投资就接近一半，占 47.35 %。④

　　买办是旧中国半殖民地半封建制度的产物，在近代中国有着特殊的历史作用。他们作为洋行的雇佣者，依附于外商，成为外国资本对中国进行经济剥削和掠夺的工具，但这并非是买办的全部历史作用。他们在通商口岸所从事的"买办"工作，已经不再是小生产者之间交换的中介，而是国外工业品与中国农产品之间的国际贸易。这种贸易以前所未有的剧烈程度冲击着中国根深蒂固的自然经济形态，从而为商品经济的发展扫清道路。同时，由于在职业上与西方人保持着长期而亲密的联系，他们了解西方商人的价值观、行为方式，懂得有关国际贸易的事务，熟悉资本主义的经营方式，从而成为东西方之间的经济桥梁。所以，当他们在短期内积累巨额财富后，有许多买办便开始投资于近代工商企业，担当了新的生产关系建设者和旧的生产关系破坏者的角色，充当了"历史的不自觉的工具"。从这

① 〔美〕郝延平著，李荣昌等译：《十九世纪的中国买办 —— 东西间桥梁》，上海社会科学院出版社 1988 年版，第 216—217 页。

② 参见〔美〕郝延平著，李荣昌等译：《十九世纪的中国买办 —— 东西间桥梁》，上海社会科学院出版社 1988 年版，第 216 页。

③ 参见〔美〕郝延平著，李荣昌等译：《十九世纪的中国买办 —— 东西间桥梁》，上海社会科学院出版社 1988 年版，第 64 页。

④ 参见复旦大学历史系等编：《近代中国资产阶级研究》，复旦大学出版社 1984 年版，第 331 页。

个意义上讲，他们作为中国近代新式商人群体"对于近代中国的经济发展、社会变革和全面的文化移植起了战略性的重要作用"[①]。

二、宁绍钱帮的发展

钱庄是明末清初兴起的中国传统金融机构。清乾嘉年间，宁波、绍兴的钱庄业已经相当发达，一部分官宦世家、书香门第甚至弃学经商从事钱业经营。1925年，忻江明在《宁波钱业会馆碑记》曾称："吾闻之故老，距今百余年前，俗纤俭，工废着拥钜资者，率起家于商，人习踔远，营运遍诸路，钱重不可赍，有钱肆以为周转。钱肆必富厚者主之，气力达于诸路。"康熙六年（1667），慈溪、余姚人在北京创建了银号和钱庄业行会组织"正乙祠"。[②] 接着又在北京创办了北京著名的"四恒"钱庄：恒利、恒兴、恒和、恒源。"四恒"钱庄多数由慈溪人投资。[③] 乾隆年间，宁绍商人开始重点经营上海的钱庄业，并迅速成为上海钱庄业最有势力的一股力量。

上海的钱庄业，一般认为"肇始于乾隆年间"。其时有绍兴籍商人在上海经营柴炭店并兼营货币存放业务。此后，许多商人相继仿效，渐成上海钱庄一业。宁波商人是开埠前后登陆上海滩钱业经营的主力。19世纪30年代，镇海人方仁照（1808—1858），字润斋，在上海南市开办了南履龢钱庄和同裕钱庄。[④] 之后，镇海小港李氏家族、鄞县秦氏家族、上虞陈春澜家族、慈溪徐庆云家族、绍兴孙（直斋）家族、镇海严（如龄）家、宁波薛（文泰）家，以及宁波籍的湖州许氏（春荣）家族，先后在上海开设钱庄。宁绍帮由此成为上海钱业势力最大一帮。钱业领袖秦润卿（慈溪人）曾说："论者谓上海之钱业，自筚路蓝缕，开辟草莱，迄于播种耕耘收获，无时无地莫不由宁绍两帮中人之努力为多。"[⑤]

---

① 〔美〕郝延平著，李荣昌等译：《十九世纪的中国买办——东西间桥梁》，上海社会科学院出版社1988年版，第258页。
② 参见李华编：《明清以来北京工商业会馆碑刻选编》，文物出版社1980年版，第11页。
③ 参见陈夔龙：《梦蕉亭杂记》卷1，北京古籍出版社1995年版，第15页。
④ 参见中国人民银行上海市分行编：《上海钱庄史料》，上海人民出版社1960年版，第770页。
⑤ 秦润卿：《五十年来上海钱庄业之回顾》，见中国通商银行编：《五十年来之中国经济》，台北文海出版社1974年版，第70页。

宁波人最初在上海主要从事商业、沙船运输业，之后向钱庄业集中。镇海方家与李家就是典型例子。

19 世纪 30 年代，方仁照家族到上海经商，起初经营粮食买卖，后又开设糖行、丝号，并在南市开设了兼营卜布、杂货的南履酥钱庄（后改名号为安康钱庄）。上海开埠后，方家又在北市设立北履酥钱庄（后改组为寿康钱庄），专营钱庄业务。以后方家陆续在上海、宁波、杭州、汉口等地开设钱庄 30 多家，每家钱庄的股本 2 万—4 万两。光绪三十四年（1908），方家开设的赓裕钱庄设立，资本有 6 万两，这在当时钱庄中算比较大的了。方氏家族前后在上海开设钱庄 15 家，还在汉口设同康钱庄，成为世人瞩目的钱庄家族[①]，类似的经历还有镇海小港李家。道光元年（1821），小港李家创业人李也亭（1807—1867）赴上海谋生。他先在南市曹德大糟坊学习经商，后开设船行当老板，经钱业界同乡赵朴斋融通资金，掘到头桶金，于是筹资创办了慎余、崇余、立余等多家钱庄。

上海被正式辟为通商口岸后，钱庄很快适应了对外贸易的需要获得发展。敏锐的宁绍商人把经营重心开始转向上海，他们以上海为大本营，源源不断地加速倾注资本和力量，使上海渐成宁绍商人最重要的钱业据点。1862 年（咸丰十一年）12 月，太平军攻克宁波，宁波钱业公所被毁，钱庄、商铺大多停业。在此期间，宁波的大批富商携大量资本避居上海租界，上海的钱庄得到了前所未有的发展。据统计，光绪十九年（1893），上海南北市共有 82 家钱庄，其中宁波商人（含时属绍兴府的余姚）所开的就有 22 家，占 26.83%；1912 年底上海南北钱庄仅存 28 家，资本 110.80 万两，其中甬籍 11 家，资本 51.4 万两，所占比重分别为 39.29% 和 46.39%，几及上海钱庄业家数和资本之半。[②]

19 世纪下半叶至 20 世纪初，上海拥有 4 家以上的有 9 个钱庄资本集团。在这九家钱业资本集团中，宁波人就占了 5 家，即镇海方家（方家堂）、镇海李家（李也亭）、慈溪董家（董棣林）、镇海叶家（叶澄衷）、鄞县秦家（秦君安）。宁波钱庄凭借雄厚资本实力，已执上海钱业之牛耳，撑起了上海钱业的半壁江山。

---

① 参见中国人民银行上海市分行编：《上海钱庄史料》，上海人民出版社 1960 年版，第 731—733 页。

② 参见宁波金融志编纂委员会编：《宁波金融志》第 1 卷，中华书局 1996 年版，第 81 页。

　　绍兴钱庄在上海本来就具有较大的优势。上海开埠后，其发展也十分迅速。到 19 世纪末 20 世纪初，陈春澜（上虞）、经芳洲（上虞）、屠云峰（上虞）、陈一斋（上虞）、刘杏林（上虞）、陈乐庭（绍兴），以及时属绍兴府的余姚人王冥生、胡小松、谢纶辉等，都是上海钱庄业起伏发展过程中涌现出来的钱业领袖人物。他们与宁波籍钱庄领袖一样，是"备孚人望"上海钱业界闻人。①

　　随着钱庄的日益壮大，为了联络同业，扩大影响，上海的宁绍商人还创建了上海南市钱业公所和北市钱业会馆。南市钱业会建于光绪九年（1883），地址在东门外里施家衕；北市钱业会馆建于光绪十五年（1889），馆址设在塘沽路。北市钱业会馆完全由宁绍商人发起兴建，其"创事者，余姚陈淦（即笙郊）；董役者，上虞屠成杰（即云峰），余姚王尧阶（即冥生）、谢纶辉，慈溪罗秉衡、袁鎏（即联清），鄞县李汉绶（即墨君）"②。他们掌握了该会馆的领导权，在北会馆24名历任董事中，浙籍占16人。③由于当时上海的钱业重心已由南市移至北市，北市钱业会馆实际上已经成为上海钱业的业务协调中心和领导中心。

　　1917 年，经南北协商，南公所与北会馆合并，组成了上海钱业公会，秦润卿担任会长。他对宁绍商人对上海钱业发展的贡献做了客观的评价，称"在清季叶，钱业中之宁帮领袖，初有赵朴斋、张宝楚、庄尔芬、冯泽夫诸君，继有袁联清、李墨君；绍帮中初有经芳洲、胡小松诸君，继有陈笙郊、屠云峰、王冥生、谢伦辉诸君，皆一时人选，备孚人望"④。

　　上海是以宁绍商人为代表的浙江商人最重要的钱业据点。在上海钱庄业发展的同时，浙江本省的钱庄也得到了快速的发展。

　　宁波开埠后，钱庄业与商业都得到相当发展。据统计，同治三年（1864），宁波有和源、恒丰、养和等 36 家钱庄，到同治六年（1867）又新开了祥源、益康、义生、谦益、永康等 7 家钱庄。19 世纪 80 年代后，在宁波开设的 22 家钱庄与上海、杭州、绍兴等地都有直接的金融联系。洋货进入宁波后，利用钱庄汇

---

① 参见中国人民银行上海市分行编：《上海钱庄史料》，上海人民出版社 1960 年版，第 770 页。

② 上海博物馆图书资料室编：《上海碑刻资料选辑》，上海人民出版社 1980 年版，第 401 页。

③ 参见陶水木：《论浙江帮钱业集团》，《史林》2000 年第 1 期。

④ 中国人民银行上海市分行编：《上海钱庄史料》，上海人民出版社 1960 年版，第 770 页。

票的便利，循着绍兴、金华、衢州水路销往内地，遍及整个浙西地区，并再向西延伸，进入赣东和皖南。[①] 截至清末，宁波共计有较大类钱庄（大小同行）约六七十家。[②]

绍兴当地的钱庄业不及宁波发达，但在经济中仍占有相当地位。咸丰年间（1851—1861），仅董庆章一家就先后在绍兴开设镒源、镒康、明记三家钱庄。在绍兴商品生产和流通比较发达的农村集镇大多设有钱庄。光绪十二年（1886），仅山阴、会稽两县就有钱庄42家，到1922年绍兴尚有大中小同行钱庄共五六十家。[③]

省城杭州的钱庄业也比较发达。19世纪70年代初，浙江富商胡光墉名下的阜康银号在宁波、上海、杭州、镇江等地都设有分号，经营各地间的金融往来。19世纪末，杭州有钱庄20家，经营的区域范围涵盖全省，也包括上海和苏州，"主要业务为贷款给信誉好的丝厂或米行"，另外，日升昌、源丰润钱庄是"两家是本省最大的钱庄，他们开展各种业务，并在全国各地设有分行"。[④] 杭州的钱业在清末达到"最兴盛时期"，计有"钱庄59家，现兑庄和兑换店百余家"[⑤]，其金融业务几乎"全赖钱庄业以为周转"[⑥]。

相对来说，晚清浙江钱庄业最为发达的地区还是在宁波。这主要鉴于以下几个方面的原因：

一是宁波开埠早，商业往来更为频繁。宁波开埠通商后，外商洋行纷纷设立，洋纱、洋布、煤油及家用杂器开始充斥市场，而"丝茶绸布等业，皆需预放乡账，待收成后，始取货偿本，倘业主无钱庄放款，势必野尽游民，工多失业，关系之巨，何可胜言！"[⑦] 因此，在新式银行产生以前，宁波钱庄几乎要单独承担协助外国

---

① 参见严中平主编：《中国近代经济史（1840—1894）》，人民出版社2001年版，第871页。

② 参见《宁绍钱业之今昔观》，《中行月刊》1923年第7卷第3期。

③ 参见张咸焕：《绍兴钱业调查》，《钱业月报》1922年第2卷第2期。

④ 陈梅龙、景消波译编：《近代浙江对外贸易及社会变迁——宁波、温州、杭州海关贸易报告译编》，宁波出版社2003年版，第236页。

⑤ 杭州市地方志编纂委员会编：《杭州市志》第5卷，中华书局1997年版，第133页。

⑥ 姜卿云编：《浙江新志》上卷，杭州正中书局1936年版。

⑦ 上海经世文社辑：《民国经世文编》，北京图书馆出版社2006年版，第4809页。

洋行推销洋货、搜罗土产的金融周转任务。五口通商后，宁波商人在对外进出口贸易上积累起来的财富，又为钱庄提供了雄厚的财力支持。宁波商人依托上海，近代上海商务繁兴，需款多，放款利息高，通常一家钱庄每年可以获利1.20万—1.30万元。[①] 因为获利可观，所以有许多从事买办和对外贸易发家致巨富的商人也纷纷投资于钱庄业或扩大钱庄业的经营，如镇海方氏、叶氏、秦氏等家族，都在经营洋货、充当买办发家后投资钱庄。

二是相比于绍兴，宁波钱庄不仅资本实力雄厚，而且更注重投资。绍兴帮钱庄开设家数在某一时期可能多些，但它们的资力、规模要略逊于宁波帮钱庄。在上海的宁绍帮钱庄商人中，宁波帮和绍兴帮略有区别，"各庄股东，当时绍帮诸庄，大都为别帮资本家所投资；宁帮则本帮资本家投资者比较略多，盖当地人士之财力不同使然"[②]。宁波商人在外创业成功后很注重投资钱庄等金融行业，"在宁波开设的钱庄，都有声望卓著的大老板做背景。较大的钱庄股东，有三七市董家、半浦郑家、镇海十七房郑家、王家墩林家、洋墅徐家、柏墅方家、任成李家、腰带河头秦家、江东严家、湖西赵家。嗣后又有颜料帮周宗良等，都是钱庄业的大后台。这些声势煊赫的家族，都有雄厚的田产、商店和资金"[③]。宁波钱庄有这些富商巨族庄东为后盾，自然提高了实力和抵御风险的能力。由于宁波商人在外做生意的人很多，所以每到年终，"烟囱款"从外埠纷纷汇入。这些钱除了小部分用于日常的生活消费外，大部分被存入当地的钱庄，这就使得宁波的钱庄业实力比较雄厚，成为"经济之总枢，占社会最重要之地位，方其盛时，势力直沪汉各埠"[④]。

三是宁波钱庄较早施行了过账制度。所谓过账，就是各业商人间的各种商业活动，不以现款结账，而是由相关的钱庄通过过账方法完成账款的清算和资金的转移。嘉道年间，宁波成为南北洋和长江一带的水运中枢，巨额的商品交易带来频繁的资金收付，而制钱价值量低，银元、银两又不足，因此钱庄开始签发庄票，并逐渐在19世纪20年代形成过账制度。

---

① 参见《申报》1875年11月11日。

② 潘子豪：《中国钱庄概要》，台北文海出版社1987年版，第155页。

③ 茅普亭：《宁波的钱庄》，见朱向农主编：《浙江文史大典》，中华书局2004年版，第601—602页。

④ 张传保等修，陈训正等纂：民国《鄞县通志·食货志》，上海书店1993年版。

上海钱庄在票据清算上实行汇划制，但当时的汇划手续却十分繁杂。它要求彼此间对应收付的票据派员带一本汇划草簿相互进行划拨，余数部分则用现银解送进行清算。这种原始的方式手续繁杂，也不安全。而宁波钱庄的过账制度，"凡有钱者皆愿存钱于庄上，随庄主略偿息钱，各业商贾向庄上借钱，亦略纳息钱，进出只登账簿，不必银钱过手"，当地商人"向客买货，只到钱庄过账，无论银洋自一万，以至数万、十余万，钱庄只将银洋登记客人名下，不必银洋过手"。[①] 可见，过账制度较之汇划制，更节省货币，更便利流通。宁波钱庄因此也成为著名的"过账码头"。

鸦片战争后，随着通商口岸城市经济结构和功能的转型，包括买办在内的许多新式商人加入钱庄业，从而促使整个行业开始由守旧型向进取型的方向转化。

在上海，许多浙江商人集新式工商业主、买办、钱庄老板于一身。原籍宁波的湖州商人许春荣（1839—1910）是买办世家。他是在经营钱庄已有起色的情况下充当买办并继续经营钱庄的。许家除与同是著名买办家族的镇海叶澄衷家族合伙开设余大、瑞大、志大、承大四家大钱庄外，还与他人合开了宏大、正大钱庄，以及杨庆和福记银楼。[②] 其他如朱葆三、刘鸿生、周晋镳、虞洽卿、朱志尧等买办中的头面人物也大都如此。买办投资于钱庄业，为钱庄注入了新鲜血液，促使整个钱业系统发生了某些新的变化，从而加速了钱业经营的转型。

19 世纪 60 年代末，买办采用了"拆票制度"。"拆票制度"就是外商银行通过买办向钱庄提供短期贷款。这样钱庄可以通过向西方在华银行拆借款项，扩大经营规模和业务范围，由过去银钱兑换，发展到存款、放款、汇兑。与之相对应的是，钱庄也通过发行中外双方所认可的庄票扩大资金流通。庄票"全市通行，视同现金，凡向洋行出货，银行买汇，以及各种交易之交割，莫不规定须以汇划庄庄票为之"[③]。

这样，钱庄通过买办向外商银行以拆借的形式取得短期贷款，缓解了自身资

---

① （清）段光清：《镜湖自撰年谱》，中华书局 2009 年版，第 122 页。

② 参见中国人民银行上海市分行编：《上海钱庄史料》，上海人民出版社 1960 年版，第 744 页。

③ 秦润卿：《五十年来上海钱庄业之回顾》，见中国通商银行编：《五十年来之中国经济》，台北文海出版社 1974 年版，第 79 页。

金不足的难题。钱庄通过发行庄票扩大了资金流通，增加了在金融业中的信用，从而使其在金融市场的地位逐步提高，资本得到很快的扩展。到 20 世纪 20 年代的时候，上海钱庄的资本约占全部银行资本的 22.50%。[①] 从这个意义上说，买办不仅是中外贸易的桥梁，而且是中国钱庄与外商连接的纽带。

钱庄可以说是中国土生土长的银行，钱庄业的兴起和发展不仅为钱业本身的发展培养了不少人才，而且为中国新兴民族银行的兴起提供了必要的人才。民族银行兴起后，有不少宁绍籍金融家投身于民族银行的创建，如秦润卿、宋汉章、朱葆三、孙衡甫等，他们曾或任钱庄经理，或为钱庄股东。

三、湖商的兴起

湖州地处太湖南滨，毗邻杭、徽、苏、嘉。这里气候温和，地势平坦，湖河港汊，纵横密布，水质清洁，土质丰腴，适宜蚕桑，自古便有"丝绸之府"的美誉，产于南浔镇的辑里湖丝更是闻名遐迩，成为浙江优质丝的代名词。湖州蚕丝业的发展孕育了一批城镇，也造就了大批专业商人。这些商人在广州一口通商时期就经广州公行与洋商贸易。上海开埠后，则直接将"辑里丝乃运沪直接销与洋行"[②]。

南浔和上海之间的交通便利。走陆路，两地相距仅仅一百多公里；走水路，有运河可以直航，仅需"花五六元就可雇一条小船运 80 到 100 包生丝到上海"[③]。由于运输费用降低，成本下降，湖丝在国际市场上的竞争力加强，出现了争相竞购的盛况："小贾收买交大贾，大贾载入申江界，申江番国正通商，繁荣富丽压苏杭，番舶来银百万斗，中国商人喜若狂。"[④] 据统计，湖丝几乎要占上海开埠初期生丝出口的一半以上。1844—1847 年经上海口岸出口的 58773 包生丝中，辑里湖丝有 32365 包，占 55%，名列全国之首；四年的出口量分别占当年总出口量

① 参见唐传泗、黄汉民：《试论 1927 年以前的中国银行业》，见中国近代经济史丛书编委会编：《中国近代经济史研究资料》第 4 辑，上海社会科学院出版社 1985 年版，第 82 页。

② 中国经济统计研究所编：《吴兴农村经济》，文瑞印书馆 1939 年版，第 122 页。

③ 周礼国：《关于上海生丝贸易的报告》，《北华捷报》1850 年 11 月 16 日。

④ 〔清〕温丰：《南浔丝市行》，见南浔镇志编纂委员会编：《南浔镇志》，上海科学技术文献出版社 1995 年版，第 400 页。

的 45%、49.50%、53.30%、63.30%，并呈现出逐年增加的趋势。①

大利所在，趋之若鹜。一些湖州丝商以上海开埠为契机，利用地缘和业缘优势，贩丝沪上，崛起于上海滩，尤其在南浔镇形成了世人瞩目的豪富阶层——"四象、八牛、七十二狗"丝商群体。世人瞩目的豪富阶层。所谓"四象八牛七十二金狗"是时人以"象"、"牛"、"狗"身躯的大小来形容南浔丝商财富多少。财产达百万以上者称之"象"，五十万以上不过百万者称之"牛"，在二十万以上不达五十万者则称之为"狗"。虽说这只是一种民间说法，但湖州商人的财富之巨却是不争的事实。据传"四象"之首刘镛的财富多达两千多万两白银。张謇在《南浔刘公墓志铭》中曾对南浔丝商的财富有过记述："累巨万之家以十数计，巨万百计，万者不可胜原。"②

当时，湖州丝商几乎控制了上海的生丝贸易。他们在乡村设丝行，在上海开丝栈，不少丝商还担任"丝通事"——买办，在上海商界颇具影响。《南浔志》说："道光以来，湖丝出洋，其始运至广东，其继运至上海销售。南浔七里所产之丝尤著名。出产既富，经商上海者乃日众。与洋商交易，通语言者，谓之通事；在洋行服务者，谓之买办。镇之人业此因而起家者亦正不少。"③

上海开埠后最早经营辑里丝的丝栈大多为湖州商人。被称为"四象"之一的顾福昌在上海开埠不久就"薄游沪上"，在沪浔两地分别开设顾丰盛丝行、寿泰丝栈，"首先经理夷务"，成为上海开埠后最早经营生丝出口业的华商之一。④ 被称为"八牛"之一的陈熙元于 19 世纪 50 年代初至上海，不久成为著名的"丝通事"，同时在南浔开设裕昌丝行，上海开设裕昌丝栈。另外，陈竹坪、金桐等长期在上海营丝，能晓西语，商业上也很有成就。

湖州丝商从 19 世纪六七十年代在上海滩崛起，到 20 世纪前后进入鼎盛时期。据统计，1876 年上海共有丝栈、丝号 75 家，其中湖州丝商开设的就达 62 家之

---

① 参见姚贤镐编：《中国近代对外贸易史资料（1840—1895）》，中华书局 1962 年版，第 579 页。
② 张謇：《南浔刘公墓志铭》，《张謇全集》第 5 卷，江苏古籍出版社 1994 年版，第 389 页。
③ 周庆云纂：《南浔志》卷 24。
④ 周庆云纂：《南浔志》卷 21。

多^①，在当时最大的出口商业中稳居执牛耳地位。

湖州商人群体在立足上海、重点投资丝绸业的同时，还致力于经营领域的拓展，在缫丝业、金融业、盐业、房地产等领域进行了广泛的投资。

近代机器缫丝业是湖州商人投资的重点。光绪七年（1881），买办、上海丝业公所主持人之一、湖州丝商黄佐卿在上海筹建了公和永丝厂。黄佐卿（1839—1902），名宗宪，曾在丝行当过学徒，太平军进军浙江时随家移居上海，入英商公和洋行当买办。在代理外商购办生丝期间，黄佐卿深知土丝质量及获利远不如机缫丝，便于 1881 年投资 10 万银两在北苏州路建造公和永缫丝厂（又称祥记丝厂）。这是上海华商开设的首家机器缫丝厂。[②]

在黄佐卿的倡导下，上海华商机缫丝厂迭兴。湖州商人杨信之、沈联芳相继开办延昌恒、恒丰和振纶洽记缫丝厂。据统计，至甲午前上海 8 家华商丝厂中，湖州籍商人开办的占 3 家，丝车占 40%。[③]光绪三十三年（1907），湖州买办丝商莫觞清创办上海久成丝厂。莫觞清认为"与其以原丝出口，远不若以制成品出口之有裨国计民生"[④]。他创办的久成丝厂业务发展很快，到1914 年已经发展为有五个分厂，年产丝 2000 担，雇用工人 3700 人的机器缫丝集团。

在本省，南浔庞氏家族庞元济联合杭州富商丁丙，在 1895 年、1896 年投资创办了杭州世经丝厂和余杭塘栖大纶丝厂。另一湖商周庆云开设虎林丝织公司，并不断革新技术，易木机为铁机，改人力为电力，引领"杭垣风气大开，大小绸厂先后成立，盖数百家云"[⑤]。另外，被称为"八牛"之一的周湘玲也开办了杭州天章丝厂和湖州模范丝厂。[⑥]

---

① 参见（清）葛元煦：《沪游杂记》，上海古籍出版社 1989 年版，第 80—81 页；朱从亮主编：《南浔新志》（油印稿），第 28 页。

② 参见汤肯堂：《黄佐卿》，见孔令仁、李德征主编：《中国近代企业的开拓者》（下），山东人民出版社 1991 年版，第 422 页。

③ 参见徐新吾主编：《中国近代缫丝工业史》，上海人民出版社 1990 年版，第 141 页。

④ 徐新吾主编：《中国近代缫丝工业史》，上海人民出版社 1990 年版，第 196 页。

⑤ 周健初：《梦坡公年谱》（未刊稿）。

⑥ 参见林黎元：《四象八牛——南得丝商十二家族》，见浙江省政协文史资料研究委员会编：《浙江籍资本家的兴起》，浙江人民出版社 1986 年版。

　　湖商还参与民族纱厂的筹办。光绪二十一年（1895），黄佐卿招股 28 万元资本在上海创办了裕晋纱厂。该厂起初发展顺利，后因周转资金不足，于 1902 年被日本三井洋行盘购。这是"华资纱厂不胜外商银行的势力而被迫拍卖的第一家，也是华资纱厂卖与外商经营的第一家"[①]。在黄佐卿的裕晋纱厂开工不到两年，庞元济与丁丙又筹款 40 万两在杭州创办了通益公纱厂。通益公纱厂所用机器多向国外订购，拥有纱锭 15000 多枚，工人 1200 余人，是当时浙北地区最大的近代企业。[②]

　　湖商在投资缫丝业、纺织业的同时，把更多的资金投向旧式金融、房地产，以及盐业等领域。刘镛经营丝绸致富后，在上海、湖州等地开设当铺达 29 家之多。"四象"之一张颂贤家族所开的当铺店也有 10 余家。庞氏家族在上海经营丝业致富后便"挟资归里，买田宅，设典肆"[③]。南浔"八牛"之一的邢赓星家族对典当业最为热衷。邢氏一家是南浔富商中开设典当最多的家族，所开 30 余家典当铺遍及上海、南浔、太仓、海宁、海盐、平湖及苏北等地。此外，南浔邱家也在湖州开有晋隆、启泰等一批典当铺。除典当业外，也有一些湖商从事钱庄及现代金融业的投资，如朱五楼、许春荣等。许春荣与上海宁波籍巨商叶澄衷合资，开办了余大、志大、瑞大、承大四大钱庄。光绪三十三年（1907），南浔"四象"刘家、张家参股创办了浙江兴业银行，为修筑沪杭甬铁路筹措资金。刘锦藻还曾任浙江铁路公司副理。

　　房地产也是湖商最热衷于投资的行业之一。根据郝延平记载，早在 1862 年陈竹坪就已在英美租界拥有一半以上的房产。[④]这些大大小小的湖商将经营丝业所得财富用于房产的购置，并从中获得丰厚的收入。以刘家为例，仅刘家第四房就在上海出租房屋 700 多栋，房租收入达到每月 5 万元以上。上海公共租界中心区福州路、广西路一带 10 余条里弄，包括著名的会乐里、会香里、洪德里、怡德里等

①　严中平：《中国棉纺织史稿》，科学出版社 1955 年版，第 143 页。
②　参见陈真、姚洛、逄先知编：《中国近代工业史资料》第 2 辑，生活·读书·新知三联书店 1958 年版，第 691 页。
③　周庆云纂：《南浔志》卷 39。
④　参见〔美〕郝延平著，李荣昌等译：《19 世纪的中国买办——东西间桥梁》，上海社会科学院出版社 1988 年版，第 122 页。

里弄住宅都是刘家产业。① 刘家还在杭州、扬州、青岛、汉口、长沙、南通、青浦、湖州、上虞投资房产，仅登记在册的义庄也达一万亩。②

此外，湖商还参与盐业的经营。南浔刘家曾开设扬州盐场，经营淮盐。张颂贤、周庆云家族则在上海设总管处，合营浙盐。

湖商，是中国近代商人群体的统称。他们祖籍湖州，活跃于上海、苏州、杭州、湖州等地的工商业界。在他们身上既可以看到中国传统商人的影子，也能看到近代中国民族资产阶级的特性。他们从经营湖丝起步，在从事对外贸易的过程中逐渐壮大，积累了巨额财富，并将一部分资金投资于机器缫丝业和棉纺织业，促进了传统的作坊式丝绸手工业向近代化丝绸工商业的过渡，为民族工业的发展做出了重要贡献。但他们又将大量的资金投入到典当、房地产以及盐业的经营，使其经商的模式仍在传统的框架内延续，缺乏风险抵御能力。

进入清末民初后，随着日本缫丝业的崛起，国际市场人造丝业流行，"前之受我国供给者，今且输入我国，岁数百万"③。面对变革的市场，他们并没有相应的技术革新和应对措施。湖商因丝而兴，亦因丝而衰。正如湖籍有识之士邱培豪所说："湖州人致富的由来，大都靠着丝业，其次为田地、典当和钱庄。现在丝价惨跌，田地已不值钱，典当、钱庄大有岌岌不可终日之势。"④

第三节　宁波商帮的近代转型

宁波商帮，通常被称为"宁波帮"、"甬帮"或"宁帮"，主要是指旧宁波府鄞县、镇海、慈溪、奉化、象山、定海六县在外地经营的商人和企业家群体。它

---

① 参见朱剑城：《旧上海的华籍房地产大业主》，见中国人民政治协商会议上海市委员会文史资料委员会编：《旧上海的房地产经营》(《上海文史资料》第 64 辑)，上海人民出版社 1990 年版，第 15 页。

② 参见林黎元：《南浔的"四象八牯牛"》，见政协湖州市文史资料委员会编：《湖州文史资料》第 4 辑，1986 年，第 55 页。

③ 《浙江公报》，咨，第 1671 号，1916 年 11 月 7 日，浙江省档案馆藏。

④ 邱培豪：《湖州人今后应投资在哪里？》，《湖州月刊》第 6 卷第 8 号。

形成于明末清初，崛起于晚清，成为近代中国第一大商帮。宁波帮商人是江浙财团的中坚力量，它以上海为主要活动区域，在天津、汉口等大商埠影响也较大，商业活动涉及全国有关地区，对近代中国经济及社会的发展产生了重要的影响。

　　鸦片战争前，宁波商帮已经在北京、东南沿海、长江流域等区域有了相当的发展。明末天启、崇祯年间，宁波商人就在北京建立了鄞县会馆；清嘉庆二年（1797），在沪宁波商人以浙东四明山为名，建立了上海四明公所。[①] 当时的上海已经不是一个小渔村。随着漕运改走海路，襟江带海的上海已经发展成为海舶云屯，商贾辐辏的重要商埠。随之，宁波人到上海来经商与劳动的日益增多。到 19世纪初，宁波商人在沪的经营范围已经涉及沙船、钱庄、糖、银杏、绸布、药材、海产及南北货等行业。有些商人的经营规模和影响已经很大，如镇海商人胡允善（1771—1826）"少贫以贾直家，身居吴门而愁迁，列肆半天下"[②]。

　　宁波与上海仅一苇之遥。鸦片战争后，上海内外贸易发展迅速，很快取代广州成为我国最大的贸易口岸，大批宁波人开始到上海经商谋生。到 19 世纪 50 年代初期，在上海的宁波商人已达 6 万人，以后人数更是急剧增加。近人董启俊说："上海居民中，宁波人占有相当大比例，在清末估计已达 40 万人"，接近当时上海三分之一人口数。[③] 他们当中，既有地主、商人，也有破产的农民、手工业者、城市居民、苦力者。一些人成为外商雇用金融买办或贸易买办；一些人则通过经营南北洋的埠际贸易，以及钱业、五金、丝棉、颜料、银楼、海味、粮油、钟表等成为商业巨子。他们通过各种途径，在纷乱变革的半殖民地半封建的社会经济中急剧崛起，形成具有明显地域特色的商业群体。他们转战上海及各地商埠，从沙船业到轮船业，从传统钱业到现代银行业，并积极投身于工商实业，力量逐渐壮大，完成了从传统商人到近代新式商人的转型，发展成为江浙资产阶级的一支

①　参见林树建：《"宁波商帮"的形成及其特色》，见浙江省政协文史资料委员会编：《宁波帮企业家的崛起》（《浙江文史资料选辑》第 39 辑），浙江人民出版社 1989 年版，第 4 页。

②　〔清〕徐时栋：《烟屿楼文集》卷 9《胡引之谱传》，上海古籍出版社 2010 年版；另见洪锡范等修，王荣商等纂：民国《镇海县志》卷 27《人物传》，上海书店 1993 年版。

③　董启俊：《宁波旅沪同乡会》，见政协宁波市委员会文史资料研究委员会编：《宁波文史资料》第 5 辑，1987 年；宣统二年（1910）上海人口为 128.9 万，参见《上海通志》第 3 卷《人口》。

举足轻重的力量。孙中山先生曾为此赞叹："凡吾国各埠，莫不有甬人事业，即欧洲各国，亦多甬商足迹，其能力与影响之大，固可首屈一指也。"[1]

一、经营行业的转型

（一）由从事沙船业到经营轮船运输业

宁波地处浙东沿海，所属六县，俱皆滨海，拥有众多优良港湾，仅定海一县历史上中小渔货港口就有 28 处，皆为"船舶凑泊之区"[2]。宁波不仅海道辐辏，而且河道和陆路交通也很方便，通过甬江、姚江和浙东运河，连接钱塘江，然后进入京杭大运河，可把货物运销全国各地。优良的港口和内河外海的便利交通，是宁波帮沙船业兴起的客观条件。

入清以来，宁波商人利用这些优越条件，积极发展沙船业，"皆置海舶，南至闽峤，北达辽海，贩贱鬻贵，藉通财货"[3]。当时，经常泊于镇海、上海、松江的宁波船约有 400 艘之多。[4]

沙船是一种船体扁浅宽大，方头、方艄的平底船。这种船航行起来轻捷平稳，最大的好处是能坐滩，即不怕搁浅，特别适宜航行于航道水浅多碛的北方沿海。沙船业，本来是江苏沿海商人经营的船运业。清道光年间，在上海经营沙船业的宁波商人逐渐增多，出现了诸如慈溪董氏大生沙船号、镇海李氏久大沙船号等有名的沙船号，宁波船商进而控制了上海商船会馆的大部分事务。

咸同时期，因大运河经常性堵塞，漕粮运输改为海运。宁波商人以承运糟粮为切入口，船商运输异常活跃，规模迅速扩大，其中又"以北洋商舶为最巨，其往也，转浙西之粟，达之于津门；其来也，运辽燕齐莒之产，贸之于甬东，航海万里，上下交资"[5]。慈溪费氏、董氏，镇海小港李氏、林氏、傅氏等家族，都是沪甬两地重要的宁波船商家族。

---

① 《孙中山先生在宁波各界欢迎会上之演说词》，《民国日报》1916 年 8 月 25 日。

② 陈训正、马瀛等纂修：民国《定海县志》卷 1《舆地》，台北成文出版社 1970 年版。

③ （清）盛炳纬：《养园賸稿》卷 2《傅晓春先生家传》，四明张氏约园出版。

④ 参见（清）阮元撰，邓经元点校：《揅经室集》二集卷 8《海运考跋》，中华书局 1993 年版。

⑤ 张传保等修，陈训正等纂：民国《鄞县通志·食货志》，上海书店 1993 年版。

但是，旧式沙船业毕竟是以人力、风力为动力，与机器为动力的外轮相比，沙船根本无法与之竞争。面对挑战，宁波商人捷足先登发展了轮船业。

首先，宁波商人用洋商的火轮夹板船替代沙船。夹板船有西洋式的船体和风帆，并装有索具、固定或转动的齿轮，是一种比较先进的帆船。宁波商人改用夹板船后在货物运输方面较传统沙船有明显的优势，当时"长江之夹板船航运皆属宁波商人所经营，其所输入品为棉纱、棉布、绸缎、海产物等，其输出品为杂粮、黄豆、桐油、芝麻、棉、米等类，年贸易额约三千五百万至四千万"①。

接着，购买轮船，发展轮船航运业。早在 19 世纪 50 年代，买办商人杨坊等人曾购买英商机器动力的"宝顺"轮用于护航。之后，杨坊又购"元宝"号轮船，装载各种货物，往来于镇江、安庆、九江及汉口等处。② 可以说，杨坊引领了中国商人经营近代航运业的先声。同治元年（1862），有宁波商人购买小轮船，用于沪甬之间的航行。③ 对于宁波商人踊跃投资轮船业的壮举，翁同龢曾言："宁波人往往买轮船破家，盖无比资本，终为所绐耳！"④

甲午战争后，清政府被迫允许商人自办轮船公司。以此为契机，宁波帮商人兴起了一轮开办轮船公司的热潮，他们先后创办了外海商轮局（1895 年）、永安商轮局（1895 年）、志澄商轮局（1896 年），经营近海和内河航运。进入 20 世纪后，宁波商人又先后成立了永川（1903 年）、越东（1906 年）、中国商业（1907年）、宁绍（1908 年）等轮船公司。这些轮船公司无论是在资本、经营规模方面，还是在航运范围上都较前有质的飞跃。宣统元年（1909），中国商业轮船公司增资 50 万元将总公司迁至上海，并在宁波、烟台、海参崴等地开设分公司。⑤ 在投资轮船航运业方面，朱葆三、虞洽卿这两位宁波帮商人最引人瞩目。

朱葆三是越东轮船公司主要创办人。此外，他还创办了通州大生轮船公司（1902 年）、大达轮步公司（1904 年）、宁绍轮船公司（1908 年）。民国时期，他

---

① 侯祖畬主修，吕寅东总纂：《夏口县志》卷 12《商务志·商团组织》。

② 参见《李文忠公全书·朋僚函稿》卷 1；又《上海新报》1862 年 11 月 26 日、1864 年 3 月 21 日。

③ 参见聂宝璋编：《中国近代航运史资料》第 1 辑，上海人民出版社 1983 年版，第 1350—1351 页。

④ 中国史学会主编：《中国近代史资料丛刊·洋务运动》第 1 册，上海书店出版社 2000 年版，第 233 页。

⑤ 参见国民政府交通部铁道部交通史编纂委员会编纂：《交通史航政编》第 2 册，1931 年，第 537、681 页。

又先后出资创办顺昌轮船公司、镇昌轮船公司、永安轮船公司、舟山轮船公司。据不完全统计，朱葆三在轮运业的投资至少在 150 万元以上，举办的轮船公司达十几家，成为行业巨擘。①

虞洽卿投身轮船航运业比朱葆三稍迟，但他集资创办宁绍轮船公司，打破了洋商和官督商办轮船的垄断局面。此后，虞洽卿又独资创办了三北轮埠公司。三北轮埠公司，经过多年的艰苦经营，公司拥有宁兴、明兴、长兴、瑞康等轮船 30 余艘，为长江下游和沿海航业中最大的商办航业集团。②虞洽卿由此也成为我国民族航运业中的巨擘。

宁波商人从经营沙船到投资轮船，不仅打破了自开埠后中国航运业一直被外商垄断的局面，而且还实现了从传统旧式船运到近代轮船航运的华丽转身，适应了开埠以来港口与贸易发展的需要。

（二）从经营钱庄业到投资金融业

上海是近代外国银行最为集中的地方，也是宁波帮商人最重要的钱业据点。到 19 世纪下半叶至 20 世纪初，宁波人已经占有上海最重要的 9 家钱业家族集团中的 5 家。宁波钱庄凭借雄厚资本实力，撑起了上海钱业的半壁江山。但宁波商人不守旧，他们在经营钱业的过程看到了新式银行在近代工商业中日益明显的作用，于是便致力于钱庄的近代转型，或者就直接投资创办新式银行。

早在光绪二十二年十月（1896 年 11 月），严信厚就提出设银行、发行钞票的条陈："中国钞票不行已久，如设立官银行，章程一切悉照西法，则钞票即可通行。查汇丰银行之钞票，即上海一隅而论不下数百万，可见钞票之利匪浅显也"，"若设立官银行，按照西法，始由洋商经理兼用华人，将来归中国办理，借款亦从此不仰洋人鼻息矣"。③

严信厚提出的主张反映了宁波商人欲厕身于现代银行一个心愿。由于宁波商

---

① 参见孔令仁、李德征主编：《中国近代企业的开拓者》（上），山东人民出版社 1991 年版，第 263 页。
② 参见浙江省政协文史资料委员会编：《宁波帮企业家的崛起》（《浙江文史资料选辑》第 39 辑），浙江人民出版社 1989 年版，第 18 页。
③ 《严信厚等关于设银行、发行钞票的条陈》，见陈旭麓、顾廷龙、汪熙主编：《中国通商银行》，上海人民出版社 2000 年版，第 4—5 页。

人有经营旧式金融业钱庄的传统，加上有众多的银行买办熟悉银行业务，资金充实，因此能够较早对银行业进行较大规模的投资和卓有成效的经营。

传统钱庄业的转型得益于买办的加入，买办是旧式钱庄向近代转化的催化剂。宁波帮商人大多集新式工商业主、买办、钱庄老板于一身。叶澄衷、朱葆三、周晋镳、虞洽卿、朱志尧等既在银行任买办，又以买办的身份经营钱庄业。钱庄成员兼任买办，或买办仍然经营钱庄业，促进了整个行业由封闭性向开放性转化。例如，汇丰银行在余姚人王槐山的策划下，开始向中国钱庄拆放款项，不数年"银行获息无数，王亦骤富"[1]。由此，钱庄也与银行建立了紧密的联系。他们通过买办向银行获得拆借款项扩大经营规模和业务范围。

钱庄在与外国银行打交道的过程中，还借鉴外资银行的经营管理经验，创制了一种颇具特色的票据清算制度。光绪十六年（1890）上海汇划总会成立，开始采用"公单"来清算票据。所谓公单是钱庄用来划抵彼此收解款项的凭单，各庄汇划凭公单收付，收票庄打进公单，出票庄打出公单。这一制度克服了早期汇划钱庄手续既繁且不安全的清算制度。新的"公单"汇划制度避免了大量现金的搬运，是票据交换的雏形，它对于上海钱庄和近代中国金融业有重大意义。这一票据清算方式直到1935年才被银行业的新式票据交换制度取代。

宁波商人还直接投资银行业。开有余大、瑞大、志大、承大等多家大钱庄的叶澄衷，早在民族银行还没有开办前就是外商中华汇率银行的发起人和主要股东之一。[2]民族银行兴起后，更有不少宁波帮商人投身于民族银行的创建。

光绪二十三年（1897），上海中国通商银行创办。这是中国第一家现代金融企业。该行虽为盛宣怀创办，但宁波买办在筹办中起到了十分重要的作用。严信厚、叶澄衷、朱葆三是该行九大总董之一，首任总经理则是曾任镇海方氏家族上海延康钱庄经理余姚人陈笙郊。[3]

光绪三十四年八月（1908年9月），由宁波商人直接投资的四明银行正式成立。

---

[1]　《申报》1884年1月12日。

[2]　参见汪敬虞：《十九世纪外国侵华活动中的华商附股活动》，《历史研究》1965年第4期。

[3]　参见中国人民银行上海市分行金融研究室编：《中国第一家银行》，中国社会科学出版社1982年版，第10—12页。

四明银行，初名四明商业银行，后改名为四明商业储蓄银行，简称四明银行。该行是由在沪宁波商人袁鎏、朱葆三、吴基传、李厚垣、方舜年、严义彬、叶璋、周晋镳、虞洽卿、陈薰等创议并筹资开设的私营商业银行，原始资本计 150 万两，总行设于上海。四明银行在上海成立后的第二年便在宁波设立分行。[①]

中国通商银行和四明银行是晚清宁波籍资本家投资创办或主持的两家主要商业银行。之后，宁波籍的职业银行家还把势力渗入到中国、交通、浙江兴业等银行中去，并把乡谊联系扩大到绍兴、杭嘉湖地区以至整个浙江省范围，从而成为上海银行界一支重要力量。

新式银行是近代金融业的主体，与现代社会经济发展的需要相适应。在外资银行尚未在中国站稳脚前，它与钱庄是既合作又竞争的关系，但是随着外资银行羽翼丰满，钱庄的依附性就显得越来越突出，已经难以适应日益复杂的近代经济生活。因此，一旦市场发生变化，外资银行收紧银根，钱庄就会面临破产倒闭的危险。宁波帮的钱庄业在面临外资银行倾轧的情况下，对传统钱庄进行了适时改革、转型，并不失时机向新式银行渗透、转型，甚至直接投资创办现代银行业，完成了从传统金融业向现代金融业过渡。

（三）由销售南北杂货到营销各类洋货

宁波地处东南沿海，南联闽粤，北达齐辽，东通日本，商船往来，物货丰衍，具有良好的商业环境。宁波人"素以善于经商闻，且具有坚强之魄力"[②]。鸦片战争前，宁波商人通过在各地开设的各类店铺和便利贸易运输，建立了一个较为完善的商业网络，从而将宁波及周边地区所产的茶、棉花、纸、酒等货物贩运于南北各地，同时又将南北各地的土货销售到相应地区。鸦片战争后，随着外国商品打入国内市场，宁波商人的经营品种及方式也发生了变化。

宁波是五口通商口岸之一。开埠后，大量的"五洋"杂货（洋油、洋烛、洋火、洋皂、洋烟）进入宁波市场，一些经营五金、颜料、洋布、西药的新兴商铺

① 参见上海市档案馆藏：《四明银行档案全宗》，案卷号：Q279-1-119。
② 浙江省政协文史资料委员会编：《宁波帮企业家的崛起》（《浙江文史资料选辑》第 39 辑），浙江人民出版社1989 年版，第 39 页。

开始出现。因此宁波相比于其他地区较早地出现了近代商业。不过，上海开埠后渐成国内外商品主要集散地，并"把一切东西都吸引到它那儿去了"[①]。因此，宁波商人更多地聚集上海从事新式商业的经营，并将原来的苏广杂货店纷纷改为洋广杂货店。

宁波商人经营的新式商业，主要集中在洋布业、五金钢铁业、煤炭业、西药业和其他洋杂货业。

上海开埠初期，宁波人就涉足于洋布、呢绒等新式商业。到咸丰八年（1858）振华堂洋布公所成立时，宁波籍商人开设的洋布行已有大丰、增泰、协泰、恒兴、时和等五家，占当时上海同业约十五六家的三分之一，其中大丰、增泰在上海洋布业具有举足轻重的地位。大丰独家经销英商泰和洋行洋布，获利年约三四万两；增泰洋布店拥有资本一万两，经理周荫斋兼祥泰洋行买办。[②]

19世纪六七十年代，宁波商人将商业的触角伸向五金、洋油、西药等部门。叶澄衷是当时中国最大五金商。同治元年（1862），他在虹口开设顺记五金洋杂货店，这是近代上海最早经营进口五金的商店。该店后来被称为老顺记，主要经营五金杂货、食品、洋油、洋烛等日用洋货，业务相当发达。1870年后，叶澄衷又陆续增设南顺记、新顺记、新顺泰等五金洋货店，并先后在全国各地设立了顺记分号、联号18家。樊树勋、王铭槐、陈协中、周星北等一些近代著名商人均在老顺记及各分号当过经理。到19世纪末，叶澄衷资产总值已达到800万银两[③]，被人称为"五金大王"。有人称叶澄衷"足迹不离上海，而其志量所营极于寰宇，中外商务系君为重轻者将三十年"[④]。由于叶澄衷乐于帮助乡人，自他起在上海经营五金业的宁波人一直人多势众。根据统计，到第一次世界大战前上海共有五金商业店号25户，其中宁波籍商人所开的至少有18户，占上海的五金号70%以上。[⑤]宁波人几乎垄断了上海的五金业。

---

① 姚贤镐编：《中国近代对外贸易史资料（1840—1895）》第1册，中华书局1962年版，第619页。
② 参见中国社会科学院经济研究所：《上海棉布商业》，中华书局1979年版，第10、33页。
③ 参见徐鼎新、钱小明：《上海总商会史（1902—1929）》，上海社会科学院出版社1991年版，第11页。
④ 转引自丁日初主编：《上海近代经济史第一卷（1843—1894年）》，上海人民出版社1994年版，第649页。
⑤ 参见李碱：《宁波人与近代上海经济的发展》，见周千军主编：《百年辉煌》，宁波出版社2005年版，第32页。

　　煤油（洋油）是 19 世纪 60 年代后进口增长较快的一种商品。当时，上海的煤油销售主要被美孚煤油公司和亚细亚煤油公司垄断。叶澄衷老顺记号开业后，即获得了美孚洋行委托的独家经销权，因此，顺记不仅经营五金，也涉足煤油的经销，而且业务发展很快，"不数年大昌其业，推广分肆，遍于南北各埠"①。到 19世纪末，煤油大多交由宁波商人经营的五金洋杂货号代销。19 世纪 90 年代，英商亚细亚煤油公司进入中国市场，该公司的买办是宁波人陶秉钧，他为亚西亚公司建立了一个遍布全国的销售网。至此，"经理煤油亦邑人特擅长之业也，美孚、亚细亚二大公司其各埠分销处十之六七由邑人承办"②。

　　在药品方面，光绪十五年（1889），严信厚、朱葆三投资创办了上海西药房华英药房，1894 年又创办了中英药房。光绪十六年（1890），余姚人黄九楚于在法大马路（今金陵东路）创设了中法药房，经营西药业务，并配制艾罗补脑汁等成药。接着，他又在 1907 年与夏粹芳等一起创办了五洲大药房，由鄞县人项松茂担任经理，并研制各种成药。③宁波商人在上海经营的西药业对于推进上海西药行业的兴起、发展起到了重要作用。

　　此外，宁波商人还在银楼、颜料、玻璃、钟表眼镜业、海产品等经营方面，取得了令人瞩目的业绩。当时，上海有银楼"南北市 60 余家"，"大概为宁波系经营"；海味行大小 50 家以上"大部分为宁波系之经营"；大小 4000 余家人参行以"南市咸瓜街为中心市场"，"殆全部为宁波系"。总之，上海诸如金属、染料、棉布、棉纱、砂糖、机械等进口洋货的经营，"数十年来，为宁波人绝对独占，逐年有增长之势"④。涌现了"五金大王"叶澄衷、"颜料大王"周宗良、"煤炭大王"等商业闻人，而且他们大多还跨行业经营，如叶澄衷"不独五金事业之权利在其掌握，即他行之土货洋货欲销行内外各埠者，价值高下，无不视成（澄）忠（衷）

---

① 洪锡范等修，王荣商等纂：民国《镇海县志》卷 27《人物传》，上海书店 1993 年版。

② 陈训正、马瀛等纂修：民国《定海县志》卷 16《风俗》，台北成文出版社 1970 年版。

③ 参见杨兵杰：《西药巨子、爱国企业家项松茂》，见陈梅龙主编：《商海巨子——活跃在沪埠的宁波商人》，中国文史出版社 1998 年版。

④ 陈真、姚洛、逢先知编：《中国近代工业史资料》第 1 辑，生活·读书·新知三联书店 1958 年版，第 314—318 页。

为转移"①。

（四）积极创办近代工业企业

机器生产是近代化最重要的标志之一。中国近代民族工业大致起步于洋务时期的 19 世纪六七十年代。但一开始，洋务派发展工业的重点在军工，且企业的性质多以官办或官督商办为主。1869 年上海发昌机器厂添置新式机器，由手工锻铁作坊向近代企业转变，被视作中国近代第一家资本主义工业企业，但总体而论，在洋务运动时期民族工业的发展相当缓慢。从 19 世纪 80 年代起，以买办和进出口商为主体的宁波商人开始向近代工业进行投资。他们经过艰苦卓绝的竞争和辛苦经营，到清末民初已经创办了一大批近代企业，为近代中国民族工业的发展做出了重大贡献。

光绪十三年（1887），严信厚投资 5 万两的宁波通久源机器轧花厂正式开工。这是中国最早出现的一家机器轧花厂，虽然该厂还不是完全意义上的纺织厂，但却是中国"直到目前，除了与外国人无干的官办兵工厂、煤矿及轮船外，它将是中国为工业制造而使用动力机器第一次成功的尝试了"②。中国第一家机器棉纺织厂是李鸿章主持筹建的上海机器织布局。该厂筹建于 1878 年，建成投产却在 1889年底。因此，说通久源机器轧花厂是棉纺织领域"动力机器第一次成功的尝试"肯定不会错。

其实，在上海机器织布局的筹建过程中也有宁波商人的身影。光绪六年（1880），鄞县人蔡鸿仪受李鸿章委派作为商总办之一参与了织布局的创建。对此，《申报》曾有翔实记载："今知李爵相撤退前局，委戴子辉（摄）太史另行筹议……与蔡嵋青部郎及龚仲仁、李韵亭两观察各先认股 5 万两为之初基。……蔡君业宏沪甬，均当今之巨室。"③光绪十九年（1893），织布局车间因失火而毁于一旦。第二年由盛宣怀主持在旧址上重建华盛纺织总厂，并一律改为商办，规定除已经认购的一半股份外，还要求"上海、宁波、苏州三地的绅商认购杨树浦新纺

---

① 《中外日报》1899 年 9 月 4 日。

② 《捷报》1888 年 8 月 4 日。

③ 《申报》1880 年 10 月 16 日。

织局的股份，约六十万两"①。

在纺织业方面，严信厚还主持创建了初为商督商办，不久即为商办的上海华新纺织新局。该企业 1891 年建成，资本 10 余万两，严信厚、周晋镳（慈溪人）、苏葆生（鄞县人）均为其中重要股东。光绪三十一年（1905），严信厚、周晋镳、朱葆三等人筹资 20 万两，开办同利机器纺织麻袋公司，生产"务求物品精美"的麻袋、帆布、地毯、绳索等产品。②三年后，宁波人樊芬、叶璋筹资 50 万元创办的上海第一家毛纺织厂——日晖织呢厂也建成投产。宁波人在缫丝业上也有成就。光绪十七年（1891），叶澄衷在上海闸北创办了纶华缫丝厂，该厂到 1894 年资本已达 10 万两，工人 1000 余名，年产量 540 担，是当时一家资力雄厚的缫丝大厂。另外，鄞县人苏葆生于 1893 年投资 36 万创办的信昌缫丝厂规模也比较大，有工人 800 多名，丝车 400 多部。

在日用品制造业方面，宁波商人在火柴、造纸、洋烛等产业也有拓展。光绪十六年（1890），叶澄衷在上海虹口创建了燮昌火柴厂，初始资本 5 万两，股东都是中国人，雇用工人 800 余名，"每日能产 50 箱，每箱 50 大包，即每日产量为 360000 盒"，约占当时上海火柴厂总产量的 38.50%，成为上海最早、最大的民族火柴厂。③第二年，叶澄衷又开设了燮昌火柴二厂。光绪二十三年（1897），叶澄衷委托同乡宋炜臣在汉口新建一家火柴厂，仍名为"燮昌"。这样，叶澄衷从经销洋火（火柴）到生产洋火，成了当时中国最大的火柴制造商。此外，在洋烛、造纸生产领域，还有 1911 年项松茂投资 3 万元创办南洋烛造厂，以及韩之鹏与上虞田征膏在 1882 年投入近 40 万两创设的伦章造纸局。

总之，宁波商帮作为中国近代重要商帮，不仅为上海新式商业、金融业的发展做出了重要贡献，也为上海、汉口等地近代工业发展创下了辉煌业绩。根据相关统计，1887—1913 年，浙江籍买办、官僚、商人在上海、汉口、厦门、北京、广州等地办有 42 个工厂，其中买办办 18 个，官绅办 16 个，商人办 8 个。④

① 孙毓棠编：《中国近代工业史资料》第 1 辑下，科学出版社 1957 年版，第 1076 页。
② 参见《时报》1905 年 5 月 3 日。
③ 孙毓棠编：《中国近代工业史资料》第 1 辑下，科学出版社 1957 年版，第 993—994 页。
④ 参见汪敬虞编：《中国近代工业史资料》第 2 辑下，科学出版社 1957 年版，第 870 页。

当然，宁波商人在上海、汉口等地积极投资建厂的同时，也为家乡近代工业的发展出了杰出的贡献。如，除宁波通久源机器轧花厂外，还有通久源纱厂（1894年）、通久源面粉厂（1904年）、通利源榨油厂（1906年）、和丰纱厂（1910年）等在当时都是宁波乃至浙江省内规模较大、设备较为先进的工业企业。另外，宁波商人在创办工业企业的同时，还开办了一些具有近代资本主义性质的农垦企业，如1901年镇海李氏家族的李云书和宁波帮巨头严信厚等创办的天一垦务公司。[①]

二、在"新"与"旧"之间

（一）由"地缘组织"转向"组织业缘"

宁波商帮不仅在经营行业上完成了近代转型，而且在商帮的组织形式上也完成了从传统的地缘、亲缘组织向业缘组织的转型。

明清时期，随着商品经济的发展，产生了以地域为中心，血缘乡谊为纽带，"相亲相助"为宗旨，会馆、公所为其在异乡联络、计议之所的商帮组织。嘉庆二年（1797），在沪宁波商人建立了上海四明公所。四明公所的始创人有钱随、费元圭、潘凤占等，地址在上海县城北郊（今人民路），初有地30亩，主要作为义冢，寄存枢殡之用。道光十一年（1831），宁波商人谢绍心、方建康、方介堂、庄锦等集资16000余缗，加以修葺，使该公所成为"会馆的典型，其规模的巨大，势力的旺盛，可以说是上海各同乡会馆的翘楚"[②]。道光二十九年（1849），公所所在地被划入法租界。1874年、1898年法租界当局曾欲两次强占公所，均因遭宁波旅沪商民的坚决反对而未能得逞。[③]

早期公所主要承担联谊乡情，为同乡服务的功能，具有强烈的慈善公益色彩。随着宁波到上海从事工商业经营活动商人的日益增多，要求借助于乡谊关系支持旅沪宁波商人各业经营的呼声也越来越高，于是一些与之相关的同乡团体相继出现，但这些团体都与四明公有联系，且大多加入四明公所。这样，四明公所就成

---

① 参见中国人民银行上海市分行编：《上海钱庄史料》，上海人民出版社1960年版，第736—737页。

② 《上海四明公所研究》，见上海通社编：《上海研究资料续集》，上海书店1984年版。

③ 参见葛恩元：《上海四明公所大事记》，民国九年（1920）铅印本。

为一个包括许多大小同乡团体的庞大组织，成为"上海宁波帮的中心"①。

在这些大小不一的同乡组织中，宁波旅沪同乡会是一个十分重要的乡帮组织。宁波旅沪同乡会正式成立于宣统三年（1911），设事务所于福州路，公推李征五为会长，虞洽卿、朱葆三为副会长。宁波旅沪同乡会的宗旨就是："以集合同乡力量，推进社会建设，发挥自治精神，并谋同乡之福利为宗旨。"② 因此，该会规定旅沪上至士绅下至劳工各阶层的宁波同乡都可加入成为会员，但其主体力量仍为商人，掌握领导权的多是宁波帮中最有权势和最负盛名的巨商。

商帮的地缘组织对于拓展生存空间，赢得商战胜利，具有重要的作用。除了在两次四明公所事件中保护了自身的合法权利，宁波同乡组织还取得了 1911 年沪甬航线中外轮船公司竞争的胜利。宁绍轮船公司创立之初，沪甬航线的几家外资航运公司企图用跌价竞争的办法把宁绍公司扼杀在摇篮里。太古轮船公司甚至公开登出广告宣布"上海往宁波各货水脚大减价"③，并联合同线同业，将统舱客票价由一元跌至两角五。在这场商战中，宁绍轮船公司得到了宁绍同乡组织的竭力支持。虞洽卿呼吁旅沪宁绍同乡捐款支持公司运营，并动员旅沪甬商成立宁绍航业维持会，对有关旅客进行补助，货运则承宁绍客帮支持，"相约报装宁绍轮始终不渝"④。最终，宁绍公司在这场激烈的中外商战中胜出，成为"以华商名义，使用大型轮船，面对外国侵略者强大竞争压力，在一条航线上坚持下来取得胜利的第一家民族轮船企业"⑤。

在中国传统社会，家族血缘关系的维系作用十分重要。宁波商人在事业的发展过程中还涌现出不少兼营多种企业、拥有巨额财富、社会声望极高的家族集团。如方氏家族（方性斋、方椒伯、方液仙）、李氏家族（李也亭、李云书、李征五）、严氏家族（严信厚、严义彬），以及叶澄衷、朱葆三、秦润卿等家族。叶澄

---

① 《上海四明公所研究》，见上海通社编：《上海研究资料续集》，上海书店 1984 年版。

② 董启俊：《宁波旅沪同乡会》，见政协宁波市委员会文史资料研究委员会编：《宁波文史资料》第 5 辑，1987 年，第 12 页。

③ 《太古公司广告》，《申报》1911 年 9 月 3 日。

④ 汪北平、郑大慈：《虞洽卿先生》，宁波文物社 1946 年版，第 16—17 页。

⑤ 樊百川：《中国轮船航运业的兴起》，四川人民出版社 1985 年版，第 414 页。

衷家族的事业至今还活跃于香港，民国时期被称为"煤炭大王"的刘鸿生还是叶家的女婿。家族经营固然存在家长式管理、任人唯亲等弊端，但它也有着成员之间认同感强、责任明确、彼此信任、同心协力等特点。这种来自于家族的凝聚力"赋予新兴的资本主义以灵活性、能动性，以及抵御危机的能力"[①]。

宁波帮的商业组织不限于地缘与亲缘，他们还向行业领域渗透，并控制了上海商会。由亲缘组织、地缘组织向业缘组织的演变是"社会发展的必然趋势，也是商品经济发展的必然结果"[②]。随着商品经济和资本主义因素的进一步发展，宁波商帮开始突破地缘关系，向行业协会和综合性商会组织拓展。如在行业协会方面，宁波帮与绍兴帮一起几乎控制了上海南北钱业公所，秦润卿任上海钱业工会会长一职长达 20 年之久。[③] 此外，宁波商人在汇业、丝业、茶业、五金业等方面也有较大的影响。也正因为此，素有"中国第一商会"之称的上海总商会，自成立初即为宁波商帮主导。

光绪二十八年（1902），中国近代第一个民间商人社团——上海商业会议公所成立。上海商业会议公所是上海总商会的前身，1904 年改称为上海商务总会，1912 年又改称为上海总商会。上海商会控制着上海金融、贸易和工商事业，对近代中国的政治、经济都产生过重大影响。这一重要的商会组织自成立起，就由宁波帮商人掌控实权。

上海商业会议公所有两重领导机构：一是由 5 名总董组成的权力机构，即所谓"权归总董"；二是由 1 名总理、2 名副总理、13 名议员组成的办事机构。在这两个领导机构中，宁波商人占了 2 名总董，总理由严信厚兼任，宁波籍议员近半数。[④] 1904 年 5 月，上海商业会议公所遵照部颁《禀定商会简明章程》改组为上海商务总会，严信厚仍为总理，宁波商人周晋镳任坐办。总之，宁波帮一直控

---

① 〔法〕白吉尔著，张富强、许世芬译：《中国资产阶级的黄金时代（1911—1937）》，上海人民出版社 1994 年版，第 157 页。

② 唐力行：《商人与中国近世社会》，商务印书馆 2003 年版，第 59 页。

③ 参见浙江省政协文史资料委员会编：《宁波帮企业家的崛起》（《浙江文史资料选辑》第 39 辑），浙江人民出版社 1989 年版，第 31 页。

④ 参见上海东亚同文书院编：《清国商业惯习及金融事情》第 1 卷，1904 年，第 115—120 页。另参见《上海设立商务公所文件》，见《皇朝经世文新编续集》卷 1。

制着商会，在当时商会领导层全部 21 名议董中，宁波籍商人占 11 名。在 1911 年总商会 105 名会员中，宁波人 29 人，占 27.62%，湖州人 11 人，占 10.48%。①之后，曾少卿曾担任过总理，但他"如果不以宁波帮势力的意志为意志，就必然孤掌难鸣"②。因此，著名的上海总商会虽不是宁波商帮自己的组织，但其核心成员长期都是宁波商人。

（二）在"旧"与"新"之间

"一方水土养一方人"，宁波商帮是一个典型的沿海商帮。特殊的地理与历史环境造就了宁波人冒险、进取等搏击大海的精神品格和良好的商业素质。

宁波襟江面海，但却是人多地少之地。临海地区土地盐碱化严重，不利于耕作，适合耕种的地区人口又相当稠密，即使是丰穰之年，人均口粮的供给也并不充足，于是"宁波之民半游食于四方"③。因此，宁波人自古就有泛海航贾、外出经商谋生的传统。他们"益奔走驰逐，自二十一行省至东南洋群岛，凡商贾所萃，皆有甬人之车辙马迹焉"④。宁波商人能够在近代中国经济舞台上经常流动、纵横捭阖、广泛接触外部世界与其生存环境不无关系。他们早已形成了闯荡江湖、四海为家、落地生根的习惯。

宁波自唐宋以后就是沿海和长江下游重要的对外贸易口岸和沿海埠际贸易口岸。明代它作为三大市舶司港口之一，是明朝和日本、琉球朝贡贸易的主要港口。明朝后期，海外贸易受到更大的限制，但民间海上走私贸易却逐渐占据重要的地位，宁波口外的双屿港一段时间还成为国际性走私贸易的中心。康熙二十四年（1685）清廷正式开海禁，宁波又是浙海关的驻所，1698 年还在定海衢头设置了红毛馆，供外国商人、水手寄宿，出现"外洋红毛诸国番船""至宁波者甚多"⑤的繁荣景象。较早地与外商接触，也就少了一点排外情绪，使其能够在开埠后得风气

---

① 据《上海商务总会第六届入会同人录》（辛亥年）及《上海总商会全体会员》（1927 年）统计，分别藏复旦大学图书馆和上海市图书馆。

② 参见徐鼎新、钱小明：《上海总商会史（1902—1929）》，上海社会科学院出版社 1991 年版，第 88—89 页。

③ 唐力行：《商人与中国近世社会》，商务印书馆 2003 年版，第 45 页。

④ （清）盛炳纬：《养园賸稿》卷 1《勤稼别墅记》，四明张氏约园出版。

⑤ 张传保等修，陈训正等纂：民国《鄞县通志·食货志》，上海书店 1993 年版。

之先，愿意与外商合作，并利用这一优势，打开中外贸易的局面。

特殊的地理与历史的熔铸，造就了宁波商人吃苦耐劳、勇于接受西方新鲜事物、富于冒险精神、善于创造新生事物的经商品质，并最终促使在传统商帮的近代转型过程中占有了先机。

宁波商人有吃苦耐劳的精神。宁波人赴沪经商一般有两种情况：一是去上海前在本地已稍有积累，带着部分资本进入上海经商；二是身无分文到上海谋生，赤手空拳创出一片新天地，而后者则是主要的。他们从最低微的劳动做起，白手起家。"五金大王"叶澄衷家境贫寒，刚到上海就在黄浦江上摇舢板，通过向外轮供应所需物品才积累了一点资本。当然，叶澄衷后来能当外商五金商号经理，与其在黄浦江上摇舢板时结识外国人，粗通英语也有关系。严信厚的家庭也不富裕，少年时只读了几年私塾便进了宁波鼓楼前的恒业小钱庄当学徒，17岁那年被胡光墉看中到杭州信源银楼当职员，并从此发家。其他如秦润卿、朱葆三、虞洽卿等许多宁波帮商人都有类似的经历，他们大多从学徒做起，经过自身努力，才成就后来的事业。

宁波帮商人有开拓进取的创新精神。"不吃现成饭，事事求创新"，是宁波帮不守旧，与时俱进，勇于开拓商业精神的真实写照。鸦片战争后，西方经济势力的入侵，改变了中国传统的市场结构，新的从西方进口工业品与输出农产品的市场结构开始建立。宁波商帮顺应了这一发展趋势迅速介入到买办和进出口贸易行业之中，从而扩展了自己的经济实力，成为其近代化的一个重要因素。他们从最初涉足的洋布、呢绒等，转向营销五金、洋油、西药等业；从经营传统的沙船业、钱庄业，转向投建轮船航运公司、新式银行，体现了求新、创新的经商理念，适应了时代变革与市场变化的要求。

不封闭、不保守，需要有开拓与冒险精神。鸦片战争后，宁波的外贸地位急剧下降。上海的崛起，宁波的相对衰落以及彼此地域上的相近，使具有冒险开拓精神和商业敏感性的宁波人开始向上海进军，在上海形成了"宁波帮"。他们在充当买办、经商过程中积累的巨大财富。但与其他商帮不同的是，宁波帮商人往往只留一部分资金用于商业应酬和生活费用，而把更多的财富再投资于近代工商业、航运业和金融业。以朱葆三为例，他在1895—1913年间，投资于民族工商企业的资金就达42万元①，投资领域：属诸银行者五、属诸保险公司者四、属诸航运者六，"其他如自来水、水泥、煤矿、电气、面粉、造纸、榨油、化铁、毛绒、纺织、新闻事业，无所不办"②。另据不完全统计，投资近代民族工业（1895—1913年）和航运业（1890—1926年）的买办资本占12.46%，计1500万元，而其中近半数是宁波籍几位买办和买办商人的投资。③这就是说，宁波帮的买办资本大多都转化为再创业的民族资本了。

当然，在新旧转换的年代，宁波帮商人与同时代的其他商帮一样，不可避免地带有封建落后的色彩。

晚清时期的宁波帮也有缙绅化倾向。被称为"宁波帮第一人"的严信厚就与官僚体系结合得较为密切。严信厚在信源银楼任职期间，颇得胡光墉青睐，受胡光墉引见得到了李鸿章的赏识。严信厚初为李鸿章幕僚，稍后出资捐了个候补道，被李鸿章委派为长芦盐务督销，署天津盐务帮办等职。他以盐务起家，转而从事商业，所创办的源丰润票号分号遍设天津、北京及江南各省重要城市共十余处，"为京中极大之商号"④。集资巨富后，又向银楼业、绸缎业及其他工商业拓展，最后还受盛宣怀的委派筹备中国通商银行，涉足银行业。虽然严信厚后来投资民族工商业不遗余力，创下了中国民族企业的多个第一（第一家机器力厂，第一家新式银行，第一个商会组织），但他与官僚体系的结合，并从中获利，也是不争的事实。除了严信厚，咸丰时期参与海上漕运，太平天国时期帮清廷"捐饷助剿"，宁波商人中也迅速涌现出一批具有功名地位的"绅商"。如杨坊、慈溪冯氏、镇海李氏等，都在这一时期跻身于缙绅巨族行列。稍后，王铭槐、朱葆三、陈薰、叶澄衷、樊芬（时勋），甚至虞洽卿等，都有各种品级职衔。另外，还有一些商人积累财富后便买田造屋，甚至依靠地租收入。如叶澄衷"赀益丰，乃置祠田"⑤。王槐山曾在家乡浙江余姚购置田地7000亩，租给农民耕种，收取高

---

① 参见钱茂伟、应芳舟：《一诺九鼎：朱葆三传》，中国社会科学出版社2008年版，第83页。

② 《朱葆三追悼会之盛况》，《申报》1926年10月2日。

③ 参见复旦大学历史系等编：《近代中国资产阶级研究》，复旦大学出版社1984年版，第331页。

④ 《大公报》1910年10月13日。

⑤ 赵尔巽等撰：《清史稿》卷499《叶成忠传》，中华书局1976年版。

额地租。[①]

　　因此，晚清时期的宁波商帮仍处于"新"与"旧"的转化过程中。他们崛起于旧式商帮，在投资近代企业的同时，又兼营旧式商业和金融业，而近代意义的工商资本家正是由此逐步演化而成的。

――――――――――

① 转引自黄逸峰：《关于旧中国买办阶级的研究》，《历史研究》1964 年第 3 期。

第五章
海洋经济与沿海开发

第一节　晚清时期浙江的海洋渔业

渔业经济是海洋经济的重要组成部分。晚清时期，浙江海洋渔业经济规模已经比较庞大，无论是船只种类、数量，还是从业人员都超过历史上任何一个时期。这一时期，具有近代形态的基层渔业管理组织的雏形也逐渐形成。同时，渔业公司制度的引进促使渔业生产方式发生变革。浙江海洋渔业的近代化进程在这一时期逐步孕育、发展。

一、传统海洋渔业经济状况

衡量渔业经济规模的两个重要指标就是渔船的数量和从业人员。在海洋渔业生产方式没有发生重大变化的时候，渔业的流通与销售状况也是考察渔业经济发展状况的重要依据。

（一）渔船与渔民

清代末期，浙江沿海的渔船主要有溜网船、张网船、摇网船、大捕船、对渔船、小对渔船、舢板船、拖网船、摘网船、网椿船、猛网船、插网船、紧网船、滚钓船、穿洋船、水仙船、七团舢板船、八团舢板船等不同船型，但船只结构大致相同，只是由于加装不同的捕鱼工具而显得略有不同。沈同芳在《中国渔业历史》中，对上述大部分船型的结构有较为详细的介绍：

> 船制：上面整木圈口两根，两旁前后整木各六根，再上舱箍帮。右名橹前，左名橹后。后用掉挺贯舵，下有舵合，活装海底。阑外籍含舵管，再后阁艄。大桅前三舱，后五舱，内两阑头，有弯木靠帮肘，面盖平基。极前浪头，极后艄头，内各穿弓，势树三支，此两处系鱼工宿息之所。
>
> 船度：长四五十尺至八九十尺，宽七八尺至十四五尺，深三四尺至七八尺，板厚二三寸左右。
>
> 船篷：大船皆用，篷内前两旁眠楼各两层，后两边航寙米柜。
>
> 帆樯：有四合，有五合。极小船用两合，止在沙边采捕，不能往洋张网。帆宽七八尺至二三十尺，高十余尺至五六十尺，大樯与船同长，余递减。
>
> 撬板：两扇在船两旁，长十余尺，上宽二尺左右，下宽三四尺，船行时用在下风，船大亦用匠水，置在两参之下。
>
> 绞轴：前一条起锚，后一条起舵，又大船有盘车，更便于起锚起网。[1]

清雍正年间，根据闽浙总督满条的统计，浙江沿海渔船有"一千四百九十三艘，每年消长不常"[2]。而到同治时期，浙江海洋渔船的数量已经比较庞大，仅宁波的"墨渔船就有四千艘"[3]。对于晚清时期浙江渔船的总数，我们可以从当时的文献中加以推算。光绪二十五年（1899）出版的《浙江沿海图说》按照不同区域对浙江沿海的商渔船只数目做了记载，由于清代实行"商船换照"制度，商船在领取渔照后也是可以捕鱼的，因此在计算浙江沿海渔船数目时，将商船归列入渔船是可以的（见表5-1）。

---

① （清）沈同芳：《中国渔业历史》，上海中国图书公司1911年铅印本，第27—28页。

② 《闽浙总督满条遵旨逐条查覆金铎所陈海疆事宜折》（雍正二年闰四月十三日），见中国第一历史档案馆编：《雍正朝汉文朱批奏折汇编》第2册，江苏古籍出版社1989年版，第932页。

③ 《望海观渔》，《申报》1872年8月22日。

表 5-1   晚清浙江商渔船只数量

区域	商渔船只数量
乍浦	商渔船均约数十号，惟四五六三月（俗名渔期）渔船多至百数十号，七八两月潮汛极猛无船
澉浦	商船四号，渔船亦止寥寥数号，此外不过因候风潮，暂时寄椗而已
蟹浦	商船四十余号，渔船一百八十余号
镇海	大商船约数百号，渔船约千余号
宁波	商船约数百号，各村落大小渔船约多至四千号
三山浦	商船数十号，渔船百余号
穿山	商船五六号，渔船十余号
象山港	港内无商船，渔船约共多至千余号（以桐照栖凤两处为最多）
舟山	定海大小渔船二百余号，沈家门百余号，罗钓门九十余号，岑港三十余号
沈家门	渔船一百数十号
爵溪所	近处无商船，大小渔船约一百十余号
石浦	商船止寥寥数号，渔船一百数十号。冬季闽船及四五等月台船之来此者常数百号
健跳所	近处无商船，大小渔船一百一十号
海门卫	海门商船一百六十号，渔船二百二十号，蓬芷渔船七十余号。北岸一带商船五十余号，渔船一千二百余号
松门卫	松门无商船，渔船约共一百六十余号
玉环	商船止二三号，渔船约三十余号，小渔船约五百号。秋时闽船来此捕鱼者约百号
铧锹埠	近处无商船，止小渔船十余号，蒲岐所小渔船三十余号
温州	本处商船数十号，渔船大小共约二百余号。又由处州运木至西门外者约数百号，均不甚大
飞云江	商船数十号，渔船二百十余号
南北关	镇下关渔船数十号，此外南北船之寄椗者常二三十号，值大风汛亦有多至百余号者。沙埕港渔船数百号
岱山	商船数十号，渔船数百号，四五月渔船之来自各处者约万号
长涂	商船六十号，渔船二百三十号
衢山	商船数十号，渔船大小共三百号

资料来源：（清）朱正元辑：《浙江省沿海图说》，台北成文出版社 1974 年版。

据表 5-1 的统计，晚清浙江沿海渔船总数约有一万艘左右，另有商船近千艘。

如果按照区域分布来看，渔船分布超过千艘的有镇海、宁波、象山、海门及岱山。在这些区域中，除了海门位于台州府境内，其余四地皆靠近舟山渔场。如果我们按照渔船的种类来进行统计的话，浙江沿海渔船的数量如表5-2。从数量上看对船的数量最多，大对船、花头对船和红头对船加起来有2300余对，4600余艘船，其次为墨渔船和大捕船。

表5-2 浙江渔船分类统计表

渔船	数量（只）	渔船	数量（只）
大对船	冬690、夏240	大捕船	1270
花头对船	250	墨渔船	1660
红头对船	1100	冰鲜船	110
溜网船	610	高钓船	40
张网船	450	钓东船	480

注：表中对船为一对的数据，即一对为两只。

资料来源：陈训正、马瀛等纂修：《定海县志》第3册《鱼盐志》第五《渔业》，台北成文出版社1970年版，第269—274页。

渔民的数量大致与渔船的数量相当。入清以来，浙江沿海渔民以宁绍为主，杭嘉、温台为次。随着浙江沿海岛屿的开发，大批滨海居民迁往海岛。这些岛民除了以在海岛上种植山芋等耐旱作物为生外，其余大部分时间都需要出海捕鱼以维持生计。据《浙江省沿海图说》记载："舟山山多田少，每岁仅足三月之粮。山间半已开垦种山芋（亦名地瓜），以佐民食，一遇亢旱，人力无所施。然丰岁亦仅足半年之食，常赖海产以补地利之不足，每于三四五等月（俗名渔汛），卜岁入之丰歉焉。"[1] "玉环居民半耕半渔，每年禾麦及山芋仅足八月之食。"[2]

根据相关统计，晚清时期浙江沿海岛屿居民大概为五万户[3]，如果以平均每户两个成年劳动力计算，浙江沿海仅岛屿居民从事渔业生产的大约就有10万人左

---

① 〔清〕朱正元辑：《浙江省沿海图说》，台北成文出版社1974年版，第45页。

② 〔清〕朱正元辑：《浙江省沿海图说》，台北成文出版社1974年版，第68页。

③ 参见〔清〕朱正元辑：《浙江省沿海图说》，台北成文出版社1974年版，附表。

右。他们平时在海岛上种植山芋，一些稍大岛屿还可以种植水稻（人数超过 1000
人的岛屿一般都能种植水稻）。浙江沿海岛屿居民主要集中在舟山群岛、镇海及松
门附近。这种岛屿开发方式与周边渔业资源的多少是有一定联系的。因为岛屿居
民仅仅依靠农业产量是无法维持生计的，唯有向海洋进军，捕捞渔产品，从而与
大陆居民换取生活必需品，才能维持一年生活所计，而距离渔业资源越近的岛屿，
所能捕捞的渔产品潜在数量越大，供养的人口也就越多。

就浙江沿海单个普通渔民而言，其生活是比较艰辛的，尤其在海岛上的居民，
除了种植的少量水稻和山芋外，主要靠渔汛期捕鱼收入。如果运气好，不仅个人
能大赚一笔，也能带动地方经济的短期繁荣，使人觉得渔民的生活是非常不错的。
《申报》曾记述："本年渔户出洋米捕，获利至二千余金。因出赏特召京班搭台演
戏，兼放烟火，盒子异样新奇，十色五光，令人目为之炫。"[1] 但是渔民这种靠天吃
饭的生产方式存在很大的运气成分，一旦渔汛期收成严重不足，不仅会拖欠大批
债务，更有甚者还"渔之与盗"，成为海上"绿林豪客"。[2]

有报道称："宁波访事友人云，东南乡下张渔贩张某等人以本年渔汛不旺，亏
累难堪，先后驾舟回乡。穷极计生，探知各处花会盛行，获利匪浅，遂于某日纠
集多人扮作赌客，至定桥某甲佾为猜压，旋即入内搜括，不意冥索移时，一无
所得，不得已将甲劫去，勒令备银取赎，甲倔强不依，张遂送交地保，令送县请
惩，未知县主何以处之。"[3]

渔民的这种特征对政府来说是非常头疼的，因为鉴别渔民和海盗非常难。政
府能做的是制定相关渔业法规，严格控制渔民出海作业活动，同时通过必要的救
济、减免税收等方式减轻渔民负担，防止渔民因生活所迫转渔为盗。

（二）海产品运销

浙江沿海渔产品的销售有两种途径：一种是渔民与渔行签订协议，由渔行提
供资金进行捕捞，其所获渔产品全部按照渔行规定的价格转卖给渔行；另一种就

---

① 《明州琐志》，《申报》1891 年 9 月 25 日。
② 《匪徒纵火》，《申报》1893 年 7 月 22 日。
③ 《狡谋难逞》，《申报》1899 年 7 月 7 日。

是在渔民自己拥有渔船的情况下，将捕获的海产品卖给前来收购海产品的商人。后者是浙江海洋渔业销售的主要渠道。每年渔汛期间，不仅沿海渔民纷纷出动，嗅到利润的商人也赶到渔民上岸区域收购海鲜。这些沿海区域既包括常年开放的港口，也包括只有在渔汛期才会繁荣的渔港。前者如宁波港这种常年开放的商渔港口，后者如仅在渔汛期才出现的键跳渔港。对于键跳渔港，据项士元《台海小志》载："四五月，客渔群集，结茅其上，几无隙地，倡优走集，几疑都市，渔事告毕，亦各星散，只留岛上四五十户居民。"[1]

晚清时期，由于商渔船制区别不大，港口的功能也未有明显的区分，一般有商船的港口都有停靠渔船的码头。而有商船的港口一般都是比较大的城镇，消费市场相对大，因此在非渔汛期，渔民捕获的海产品一般会运到规定的商业港口销售，而在渔汛期则会集中在专门的渔港销售（见表5-3）。

表 5-3　浙江沿海港口市场分布表

港口	市场
乍浦	海岸内半里有乍浦城，城内大半荒芜，东北尤甚，惟南门内外略有市肆，附近无大镇
澉浦	海岸内有澉浦城，其东南两门离海均不过里许，城中气象萧索，惟十字街口略成小市
蟹浦	蟹浦市肆颇盛。西北十二里有龙山城，管界司驻焉，地方较形冷落
镇海	西北三十里滨海有蟹浦镇，西南二十里有梅墟镇，列肆均颇繁盛；江南小港长山桥等处，虽略有市廛，仅备园蔬海鲜供村农之取求而已
宁波	自通商以来，江北岸一带商贾辐辏，地方日臻繁庶
三山浦	三山浦人烟稀疏，惟口内新碶头、大碶头略有市肆
穿山	距穿山东南五里之柴桥镇较为繁庶
象山港	南岸东面有象山县城，西面有宁海县城，北岸东面有大嵩所城，西面有奉化县城，率离港数十里，惟大嵩所城离港止十余里
舟山	定海菁华在南半城，厦屋连云，皆商于沪而起家者，道头亦成市集。此外惟东面沈家门为渔船聚会之所，冬月颇为繁盛。西面岑港日即凋敝
沈家门	舟山乡镇推此为最，每值冬令，商鱼群集，市面颇为殷著，俗亦渐奢
爵溪所	居民寥落。惟四月渔汛较为繁盛，外来渔户均于城下结茅而居
石浦	石浦依山，而城市肆之盛几无隙地，东面沿港，地名盐仓，前系闽帮鱼市，亦颇繁庶。东北十里有昌国卫，卫内半属荒地，惟北面稍有房屋

① 三门县志编纂委员会编：《三门县志》，浙江人民出版社1992年版，第300页。

续表

港口	市场
健跳所	键跳依山而城，南面临水，城内大半皆山，荒芜不治。惟西门内直街略有小市，近处并无市镇
海门卫	海门地方疾苦，市肆清淡，西门外五里许滨江地名葭芷，亦一市集，同知驻焉，小康之家，多萃处于此。北岸有前所城诸一巡检地方荒凉，无异村落
松门卫	城内居民稀疏，唯南门大街，稍有市里，街道亦尚坦阔，近处并无市集
玉环	玉环城中有市肆，此外坎门于冬季闽船聚集之时，稍为繁盛，余皆村落
温州	温州府临江而城，市肆繁盛，街衢宽洁，除西门内略有隙地外，余皆市里填塞。东西南三门外亦均成市。又离府城东水路三十五里北岸有盘石卫。此外近处无大镇
飞云江	瑞安县临江而城，人烟尚稠密。郭外沃野平原，弥望皆是。惟厦屋殊不多见，市肆亦极萧索
大渔口	近处如小渔、大镬、小镬、沙浦均系村落；南面赤溪为产矾之处，时有宁波商船乘潮进溪运货，遂成小市；北面金乡司城及滨海炎亭大小渔等处为盛
南北关	镇下关并无城市，居民依山而居。北面十余里蒲门城及西面沙埕稍为繁盛

资料来源：（清）朱正元辑：《浙江省沿海图说》，台北成文出版社 1974 年版。

从上表我们可以知道浙江常年港口主要在沿海各府（县）城周围，而渔港主要有舟山沈家门港、爵溪所渔港、石浦港及坎门港。关于渔港与地方经济发展的关系，台湾学者刘序枫曾以嘉兴乍浦港的兴起为例，研究"由一个边海渔村发展成东南沿海一大转口港"的历程。[①] 如果从渔业运销角度考虑，港口自身的发展对海洋渔业销售点的区域分布也有很大的影响。一般商业繁荣的沿海地区都是临港而居，其集中的人群与消费能力同时也吸引着渔业销售市场向其靠拢。晚清上海港的崛起就是一个明显的例子，随着上海经济发展，以前运销宁波港的渔船纷纷将渔产品卖往上海。

沿海渔商在收购渔产品之后，除了在本埠销售之外，更多的是长途运输到其他区域，以获取更多的利润（见表 5-4）。随着渔行的出现和专业分工的深入，浙江海鲜不仅由沿海运销到本省内地，而且还远销苏南。在渔业保鲜技术不断提高的情况下，浙江海产品甚至远销中国内地及海外（见表 5-5）。当然，在浙江沿海渔产品销售海外的同时，也有一些国外的渔产品开始进入中国市场。

---

① 参见刘序枫：《清代的乍浦港与中日贸易》，见张彬村、刘石吉主编：《中国海洋发展史论文集》第 5 辑，"中央研究院"中山人文社会科学研究所 1993 年版，第 187—244 页。

表5-4　晚清浙江象山海产品运销市场

地名	船数（大/小）	作业时间	运销地
白岩	1/10	清明至冬至	北洋及台衢
潭头	2/4	一年	台衢及本埠
文山	6/12	一年	北洋及台衢
杨澳山	0/7	一年	本埠
牌头门	籍船10，捕黄鱼、勒鱼、鲳鱼、鲈鱼等	二月至十一月	运销各地
爵溪大目洋	本籍船140，客籍船2800	夏秋两季捕黄鱼、勍鱼	黄鱼鲞运销绍兴、萧山及温州，又冰鲜运销宁波、上海、乍浦、江阴等处
怀珠乡			蟹运销宁波
松澳	本籍船22，捕黄鱼、勍鱼、白鱼等	一年	石浦、爵溪及就近城市
会通契港	本籍船6，捕黄鱼	一年	运销爵溪及内地
胡家屿	本籍船3，捕蛸蚌、蟹	一年	运销宁波、上海
岳头	本籍签网船4，捕黄鱼、虾蟹等	一年	贩各城市
昌国卫半边山	本籍船5，产虾皮、鱼	一年	本邑石浦

资料来源：李濎修，陈汉章纂：《象山县志》卷13《实业考·渔业》，台北成文出版社1974年版，第1610—1613页。

表5-5　同治十三年至光绪四年宁波出口的墨鱼数量

年份	同治十三年（1874）	光绪元年（1875）	光绪二年（1876）	光绪三年（1877）	光绪四年（1878）
数量（担）	86688	37245	56667	17270	22769
价值（海关两）	260064	174586	258292	140882	204346

资料来源：中华人民共和国杭州海关译编：《近代浙江通商口岸经济社会概况——浙海关、瓯海关、杭州关贸易报告集成》，浙江人民出版社2002年版，第202页。

二、海洋渔业的近代变革

在传统中国社会，渔业组织的核心是渔帮和渔业公所，这两个组织肩负着管理与协调渔业生产的职能，同时也是渔民与政府沟通的桥梁。晚清中国沿海的社会变迁使得政府意识到加强渔民管理及推动渔业革新对区域社会稳定的重要性。因此在中央及地方政府的大力支持下，渔团组织和公司制相继在浙江确立。

（一）渔团组织

19 世纪中后期，中国出现严重的海防危机，如何动员沿海民众参与海防建设，成为中央政府和地方官员非常关注的问题。当时，受过西方思想影响的陈次亮认为渔人也是一般的平民百姓，其"畏死贪利之心，亦与常人等耳。平日置主度外，一旦有事，遽欲编之卒伍，置之前敌，驱之于枪林弹雨之中。虽黄金满前，白刃在后，犹有畏避不遑者，岂区区一纸公文，遂能作其忠义之气乎"[1]。因此，他提出要发挥沿海渔民的作用，就须将他们纳入政府常态化的军事管理制度中。清政府在参考乡团制度的建设后，开始在沿海举办类似乡团的地方防卫力量——渔团。

光绪六年（1880）八月乙丑，山东巡抚周恒祺在朝廷的首肯下将山东省沿海团练"寓于保甲之中，变通办理。并饬沿海州县，挑选渔户，协防口岸"[2]。光绪八年（1882），两江总督左宗棠奏准在江苏沿海州县渔民中创办渔团。[3] 随后，他任命苏松太道员为沿海渔团督办，"设总局于吴淞口，设分局于滨海各县"[4]。第二年七月，左宗棠报江苏"筹办海口防务，创设渔团，精挑内外洋熟悉水性

---

① （清）陈炽：《渔团》，赵树贵、曾丽雅编：《陈炽集》，中华书局 1997 年版，第 121 页。

② 《清德宗实录》卷 118，光绪六年庚辰八月乙丑条，中华书局 1986 年版，第 726 页。

③ 清左宗棠《饬办江海渔团札》："照得江苏沿海沿江州县渔船甚多，捕鱼为业，于内洋外海风涛沙线无不熟谙。而崇明十澳，尤为各海口渔户争趋之所。其中技勇兼全、熟悉洋务者，所在不乏。故洋船进海口驶入内江，必价雇渔船水手引水，乃免搁浅触礁之虞。从前将才如壮烈伯李公及王提督得禄，近时如贝镇锦泉辈，皆出其中。本爵阁部堂察看苏松太通海各属川沙、太仓、镇洋、宝山、崇明、嘉定、华亭、金山、奉贤、南汇、常熟、昭文、上海、江阴、靖江、通州、海州、海门、东台、盐城、赣榆、阜宁二十二厅州县滨临江海，所有内江外海渔船不计其数，渔户水手除妇孺外不下万数千人。每百人中挑选健壮三十人，计可练团勇四五千名，余则编成保甲。各县择适中之地设一团防局。惟崇明地广人多，应设两团防局，而以吴淞口设立总局。每月各团操练二次，每月入操不过二日。每名每日应准酌给口粮，团总及教习甲长等按月给予薪粮。牌长、团勇按操期给以薪粮，以资日食，并不苦以所难。甲长、牌长均先行赏给功牌、顶戴，俾资钤束。操练枪炮，技艺娴熟，行水泅水，超越猛升。果有才艺出众者，挑充水勇，练成水军，益习水操，及泅水伏水等技，则沙之飞走，水之深浅，风潮礁石，无不熟悉于中，岂独捕盗缉私、裕课安商诸事有益已哉？江海关道职重海防，于所属府厅州县事宜，责无旁诿，应即委令督办沿海渔团。苏州城守营参将熟习洋务，深明方略，兼耐劳苦，堪以会办，并刊发关防一颗，以昭信守。至渔团之设，全恃地方官力为襄助，裁汰陋规，痛除积弊，始即日起有功。该地方文武倘敢仍前玩泄，一任书差弊混，不即确查实数，遇事诿卸，即会禀撤参。"参见（清）盛康辑：《皇朝经世文续编》卷 90《兵政 16·海防》，光绪二十三年（1897）刻本，第 7 页。

④ 赵尔巽等撰：《清史稿》卷 134《兵》五，中华书局 1976 年版，第 3960—3961 页。

勇丁，以资征防"①。光绪十年（1884）初，清政府要求沿海各省举办渔团，浙江省即以大对渔船帮永安公所董事华子清为渔团总董，"稽查渔民，编列保甲，给照收费，以供局中经费开支"②。同年二月，宁波府会同邑绅查看渔团举办情况，并将弹压局勤参军调回宁波，协助渔团工作。③宁波渔团举办不久，因华子清以渔团经费办理本帮大对渔船的护洋工作，而不顾其他渔帮的利益，遭到各处绅士联名控告，即被撤销。④同年三月，新任两江总督曾国荃下令"上海道速撤渔团"⑤，其原因亦与渔团局人员扰累地方有关。⑥第一次江浙地区渔团的创建就这样取消了。

　　虽然省政府撤销了渔团，但是地方对于渔团的探索仍在继续。1885年4月15日《申报》发表评论文章，指出浙江开办渔团的必要性和可能性："孤拔在宁，以西人之引港者索价四万至七万，嫌其太巨，因电致巴德诺脱，请其在沪代雇宁波轮船之引港。巴使误会雇得之后，迄无所用。彼之欲雇引港至于如是之急，设有汉奸引诱，告知法人，以此种人深知水性，熟谙海道，法人因而悬重利以啖之，则此辈正在无可为生之时，忽有此绝处逢生之地，岂有不为所诱者？虽曰法人在口外，若辈在口内，一时不易联络，然暗中潜煽，安知无人？一或内变，其患滋大。故讲前者早经著为论说，谓沿海居民凡有谙于海洋业为捕鱼者，皆当援照左侯相在两江时兴办渔团之法，编其丁口，籍为保甲，教以步武，使之守望相助，或竟招入兵籍，以防他变，原亦虑此辈或有意外之虞。今镇海沿海各居民至于无可谋食，不能迁避，而犹能坚忍不动，则其人亦类多略知大义，不肯蠢动，于以

---

① 《清德宗实录》卷166，光绪九年癸未秋七月甲申条，中华书局1986年版，第326页。

② 李士豪、屈若搴：《中国渔业史》，上海商务印书馆1984年版，第33页。

③ 参见《东湖月波居士来书》，《申报》1884年2月5日。

④ 参见李士豪、屈若搴：《中国渔业史》，上海商务印书馆1984年版，第33页。

⑤ 《清德宗实录》卷185，光绪十年甲申闰五月丙辰条，中华书局1986年版，第590页。

⑥ 曾国荃奏："赣榆县渔团分局委员江涵秀、纵勇滋事。迨经喊控到局。辄敢迁怒旁人。将附贡生董云瑛违例刑责。监生董云琪等控县。验明伤痕属实。由县移令交滋事勇丁。复敢始终庇护。延不交案。经委员会同海州提讯明确。"请旨革职究办等语。江苏候补知县江涵秀、于勇丁滋事一案。事前既不能约束。事后复一味偏袒。并将无干之附贡生董云瑛擅行刑责。实属任性妄为。亟应从严惩办。江涵秀着即行革职。勒令交出首先滋事勇丁。归案究办。以肃军律。参见《清德宗实录》卷188，光绪十年甲申六月辛丑条，中华书局1986年版，第639页。

益见本朝德泽之厚，与夫官宪教化之深，实皆可怜而更可感者也。"[①]

　　光绪十九年（1893），王炳钧在浙江台州创办渔团局，"废司营进出号金，并临海县渔商牌照"[②]。光绪二十一年（1895）二月，朝廷再次要求沿海府厅州县及各防营，"督同地方绅董查明渔户，编立渔团"，"借以保卫海疆，免致为敌所用"。[③] 其命令的出台恰逢中日甲午海战后东南沿海海防空虚之机，清政府为了重建海防体系，开始组织沿海渔民自卫，以期稳定海上秩序。正因为如此，光绪二十二年（1896），浙江巡抚廖寿丰下令宁、台、温三府所辖厅县于同年三月一律开办渔团。由维丰南公所董事刘孝思拟订具体办法，经省府批准后立案施行。其章程如下：

　　（1）勤编查：合属各帮渔船，散处海滨，非在渔汛之前认真分别编查，不能尽归约束。应由各员董先期分赴各乡村，督率司巡，挨户编册。凡渔船每十船为一牌，立牌长一人；十牌为一甲，立甲长一人。由局重选其干练诚朴者专任之。其偏僻小村，渔船不满十艘者，听其四五艘或五六艘为一牌，务求实际，不必拘定成格。

　　（2）严互结：渔船领照，必令取具互结，以别良莠。如无互结，即由局董将该牌照扣押，取亲邻确实保结，方准给照出洋。

　　（3）严连坐：渔船中有作奸通匪者，起初形迹未露，偶被遮瞒误保，后经察觉，当具词禀局，该船犯事，始可与互结之船无干；但不许于犯事之日始行呈报。

　　（4）定赏罚：渔船出洋，如有奸通匪类等情，其同牌有能擒其首到官者，审实后即以该匪奸之船货，酌量赏给，以示鼓励。

　　（5）严稽查：渔船进出口岸，为鄞、奉、镇、象、定各厅及石浦、乍浦、沈家门等，均由各局董事，督率司巡，切实查验，并按船书蓬烙号以专责任，而绝弊窦。

　　（6）牌照：由局移厅县会印，然后给董收领，凭给渔船，庶厅县既不得置团

① 《论镇海施赈之善》，《申报》1885 年 4 月 15 日。

② 项士元纂：《海门镇志》，临海市博物馆打字油印本 1988 年版。

③ 《清德宗实录》卷 361，光绪二十一年乙未二月癸丑条，中华书局 1986 年版，第 711 页。

务于事外，而胥吏亦无从索浮费于渔民。

（7）裁减规费俾渔民乐从：凡渔民向厅县领印照，缴费若干，现照减去二成，实收八成，从前未领厅县照现始编给者。即比较向领县照之船，一律酌减，其大船核收大洋二元，中船一元五角，小船一元。如墨渔船小对船等，再减收五角，以示区别而资体恤。其各帮牌甲长旗号及墨鱼全帮旗号，均由局办给，不取分文。至查验规费，照营台向收原数，减收五成，以充公用。此外不准司巡需索留难，及勒取羹鱼，以除积弊。

（8）墨渔船帮：每船酌收照费洋五角。其洋提缴宁局一千元，以备制旗照，并津贴局用之需；余归该帮司员柱首薪水夫马支销。倘仍有盈余，即由该帮存储，以备建造公所之用。每届渔汛已毕，将同帮船数并支销各款分项开列，榜示通衢，以绝浮冒。

（9）宁、定、镇三处：各立县局，以资办公，其沿海各乡村及海岛，有另设分局办理者，有就渔业公所兼理者，因地制宜；选派司巡编查，以资周密。惟奉、象二邑，渔船较少，办理简易，毋庸特设县局，但就沿海渔户繁盛处所，设立分局编查，以节经费。

（10）渔户牌甲名册：并各局董收支清据，每年于十二月间汇造呈送。

（11）渔帮自雇护船：原属渔户等万不得已谋保护生命起见，然误被匪类私护，恐致抑勒之害，嗣后渔户禀请各宪，给发护照，应饬各局董确切调查，并无私护抑勒情弊，始准由局禀请给谕，派弁督带。

（12）经收减成照验各费：除各局支销外，余款俟年终提解宁波支应局专款存储，以便渔团邀功之用。[1]

甲午战争之后，清政府对沿海地区的控制力大大下降，而渔团的组建恰好可以稳定沿海社会秩序。光绪二十四年（1898）九月、十一月，清政府先后两次谕令要示沿海各省督抚将本省筹办渔团情形据实上奏。[2]第二年正月，浙江巡抚廖寿

---

[1]　参见李士豪、屈若搴:《中国渔业史》，上海商务印书馆 1984 年版，第 34—36 页。从章程内容看，应只是对宁波渔团局的规定，台州、温州等地的渔团是否也采用这一章程，仍需进一步的文献证明。

[2]　参见《清德宗实录》卷 430，光绪二十四年戊戌九月己卯条，中华书局 1986 年版，第 653—654 页；《清德宗实录》卷 434，光绪二十四年戊戌十一月戊辰条，中华书局 1986 年版，第 700 页。

丰上奏："浙江宁波、绍兴、温州、台州、与嘉兴府属之乍浦，沿海渔团，办有端绪，以卫海疆。"[①] 至此，浙江沿海渔团的筹建工作全面完成。

渔团开办后，宁属渔团委员为毕贻策、胡钟黔、李炳堃和刘凤岗等四人，其经费最初由宁波支应局提供，其后就按照渔团章程向辖区渔民征收，征收项目主要是牌照费。[②] 在机构运行初期，渔团局的收入相对较多，除负担自身的运行外，还略有结余（见表 5-6）。就台州海门渔团局而言，其剩余的护渔经费还常常划归政府办公及慈善经费项下。[③]

表 5-6　浙江渔团局收支表

收入项		支出项	
牌费	14000 元	局用	5500 元
验费	4400 元	营船护渔	1400 元
总计	18400 元	总计	6900 元

资料来源：（清）沈同芳：《中国渔业历史》，上海中国图书公司 1911 年版，第 39—40 页。

从浙江渔团局的规章制度来看，第二次浙江筹备的渔团更加成熟。一方面渔团组织被纳入政府的管理体系，另一方面又给予其较大的自主权。就宁属渔团委员而言，毕贻策即为当时的鄞县知县[④]，李炳堃隶属于浙江水师营[⑤]，分局则由各渔业公所董事兼理。宁波渔团局开始是由毕贻策负责，1899 年 3 月 31 日（光绪二十五年二月二十日）转为"镇海县周大令兼办"[⑥]。渔团局还在宁波、镇海、定海、沈家门、蟹浦和石浦设置了分局，沿海各乡村及岛屿渔船较少的地方则由渔业公所代办相关事务。

除了征收渔业税收外，渔团局的责任主要是在渔汛期保证渔业安全。晚清由

---

① 《清德宗实录》卷 437，光绪二十五年己亥春正月丙辰条，中华书局 1986 年版，第 749 页。

② 参见《清德宗实录》卷 394，光绪二十二年丙申八月己丑条，中华书局 1986 年版，第 147 页。

③ 参见（清）黄沅：《黄沅日记》，见桑兵主编：《清代稿钞本（第一辑）》第 21 册，广东人民出版社 2009 年版，第 206、227 页。

④ 参见《清德宗实录》卷 448，光绪二十五年己亥秋七月癸丑条，中华书局 1986 年版，第 904 页。

⑤ 参见项士元纂：《海门镇志》，临海市博物馆打字油印本 1988 年版。

⑥ 《四明官场纪事》，《申报》1899 年 3 月 31 日。

于内忧外患，海盗猖獗，而政府水师在洋务运动中开始向近代海军演变，近海安全主要由地方负责。面对海盗活动，浙江沿海负责渔业安全的船只，不但无法与海盗抗衡，反而经常敲诈渔船。在地方政府无法保证渔业安全的情况下，宁波渔团局专门购买大船作为护渔之用。在这里要注意的是，渔团局的护渔船主要是保护有牌照的渔船。就政府而言，为了加强对渔民的控制，同时保证海上安全，要求出海渔船必须向渔团局领取牌照。如"江北渔团局胡明府查自接办以来，各渔户多有未领牌照出洋渔捕，一遇劫夺之事，玉石难分。现届渔汛，诚恐渔民无知，仍蹈故辙。日前特出示谕，凡各渔户出洋捕渔，须先赴局领取牌照，无得违抗，致干查究"[1]。就渔团的其他功能而言，除了战时要对沿海渔民进行组织和动员外，平时还需负责与渔业有关的数据统计。光绪三十二年（1906），宁波渔团局就对当时宁波府渔民人数做了统计。总计渔民数为 7019 人，具体情况如表 5-7。

表 5-7　光绪三十二年宁波府渔民统计表

县名	组织	渔民人数	县名	组织	渔民人数
鄞县	25 甲	2435 人	象山	7 甲	562 人
镇海	15 甲	1312 人	定海	25 甲	2038 人
奉化	8 甲	672 人	慈溪	—	—

资料来源：《甬属渔民总数》，《申报》1908 年 1 月 16 日。

从渔团组织实际执行情况来看，最初收到了一定的效果。初期，主要是渔团局一家向渔民征收费用，每当遇到渔汛收获不佳时，渔团局也会酌情减免牌照税。如 1904 年 9 月 26 日，"宁属各渔户因今岁墨鱼收获不佳，齐赴船局领请暂免照费，俟来年一律呈缴局员胡大令禀请宁波府尊喻太守转详省宪，现已邀准，遂于某日出示晓谕矣"[2]。

这对于减轻渔民负担、以便民生是有好处的。但不多久，渔团局的弊端也逐渐显露出来。

---

① 《甬郡官场纪事》，《申报》1903 年 5 月 11 日。
② 《甬江杂志》，《申报》1904 年 9 月 26 日。

　　首先是内部的贪污腐败问题。光绪三十一年（1905），宁波渔团局内部人员贪污曝光，有"镇邑职员陈某等，联名赴府禀揭委员私图中饱"①。渔团局内部的贪污腐败，直接导致其在渔民中的领导地位的下降，很多渔船开始拒绝领取渔团局的牌照。为此，宁波渔团局"恐各渔船抗不遵领，特于日前移请鄞县高子勋大令派差，由大石碶地方押令各渔船户到局领取船照，始准放行出口"②。但渔团局的内部腐败现象并没有得到抑制。如宁波洋关稽征委员候补知县颜恭叔兼办镇海渔团局优差后，"骤加阔绰，花丛和酒，挥霍更豪。前月下旬纳郡城名妓林四宝为妾，缴身价一千六百金，藏之金屋"③。

　　其次，渔团中不办事的"尸食者"也越来越多，导致收入不敷开支。正如时人所指出的："所谓渔团，已失其原有之本意，而仅成为政府收取税捐之机关，绅董索诈之工具而已。"④

　　最后，渔团从渔民手中收取的大量费用，大部分并没有投入到渔业建设上来，而是被地方政府挪作他用。如"宁属渔船牌照余款改归渔户承办，以便将照费分充该处乡约、学堂两项经费"⑤。宣统元年（1909），宁波渔团局的所有存款也被用于"当年印山学款及警察经费之用"⑥。

（二）江浙渔业公司

　　19 世纪末俄国、日本的渔轮陆续来到中国沿海捕鱼，并在中国开办渔业公司，中国传统渔业面临外国渔船侵渔的威胁。而与之相对应的是当时中国尚无相应的政府机构来管理渔业及维护中国海洋权益。⑦在此背景下，近代实业家、时任商部头等顾问官的张謇在光绪二十五年（1899）奏请商部提倡各省集股成立渔业公司，并得到朝廷的重视。⑧但由于当时政治局势混乱，该建议并未得到有效实施。

① 《宁波》，《申报》1905 年 3 月 10 日。
② 《派差押领船》，《申报》1905 年 5 月 17 日。
③ 《红分府妻妾争宠》，《申报》1911 年 6 月 25 日。
④ 张震东、杨金森：《中国海洋渔业简史》，海洋出版社 1983 年版，第 32 页。
⑤ 《改办渔船经费拨充乡约学堂经费》，《申报》1906 年 10 月 8 日。
⑥ 《筹拨印山学堂赔款》，《申报》1908 年 8 月 9 日。
⑦ 参见李士豪、屈若搴：《中国渔业史》，上海商务印书馆 1937 年版，第 14 页。
⑧ 参见《清德宗实录》卷 528，光绪三十年甲辰三月壬午条，中华书局 1986 年版，第 25 页。

光绪三十年（1904）三月，张謇与苏松太道袁树勋提出了一个具有相当可操作性的渔业现代化设想。该设想主要内容是计划在"全国分别设立南洋、北洋两大渔业公司，总公司下各省自立公司。南洋公司应包括江、浙、闽、粤四省，而江苏、浙江应并立一个公司，先行建立"①。该计划上奏后得到了朝廷的支持，于是江浙渔业公司作为中国第一家渔业领域的公司遂得以创办。

　　1904 年 3 月，商部批准张謇在江北一带召集商股，试办渔业公司，并咨行南洋大臣、江苏巡抚实力保护，其他沿海各省督抚则应"查照该修撰所陈办法劝谕绅商分别筹议"②。6 月，张謇确定南洋渔业公司办法，提出渔业公司"以内外界定新旧法为宗旨，以南北洋总公司为纲，以省局县会为目，以官经商纬为组织"③，建议以江浙两省集股 4.5 万两为先导，成立南洋渔业总公司，拨垫官款为公司购买德国渔轮"万格罗"号。7 月，张謇改定江浙渔业公司集股启事及章程。8 月，江浙渔业公司验收"万格罗"号并改名为"福海"号。10 月，江浙渔业公司正式开办。

　　江浙渔业公司成立初期，张謇担任渔业公司经理、袁树勋担任监理、樊叶担任总董、恽毓昌担任经董、任雨田担任经理、刘崇樨担任司账。④作为官督商办的江浙渔业公司，其监理都是由政府派员担任，晚清时期江浙渔业公司的监理都是由苏松太道兼任。⑤

　　江浙渔业公司官督商办的性质使其公司的职能更多地偏重于对渔民和渔业的管理。张謇认为，渔业公司的创办可以有效应对中国所面临的海洋主权问题。"在国得财政进步之方，在民得实业扩张之地，在国际则保有海权，在外交则稍伸公法。"⑥从渔业公司开办的动机而言，政府更多的是希望借助渔业公司的模式来有效应对渔业危机，这就决定了它的政治管理功能要远大于其经济功能。

①　李士豪、屈若搴：《中国渔业史》，上海商务印书馆 1937 年版，第 15 页。

②　《清德宗实录》卷 544，光绪三十一年乙巳夏四月丙午条，中华书局 1986 年版，第 225 页。

③　都樾、王卫平：《张謇与中国渔业近代化》，《中国农史》2009 年第 4 期。

④　参见（清）沈同芳撰：《中国渔业历史》，上海中国图书公司 1911 年铅印本，插图；《江浙渔业公司来函》，《申报》1908 年 9 月 10 日。

⑤　参见《农部奏准沪道兼充渔业监督》，《申报》1908 年 8 月 17 日。

⑥　张謇：《张謇全集》第 1 卷《政治》，江苏古籍出版社 1994 年版，第 22 页。

　　江浙渔业公司的日常事务有：引进新式渔轮捕鱼、定期海上护渔、代办水产品报关、推广渔业与维护主权。在这些职能中，除捕鱼外，更多的是参与江浙渔业区域的政府管理。这种形态在早期成立的渔业公司中都有所存在。如紧随江浙渔业公司成立的直隶渔业公司，其主要职能就是代替政府征收渔税及海上护渔。[①]

　　早期渔业公司在创办过程当中得到政府的支持，并给予相当多的政策优惠。政府的支持对刚刚采用公司制度的江浙渔业公司来说是非常重要的，特别是在当时普通商人对其认可度不高的情况下。江浙渔业公司在创办的过程中，曾在《大公报》、《东方杂志》等报刊上刊登江浙渔业公司简明章程与详细章程，试图完全按照西方的模式采用招股的方式完成资金筹集，但是效果并不如意。[②]在商股认购寥寥无几的情形下，由江浙两省政府垫付 5 万两白银用于购买"福海"轮船，改江浙渔业公司为由官方垫资的官商合营公司，以维持公司正常运作。光绪三十二年（1906），江苏省用于购船及公司开办经费合计划拨 29102 两。[③]政府的全额出资使得江浙渔业公司可以获得大量政府资源的支持，如其总公司所用土地亦由地方政府无偿划拨。[④]在亏损年度，两省亦以财政拨款的形式对江浙渔业公司进行补助。[⑤]至此，江浙渔业公司已转变为类似现在的国有企业，由政府全额出资办理，以私人管理的模式进行运转，政府派出监理对日常事务进行监督。

　　江浙渔业公司购入的"福海"轮船总计耗资 45000 两白银，船长 33.33 米，宽 6.67 米，219 马力，属于单拖渔轮。[⑥]"福海"轮船最初在海上捕鱼多有收获，但随后因捕捞技术人员过少而产生亏损，最终被划为"护洋"之用。[⑦]江浙渔业公司的护渔职责在公司章程里有明确规定，它的官办性质也使其可以根据需要要求

①　参见《记事：渔业公司最近之办法》，《南洋商务报》1909 年第 61 期。

②　参见《江浙鱼业公司渔会章程》，《东方杂志》1905 年第 2 卷第 3 期；《江浙渔业公司简明章程》，《东方杂志》1904 年第 1 卷第 12 期；《查封江浙渔业公司之声诉》，《申报》1923 年 3 月 13 日。

③　参见《渔业公司开办经费解沪》，《申报》1906 年 4 月 21 日。

④　参见《实业各省渔业汇志：江苏》，《东方杂志》1905 年第 2 卷第 9 期。

⑤　参见《查封江浙渔业公司之声诉》，《申报》1923 年 3 月 13 日。

⑥　参见吴淞江苏省立水产学校王荣：《中国之渔业（续）》，《申报》1924 年 3 月 23 日；上海渔业志编纂委员会编：《上海渔业志》，上海社会科学院出版社 1998 年版，第 176 页。

⑦　参见《渔船进口》，《申报》1905 年 3 月 31 日；张震东、杨金森：《中国海洋渔业简史》，海洋出版社 1983 年版，第 174 页。

政府增派"兵轮游弋，协助保卫"①。另外，江浙渔业公司经政府支持还办理沿海渔会。凡是参加渔会的会员均可获得渔业公司护洋船的保护，并由公司代为办理上海报关手续。相比渔民自身报关所需 70 元而言，江浙渔业公司所属渔船所缴费用为大船 56 元，小船 42 元。②

作为官督商办企业，江浙渔业公司还肩负着宣传海洋渔业与宣誓海洋主权的职责。如 1906 年 3 月，公司上禀渔业监督："本年意国秘拉诺举办渔业赛会，叠奉宪台承准部照，令本公司代办赛品，先赴意国，经理会场造屋事物，查中国渔业见于古者，以尽沦没，存于今者大多涣散。此次赛会，自以渔海全图历史为要。"③ 可见，江浙渔业公司出国参加意大利渔业赛会最重要的目的之一就是要划清各国渔业界限，以维护中国海洋渔业主权。光绪三十四年（1908），在美国渔业会的邀请下，公司推举中国驻美参赞颜惠庆为代表，公司训导郭凤鸣、教习张文廷、贡生陈巨纲为会员，参加了 9 月 22 日在华盛顿召开的第四次渔业赛会，在宣传中国渔业的同时，重点考察了西方先进渔业加工技术。④

20 世纪初，以江浙渔业公司为开端，全国沿海各省份掀起了开办渔业公司的浪潮。其中官营的有奉天渔业公司和直隶渔业公司，其职能和江浙渔业公司类似。如直隶渔业公司直接替政府向渔民征收渔业捐税并且承担渤海、黄海沿海的护渔任务。⑤ 与此同时，一批商业性的渔业公司也逐渐兴办起来，其中比较有代表性的是烟台渔业公司。该公司由山东士绅王锡蕃筹办，完全商业股份。由于紧邻青岛德国势力范围，政府仅能在政策上进行扶持。但与江浙渔业公司相比，烟台渔业公司在推广渔业技术方面做得更好。该公司还于光绪三十一年（1905）创办了中

---

① 《江浙渔业股份有限公司详细章程》，《东方杂志》1906 年第 3 卷第 6 期。

② 参见《上海道详南洋大臣文（为江浙渔业公司事）》，《申报》1905 年 2 月 24 日；《南洋大臣咨浙抚文（为江浙渔业公司事）》，《申报》1905 年 2 月 24 日。另见李士豪、屈若搴：《中国渔业史》，上海商务印书馆 1937 年版，第 40—41 页。

③ 李士豪、屈若搴：《中国渔业史》，上海商务印书馆 1937 年版，第 67—68 页。

④ 参见《渔业公司赴美赛会电文》，《申报》1908 年 7 月 18 日；《研究渔业之预备》，《申报》1908 年 7 月 23 日。

⑤ 参见《记事：渔业公司最近之办法》，《南洋商务报》1909 年第 61 期；《实业新闻：直隶渔业公司派轮保护海面》，《大同报》（上海）1909 年第 11 卷第 6 期；《直隶祁口渔业分局统计篇》，宣统元年（1909），见国家图书馆古籍馆编：《近代统计资料丛刊》第 23 卷，北京燕山出版社 2009 年版，第 452—457 页。

国第一所渔业小学。① 1908 年（光绪三十四年）7 月，奉天渔业公司改为商办，政府另外专设机构管理渔业。② 此外，广东士绅缪凤群、区罗屋等人亦在当年筹办了广东渔业公司。③ 宣统元年（1909），绍兴商人朱寿同等人创办绍兴渔业公司。④ 次年，上海南汇富商张雏声倡议以股份制的形式创办渔业公司。⑤

晚清时期，开办渔业公司的目的主要是在外交不振的情况下维护中国的海洋权益。有广东地方官员曾明确提出"创办渔业公司，自立基础，而后再持公法条约，与之磋商"⑥ 的主张。这种认知，实际上是国人海洋主权意识的提升。

第二节　晚清时期浙江海洋盐业

浙江制盐历史悠久，据《越绝书》记载，早在春秋末年越国已设盐官。⑦ 公元前 222 年秦始皇在钱塘江北岸置海盐县，隶属会稽郡。汉初吴王刘濞，曾募民煮盐于海盐县一带，其时杭州湾两岸成为浙盐的主要产区。⑧ 唐代浙盐生产已扩大到浙江东南沿海。刘晏领东南盐事期间，在产盐区附近设四大转运场，其中两浙有湖州场、越州场、杭州场；在所设的十监中，浙江境内就有五监：临平监（在今杭州）、新亭监（在今临海）、兰亭监（在越州，今绍兴）、永嘉监（在今温州）、富都监（在今舟山定海）。⑨ 之后，浙江在全国盐业生产中一直居于重要的地位。

---

① 参见《宣统政纪》卷 4，光绪三十四年戊申十二月戊午条，中华书局 1986 年版，第 69—70 页；刘锦藻撰：《皇朝续文献通考》卷 112《学校考》十九《学堂》，浙江古籍出版社 2000 年版。

② 参见《清德宗实录》卷 594，光绪三十四年戊申秋七月甲午条，中华书局 1986 年版，第 851 页；刘锦藻：《皇朝续文献通考》卷 112《学校考》十九《学堂》，浙江古籍出版社 2000 年版。

③ 参见《报告：渔业公司可期开办》，《农工商报》1908 年第 39 期。

④ 参见《海内外实业：浙江绍兴创办渔业公司之先声》，《华商联合报》1909 年第 13 期。

⑤ 参见《纪事：外省：创办渔业公司》，《湖南地方自治白话报》1910 年第 1 期。

⑥ 《本省大事记：拟办渔业公司维持廉琼海权》，《孔圣会星期报》1910 年第 104 期。

⑦ 参见（汉）袁康：《越绝书》卷 8《外地记地传》。

⑧ （汉）司马迁：《史记》卷 106《吴王濞列传》，中华书局 1982 年版，第 2822 页。

⑨ 参见（宋）陈耆卿纂：嘉定《赤城志》卷 7《公廨门四·场务》，《宋元方志丛刊》第 7 册，中华书局 1990 年版，第 7331 页；（元）冯福京等纂：《大德昌国州图志》卷 5《叙官·盐司》，《宋元方志丛刊》第 6 册，中华书局 1990 年版，第 6092 页。

明洪武年间，两浙产盐量已居全国第二位，仅次于两淮盐区。[①] 清代，浙江海盐生产在全国的比重虽有下降，但仍占有重要的地位，尤其是晚清时期采用木板晒盐新技术后，使得浙江海洋制盐业又充满了勃勃生机。

一、海洋盐业的工艺与革新

浙江古代制盐，皆以火力煎熬，延续数千年之久。煎制工具浙西用铁盘，浙东用篾盘，温台地区则多用铁锅。制卤工艺沿用刮泥淋卤、摊灰淋卤，其中刮泥淋卤主要分布在浙西、萧山、余姚、岱山等地，而象山及温、台各地则主要采用摊灰淋卤法。晚清时期，浙江的海盐结晶技术开始改煎熬为日晒，板晒主要流行于余姚、岱山等地，温州、台州等地则采用坦晒法。

（一）制卤方式

1. 刮泥淋卤

清代浙江沿海多采用刮泥淋卤的制卤方式。所谓的刮泥淋卤就是："用刀刮土，以牛挽之，贫则人力，挑积堆垛，旁筑小槽如坑，广四尺，长八尺，实土二十四担，于槽上浇水，渗及周时，泥融水溢，卤方流入池内，随土之咸淡，而为卤之多寡。"[②] 由此可见，"刮土淋煎"的步骤和方法大体是这样的：首先是用刀刮起盐土，并用牛或者人力把盐土堆积在一起；继而在盐土堆附近的地面上搭建一个长八尺、宽四尺的凹槽，并将凹槽的底部用泥封住，然后将一定量的盐土（二十四担）放到凹槽内，再在盐土上浇灌清水，等到"泥融水溢"，密度远高于清水的卤水下沉，从凹槽底部"流入池内"，而获得的卤水的多少则要根据盐土的咸淡情况而定。

当然，具体的制卤过程，各场略有不同。大致来说，可分为沙土地区与黏土地区两种，其中"浙西、萧山、绍兴、慈溪一带均为砂土；定海、岱山以及台、温等泥晒场为黏土"。同时，为刮泥淋卤所建的设备，各地叫法亦略有差别。余

---

① 参见唐仁粤主编：《中国盐业史（地方编）》，人民出版社 1997 年版，第 337 页。
② （清）延丰等纂修：《两浙盐法志》卷 6《场灶》一，《续修四库全书》（第 841 册），上海古籍出版社 2002 年版，第 64 页。

（姚）慈（慈溪）称之为"漏"，而在舟山则叫"溜"。溜，"圆形，呈碗状，俗称漏碗。四周高起，当中圆空，均用筋韧熟泥筑成，并敲打坚实无缝，以防泄漏。溜底中心略低，埋一通节竹管接至外面溜井缸。溜井缸埋于地下，其上装有木制套桶，口小底大，高与溜面齐。溜旁有溜水潭，用以储存淋卤用的海水"①。另据《岱山县盐业志》载：泥场正中筑2至3只土溜碗。溜碗圆形，面径3米，底径2.80米，深0.60米，可容咸泥120担—150担。

此外，黄岩、临海杜渎、平阳南监亦均为泥晒，其制卤设备的建筑方法大体与舟山相同，均须在泥场上筑墩头。晒盐、淋溜等工序均在墩上进行。

2. 摊灰淋卤

摊灰淋卤的灰场建筑与操作方法：摊灰淋卤在海塘内进行，因此灰场建筑首先必须围塘，并建筑陡（闸）门，以便纳潮排淡。灰晒场区以一条塘为一生产单位。每条塘数十亩，根据地亩大小，分设灰担10—30支。每支灰坦面积约2—4亩（即一个生产单元，合0.13公顷—0.27公顷），呈长方形，分左右两片，排列灰堆30—40堆，每堆灰重200余斤；每支坦有二批灰料，一批在漏内淋卤，一批在坦上摊晒。灰场当中置2—3个漏碗，四周有引入海水的坦沟。②灰晒相比于泥晒的优点是：围塘置闸引潮，不受潮汐的局限，天晴即可开晒；劳动负荷较泥晒稍轻；淋卤快、制卤周期短；灰料吸咸（盐）性能好，成卤多。然而，灰晒也有不足之处，即灰籽（即木炭屑，还须掺加泥炭土、谷壳等）原料较难措办。

摊灰制卤的盐场主要分布在温、台一带，有宁海县长亭场、黄岩场一部分、乐清县长林场、瑞安县双穗场、玉环县北监场，以及临近台州的象山县玉泉场。③

（二）结晶方式

在古代，浙江一直以煎熬结晶法制盐，其煎盐工具大致有铁盘、铁锅、箆盘三种。铁盘"以铁打成叶片，铁钉栓合，其底平如盂，其四周高尺二寸，其合缝处一经卤汁结塞，永无隙漏。其下列灶燃薪，多者十二三眼，少者七八眼，共煎

---

① 陈志鹏主编：《浙江省盐业志》，中华书局1996年版，第74页。

② 参见陈志鹏主编：《浙江省盐业志》，中华书局1996年版，第77页。

③ 参见陈志鹏主编：《浙江省盐业志》，中华书局1996年版，第76页。

此盘"①。铁锅有三锅、四锅、五锅等数种，锅圆而底平；篾盘则以"编竹为盘"，"中为百耳，以篾悬之，涂以石灰，才足受卤。燃烈焰中，卤不漏而盘不焦灼"。②一般来说，浙西地区多为铁盘，宁绍、舟山既有篾盘，亦有铁盘，而温台各场则以铁锅为主。

清末，晒板及缸坦兴起，但仍有部分煎灶。到 20 世纪 20 年代，据《浙江省盐业志》记载：1927—1929 年，浙江芦沥、钱清、余姚、鸣鹤、岱山、定海、衢山、清泉、穿长、北监、南监等 11 场已全部改为晒盐；仁和、许村、黄湾、鲍郎、海沙、三江、东江、金山、大嵩等 9 场全部为煎盐；其余黄岩、杜渎、长亭、玉泉、长林、双穗、上望等 7 场有煎、有晒，两者兼有。此时，两浙共有煎灶 1384 座，晒板 92 万余块，晒坦 14.7 万格。直到 1929 年南京国民政府发布废煎改晒的命令，一些纯煎制的盐场废除，煎盐才渐近尾声，逐步为晒盐所取代。③

晒盐法以海水为原料，以盐滩或晒板为结晶的主要设备。改煎盐为晒盐，是制盐技术上的一项重大突破，据周瑛等纂《兴化府志》记载，福建盐区在北宋时期就已经有人"私取海水，日晒盐园中"④，但在当时，并不流行。

浙江改煎盐为晒盐在清代才逐渐盛行起来。嘉庆年间（1796—1820），岱山盐民王金邦见扁担凹处积卤经日光照晒凝结成盐，受其启发，便用家中门板加边沿后盛卤试晒，获得成功，遂依式制造盐板。因此，"板晒法"其实是"淋卤晒盐"的变种，其取卤方法仍照其旧，只是结晶方式改为"板晒"，即将卤水注于板，在板上晒盐。盐板一般用杉木制成，四周以方木围框，板面平滑，以便盛卤，板底则有四根撑档，直框两头伸出，制成手柄，用以抬扛。通常每 10 块盐板为一幢，叠拢时最上面一块翻向覆盖，以防雨淋。并用四道盐板箍套住捏手，以防大风吹倒。

道光初年，盐板已在舟山流行。咸丰十一年（1861），岱山盐板被潮水冲至余姚，余姚盐民依式制造盐板晒盐。由于盐板晒盐不费柴薪，操作轻便，产量较高，

---

① （明）宋应星著，钟广言注释：《天工开物》，广东人民出版社 1976 年版，第 149 页。
② 转引自郭正忠主编：《中国盐业史（古代编）》，人民出版社 1997 年版，第 508 页。
③ 参见陈志鹏主编：《浙江省盐业志》，中华书局 1996 年版，第 88 页。
④ 转引自刘淼：《明代盐业经济研究》，汕头大学出版社 1996 年版，第 64 页。

成本低廉，因而推广迅速。光绪末年，除岱山、余姚外，松江府属各场也相继改为板晒，而且扩广至淮南各场。同时，随着板晒法的渐次推广，不但出现了富户出租晒板以及一般民户自备晒板晒盐的"板户"和"板人"，而且还出现了所谓的"晒私"、"板私"。①总之，到清末板晒在浙江已占有重要地位。

由煎盐改为晒盐，是浙江盐民的一项重大贡献。原先煎盐各场，每卤一担成盐自 10 斤至 26 斤不等，大多数盐场在 20 斤左右，采用板晒法后，卤水的成盐量与煎法约略相当，但板晒比煎制简便易行，而且更省柴火费用，盐本既轻，卖价亦贱，民间贪贱食私，遂致行销日广。再者，盐板晒盐，更适宜于浙江短晴多雨、天气多变的气候。晴时摊板晒盐，雨时以板逐层叠高，每十块为一叠，而以晒板覆以盖。这正是板晒法日渐推广的重要原因。

除了板晒，温、台各盐场还采用一种制盐成本更低的缸坦晒盐法，即采用碎陶片（缸爿）铺成盐坦晒盐。

以碎缸片铺成盐坦用作结晶池，可见顾炎武《肇域志》所载："有瓷砖作场，以沙铺之，浇以滴卤，晒于烈日中，一日可以成盐，莹如水晶，谓之晒盐，价倍于常。"②当时，浙江已有缸坦晒盐，但未及广泛应用。至于温、台各场推广坦晒以代替煎盐的时间，多在清末民初，有先有后。温岭大致在乾嘉期间，乐清在同治年间，而玉环则在光绪末年。到民国元年（1912），永嘉场虽仍按旧额二十六团编制，但已有晒场 302 台，晒丁 480 人。所谓台，就是缸坦，即在摊灰淋卤的灰坦间或一端，建筑一个或数个缸坦，坦基要高于晒灰的灰坦，以沙土层作底，夯实不漏，上铺缸爿或缸砖，铺平铺结实，四周界以木板或条石，所以一台又称一格。③

缸坦大小各场不一，瑞安双穗场长约 1 丈 5 尺，宽 1 丈 2 尺，深寸许。据《盐政汇览》记述："杜渎、长林、永嘉、黄岩等场，其法亦先制卤，后取卤入坦，名曰坦晒，先于场地砌晒基，铺以缸片或油磁，四周界以木板，坦中划分多格，大

---

① 参见郭正忠主编：《中国盐业史（古代编）》，人民出版社 1997 年版，第 715 页。
② 顾炎武：《肇域志》，上海古籍出版社 2006 年版，第 311 页。
③ 参见瑞安县修志委员会重印：民国《瑞安县志稿》，《盐坦》。

格长 1 丈 9 尺 8 寸，宽 9 尺 8 寸，小格长 6 尺，宽 9 尺 3 寸。6 月至 11 月，当日晒之成盐，每坦格日产盐 70 斤—80 斤；12 月至次年 5 月，连晒两日成盐，每坦格日计产盐 20 斤—30 斤不等。由于坦基施工质量不好，卤水渗入，常有渲软，且收盐时用扫帚，致使泥浆混入，故坦晒之盐色泽不佳。"①

二、晚清浙江海洋盐业管理

盐利是古代社会国家重要的财源，所以政府对盐政也特别关心。晚清时期浙江盐业作为国家重要盐区，产丰利厚，政府对盐业的管控更为严密，其所设的盐务机构亦十分繁杂。

（一）盐政制度与机构

清代的盐法主要承袭了明代的盐法体制，即"大率因明制而损益之"②。这就是说，清代盐法大致沿袭了明代的做法，实行民制、商收、官督、商运、商销的专卖制，有着较为完整的专商引岸制度，即场有场商、运有运商、销有定岸。

清入关初，免除了明末累增之盐课及各项附加，允许沿海居民在沿海适宜制盐的地方自行开辟盐场煎盐，规定盐由场商收购，场商再卖与运商，运商按定制办引纳课，在指定岸区垄断运销。雍正五年（1727），浙江总督李卫奏准动用库银在松江之袁浦等 4 场收购余盐，称为帑盐，并召商领卖，盈余入库周转继续筹办帑盐。后饬令宁波、温州、台州、处州四府一体发帑广收，配发官商运销，此法在咸丰年间（1851—1861）停办。

清朝推行票盐制度。道光初年，清政府从陶澍建议在淮北改行票盐，听任商贩缴课领票，买盐行销，无指定专岸，无窝本之限，商民称便，两浙也一度行之。咸丰十年（1860）太平天国义军入浙，一些旧盐商逃散，盐引不行。③同治三年（1864），左宗棠抚浙，改引复票，施行票法，后因有违部议，仍在浙东复纲，浙西复引，温台等地则行抽厘。同治十三年（1874）后，清政府一再因事立

① 陈志鹏主编：《浙江省盐业志》，中华书局 1996 年版，第 92 页。
② 赵尔巽等撰：《清史稿》卷 123《食货四·盐法》，中华书局 1976 年版，第 3603 页。
③ 参见田秋野、周维亮编著：《中华盐业史》，台湾商务印书馆 1979 年版，第 318 页。

目，增加盐价、盐厘及附加，引盐愈滞，加之板晒法和坦晒法兴起，私盐日盛，不可遏止。①

清沿明制，户部山东清吏司是盐务管理的最高行政机构，"职掌盐法而分其任于各省盐政，自运司、盐道以下皆受成焉"，并设长芦、山东、两淮、两浙、两广各运司并河东、四川、云南各盐道，以司产运。②顺治二年（1645）设两浙都转盐运使司。康熙四十九年（1710）改盐运使为盐驿道，乾隆四十四年（1779）又改称盐法道，乾隆五十八年（1794）复设盐运使。盐运使"掌督察场民生计，商民行息，水陆挽运；计道里，时往来，平贵贱以听于盐政"③。在浙江，两浙都转盐运使司下又设宁绍、温台、松江分司。

光绪三十二年（1906），户部改称度支部，山东清吏司的职掌也随之为管榷司代替。宣统元年（1909），又变管榷司为督办盐政处，下设盐务总厅、庶务厅、两浙盐务厅等8厅分治其事，浙江的盐务归两浙盐务厅管辖。宣统三年（1911），清政府准备将督办盐政处改为盐政院，并在各地设盐务监督，但因清亡未及实行。

另外，清廷在两浙盐场的设置方面虽有并析，但与明朝场数相近。同治年间（1862—1874）共有32场，到清亡（1911）则为31场。④其中，浙东为：钱清、三江、东江、曹娥、金山、石堰、鸣鹤、清泉、穿长、大嵩、玉泉、长亭、黄岩、杜渎、长林、双穗、永嘉、岱山；浙西为：仁和、许村、黄湾、鲍郎、海沙、芦沥、横浦、浦东、袁浦、青村、下砂头场、下砂二三场、崇明。⑤场设盐课司，主管者称大使，统辖于盐运使，听命于盐政。⑥

（二）盐政官员与盐商组织

巡盐御史，或称盐课监察御史、盐政监察御史，雍正后一般简称作"盐政"，系户部差遣至各盐区的最高盐务专官，无定品，统辖一区盐务，任期一年。清初

---

① 参见陈志鹏主编：《浙江省盐业志》，中华书局1996年版，第305页。
② 丁长清主编：《民国盐务史稿》，人民出版社1990年版，第11页。
③ 赵尔巽等撰：《清史稿》卷116《志九十一·职官三》，中华书局1976年版，第3350页。
④ 参见田秋野、周维亮编著：《中华盐业史》，台湾商务印书馆1979年版，第318页。
⑤ 参见曾仰丰：《中国盐政史》，台湾商务印书馆1978年版，第61页。
⑥ 参见陈志鹏主编：《浙江省盐业志》，中华书局1996年版，第310页。

最早差遣巡盐御史的是长芦（山东盐区由长芦巡盐御史兼管）、两淮、两浙、河东等盐区。[①] 道光元年（1821），朝廷奏准："两浙盐务，浙江巡抚管理（兼辖江西、江苏、安徽等处）。"自此，盐政任用出现了比较大的变化，由起初专门向各盐区差遣巡盐御史，开始转向各地总督、巡抚兼管。道光十年（1830）和咸丰十年（1860），朝廷又先后议裁长芦、两淮等处盐政。这样，巡盐御史也就完成了它的历史使命。[②]

盐运使，全称为都转运盐使司运使，有时也称作运司运使，或简称为"运使"。[③] 盐运使为一区运司的长官，从三品，其职权仅次于巡盐御史，具体掌管食盐的运销、征课，钱粮的支兑拨解，以及盐属各官的升迁降调，各地的私盐案件，缉私考核，等等。盐运使一职，职权较重，事务亦繁，各运司一般下设"运同"、"同知"、"提举"、"场大使"等官员协同办事。这样，从食盐的颁引、征课到产运疏销，盐务衙门均有"分治其事"之权。这种权力，既是国家行政职能在某一具体经济部门的体现，同时也是国家控制食盐专卖的象征。

需要指出的是，除盐务衙门外，地方行政官员也有疏销盐引、核定盐价、缉查私盐的责任，特别是在通商疏引方面，上自督抚，下至州县卫所，责任更为重大。《清盐法志·职官门》称："征课为盐官之专责，而疏引缉私，则地方有司亦与有责焉。"在四川、云南井盐区，由于盐井散布各州县，州县官员还兼管井场。如四川："无盐政，以总督兼管；无运司，以茶道改为盐茶道；无场官，以州县代理。"[④]

清末新政时期，中央主管盐务机关的名义有了变化。光绪三十二年（1906）户部改称度支部，宣统元年（1909）又设督办盐政处，载泽兼任督办盐政大臣，统辖全国盐务，各省督抚因原本就有监管盐政之责，均授予会办盐政大臣的头衔，协助督办大臣的工作。浙江盐务则由两浙盐务厅处理地方盐务。1911 年清政府将督办盐政处改为盐政院，下辖总务、南盐、北盐三厅。两浙盐务由南盐厅分管，

---

① 参见刘子扬编著：《清代地方官制考》，紫禁城出版社 1988 年版，第 412 页。
② 参见郭正忠主编：《中国盐业史（古代编）》，人民出版社 1997 年版，第 675 页。
③ 刘子扬编著：《清代地方官制考》，紫禁城出版社 1988 年版，第 414 页。
④ （清）王守基：《四川盐法议略》，见（清）席裕福、（清）沈师徐辑：《皇朝政典类纂》卷 76《盐法七·盐课》，台北文海出版社 1966 年版，第 238 页。

直至清亡。

　　另一方面，为适应官督商销的特点与需要，盐商组织亦对盐务管理也起着重要的作用。清季各盐区的盐商组织称谓不一：两淮称"盐商公所"，两广称"盐商总局"（后亦称"盐商公所"），山东称"商司"，河东称"商厅"，等等。各盐商组织的主事之人，两淮、两广等地称"总商"，两浙称"甲商"，山东称"纲头"、"纲首"，河东称"纲总"、"值年"等。他们一般由财力雄厚的大盐商充当。

　　两浙在"甲商"之下，又设有"副甲"、"商经"、"公商"等，共同组成"盐商公所"。办盐散商在行盐之初"领到单照后，即赴甲商寓所报填捆单，完缴加价、巡费等项"，然后才准放行。而且，自"公商以上，身不行盐，食用豪侈，一衣一馔，数百十金，皆出入公门，攀援官吏"[①]。可见，甲商、副甲、商经、公商等事实上已脱离流通领域，成为专职管理者。

　　当然，盐商组织与盐政衙门的贪婪、腐败一样，在其管理过程中也产生了许多弊端。两浙甲商、副甲、商经、公商等的"乘上下之间，托名垫发，影射虚吓，徒手攫取，转瞬起家，以次相承，吞索商本"[②]。这些弊端一经发现，清廷都曾明令厘剔，并采取相应的措施加以弥补，但也往往是一弊未除又生一弊。

三、海洋盐业产量、价格与税收

　　盐税历来为国家财政的主要来源，《元史·食货志》载："国之所资，其利最广者莫如盐。"因此，历朝统治者对盐务管理极严，且皆课以重税。盐税的担负者为食盐人，故属全民负担。食盐自征税或专卖以来，税制屡变，税目繁杂，至民国才统一为盐税，分食、渔、农（牧）、工四种，课以不同的税率。"盐税是清政府岁入的主要来源之一。一般说来，它在历年财政收入中的比重仅次于田赋"[③]，故《清史

---

① 〔清〕吕星垣：《盐法议》，见〔清〕贺长龄等编：《皇朝经世文编》卷50《户政二十·盐课下》，台北文海出版社1966年版，第1778页。
② 〔清〕吕星垣：《盐法议》，见〔清〕贺长龄等编：《皇朝经世文编》卷50《户政二十·盐课下》，台北文海出版社1966年版，第1778页。
③ 丁长清主编：《民国盐务史稿》，人民出版社1990年版，第16页。

稿》有云："逮乎末造，加价之法兴，于是盐税所入与田赋国税相埒。"[①]

（一）盐引

对于具有盐利的滨海之地来说，盐业管理关系到当地的地方财政，同时也关系到国家的财政收入，所以历来都被中央和地方各级官府所重视。

盐引又称"盐钞"，是合法商人取盐、贩的凭证。如果商户要合法贩盐，就必须先向官府购得盐引。一般来说，每"引"凭证，分上下两联，盖印后从中间分成，下联给商人的，称为"引纸"，上联则作为存根称为"引根"。

盐引产生于宋代，它作为封建王朝一种重要的财政来源，其单位的数值、价格在不同时期差异较大。据《宋史·食货志》，当时每张盐引"领盐116.5斤，价6贯"。据《明史·盐政议》，明政府实行"纲盐制"，即将持有盐引商人的地域分为10个纲，每纲约有20万盐引，每引折盐300斤，或银六钱四厘，称为"窝本"，另税银三两，公使（运输）银三两。清代的引制不是很统一，且名目繁多，"凡引有大引，沿于明，多者二千数百斤。小引者，就明所行引剖一为二，或至十"，引有"正引、改引、余引、纲引、食引、陆引、水引"之分，在浙江"于纲引外，又有肩引、住引"。[②]可见，清代两浙盐引的单位并不统一。清初每引为200斤，之后每引数值逐渐增加。根据《石渠余记》记述，道光年间普通一引为335斤，但也有每引400斤、800斤的。[③]道光十二年（1832），清政府改"纲盐制"为"票盐制"，盐引被称为"盐票"，价格也随行就市。票盐制的利害之处并不是取消了盐引和引商对盐引的垄断，而是取消了行盐地界，即"引岸"（也称"赴岸"）的限制。也就是说，商人若想贩盐，就可以到盐局纳课，买盐领票，而朝廷只掌握盐引的发布量。因此，盐引仍是国家控制盐税收的重要手段。

（二）海盐产量和盐税

浙盐的产量在有清一代是比较高的，这可以从朝廷发放的盐引数可以看出。

---

① 赵尔巽等撰：《清史稿》卷123《食货四·盐法》，中华书局1976年版，第3606页。
② 赵尔巽等撰：《清史稿》卷123《食货四·盐法》，中华书局1976年版，第3605页。
③ 参见（清）王庆云：《石渠余纪》卷5，北京古籍出版社1985年版。

清前期，浙江经历战乱，其盐业生产一度处于停滞状态。顺治三年（1646）巡盐御史王显报奏，各处行盐皆以 200 斤成引，两浙应剖两引为三引，每引载盐 200斤，共改行正引 66.72 万引；同时将票 2 张折合 1 引共改行 7.48 万引，两项共74.20 万引。[①]而当时的两浙盐销区，由于人口的减少和奸商夹带私盐等种种原因，盐引"逾季壅堕"。乾隆年间（1736—1795），浙江增加了松江等地额引，总引额达 80.24 万引，仍以 200 斤成引。宣统二年（1910）产量以担核计，为 170.06 万担，次年有 186.07 万担。[②]总的来说，晚清时期浙江的盐产量还是在逐年增加的。

在盐税方面，清循用引制，召商认运。清入关后即厘定盐法，以明末盐款逐年增加，因名色甚多，便诏令蠲免，只照万历年间（1573—1620）旧额，按引征课。[③]雍正四年（1726）将丁摊入地亩征收，规定盐课分场课、引课二类，其中场课有滩课、灶课、锅课、井课之分，引课则含正课、包课、杂课。咸丰时期（1851—1861）复创盐厘。盐厘分出境税、入境税、落地税，均为从量计征。引课按引计，盐厘按斤计。除了征收上述盐课外，乾隆年间还增设了一项盐商报效银，即清廷每遇大军需、大庆典、大工程，可由政府出面，示意盐商报效巨款。此项报效银自实施起，在全国征收了约 3000 万两银，其中浙江可稽者有 540 万两。清政府对报效银的征收封赐有加，听由盐商以加价、加耗、掺杂等手法牟利以偿。[④]

道光十二年（1832）两江总督陶澍改革盐政，裁革废商，取消窝引垄断，规定无论官绅商民，只要纳税之后皆可承运，并且在销售区域之内，无论何县，都可随便销售。这就是所谓的"票盐制"。票盐制只是对引盐的销售地域做了改变，因此废引改票后，引课仍照常征收。

1851—1861 年，太平军起义波及长江两岸，商引不通，又改为抽厘，每斤以十文、八文不等。同治三年（1864），经闽浙总督左宗棠奏准改行票盐，规定"内外杂课一概停收"，所停杂课包括了每引征银一钱八分的公费银，共 127535 两；每引征银七分的分规银，共 49597 两，以及引目水脚银 5600 两等项。但是，咸同

① 参见陈锋：《清代盐政与盐税》，中州古籍出版社 1988 年版，第 5 页。
② 参见陈志鹏主编：《浙江省盐业志》，中华书局 1996 年版，第 332 页。
③ 参见郭正忠主编：《中国盐业史（古代编）》，人民出版社 1997 年版，第 785 页。
④ 参见陈锋：《清代盐政与盐税》，中州古籍出版社 1988 年版，第 222、226 页。

年间的改行票法远不如前期有成效。同治七年（1868），清廷曾谕称："有人奏，两浙盐务败坏已极，连年奏销，缺额过多，请饬整顿一折。……两浙自试行票盐以来，征收课厘并未按年报销，办理毫无成效。"① 之后，清政府因军需浩繁，盐斤加税、加价名目，层出叠见。宣统元年（1909）督办盐政处成立，曾令各省将正杂课款、厘捐、加价等项目归并，统称盐税，但未及实行，清政府就覆亡。② 总之，清末税制混乱，税目各异，名目繁多，灶民、盐商随时都为因各种所需被加税、加价。

"国家有事，盐税必加。"③ 晚清时期，政府财政拮据，正常的国需支出已经难以应对，加上不断增加的对外赔款更是造成了国库捉襟见肘。为了筹措钱财，应对所需，清政府只能不断地向社会增征捐税，而盐税则是其中一个重要的来源。在浙江，光绪二十年（1894）因中日战争，清政府决定两浙盐税一律按斤加价 2 文。光绪二十七年（1901）庚子赔款，各省一律每斤加价 4 文，浙江厘盐按实数每斤加价 4 文，外销者加征 2 文。次年，为筹还新约赔款，又每盐 1 斤加价 4 文，每引 4 钱。④ 光绪三十年（1904）两浙销盐各地，每斤加价 2 文，以筹补饷需。四年后为补抵荡税，每盐 1 斤又加价 4 文。⑤

总之，晚清期间的盐税不但名目繁多，而且上调税费的次数也十分频繁，动辄每斤加价 2 文、4 文。这对日趋困难的清代财政虽有一定的补苴作用，但直接影响着食盐的价格和运销，损害的是民生。另外，两浙盐区在部定"筹饷加价"、"偿款加价"、"浙饷加价"、"抵税加价"、"江南加价"等之外，还有所谓的"外销盐斤加价"、"外销偿款加价"、"外销浙饷加价"、"外销抵税加价"等。这些外销加价所搜刮的款额均不报解户部，也不入国家财政奏销，而是"均存储运库，留为本省紧要之需"⑥。这是地方官员以财政困难为借口，对老百姓的再次盘剥。

---

① 《清穆宗实录》卷 243，同治七年九月乙亥条，中华书局 1986 年版，第 25 页。
② 参见陈志鹏主编：《浙江省盐业志》，中华书局 1996 年版，第 328 页。
③ 《清朝续文献通考》卷 68《国用六》。
④ 参见丁长清主编：《民国盐务史稿》，人民出版社 1990 年版，第 16 页。
⑤ 参见陈志鹏主编：《浙江省盐业志》，中华书局 1996 年版，第 332 页。
⑥ 《清盐法制》卷 177《两浙·征榷门》。

实际上，清代盐政的败坏在乾隆末年已经显现，此后越来越严重，终于到了人民不堪重负的地步。虽然制盐技术在不断提高，但盐税也在不断加重。盐课是一种间接税，它的税负主要落在食盐者身上，比之于田赋征纳隐蔽得多。因此，清朝历代统治者为了避免社会矛盾和阶级矛盾的加深，对田赋的加征比较谨慎，而对盐课的加征却是肆无忌惮。每遇大工大需，动辄加征盐课，以此来弥补财力的不足。然而，不断加征的盐课，增加了行盐成本，导致盐价越来越高，人民负担越来越重，并最终引发了清代末年的抢砸盐店风潮。如宣统元年（1909），台州"乡民鸣锣聚众，不下千人"，抢砸官盐店，酿成著名的"台州民变"。[①]

第三节　海塘修筑与沿海土地开发

浙江位于中国东南沿海，因其特殊的自然环境，风暴潮频繁，严重威胁着沿海民众的生命财产安全。长期以来，沿海民众为了应对海潮灾害，缓解日益紧张的人地关系，修筑海塘，向大海争地，扩大垦殖范围，促进了沿海地区的土地开发和利用。

一、海洋灾害及其影响

海洋灾害可分风暴潮、海啸、海浪、海冰、海雾、海岸侵蚀等灾害类型。在浙江，海洋灾害主要是由台风等风暴潮引起的潮灾，又被称之为"海溢"、"海啸"、"风潮"、"飓风"等。

每年夏秋，是浙江沿海台风频发季节。晚清期间，浙江沿海有关台风造成灾害的记录很多。如道光二十三年（1843）七月，余姚"大风，海溢"[②]，慈溪"海啸，大风发屋折木"[③]。咸丰四年（1854），七月初三（台州）"飓风陡作，越日愈

---

① 《详志台州民变原委》，《东方杂志》1910 年第 3 期。
② 杨积芳纂：《余姚六仓志》卷 19，上海书店出版社 1992 年版。
③ （清）尹元炜：《溪上遗闻集录》卷 2《录别县》第二十八，据 1868 年本复印。

甚。……倏忽之间，陆地成海"①。咸丰七年（1857），上虞"飓风大雨，塘决"②。光绪二十四年（1898）中秋，上虞又"骤雨通宵，东北风大作，山潮互激陡涌，正届望汛，狂涛吼奔而至，并海啸泛滥，水势浩瀚，浸满堤面，一片汪洋，天地为之改观"③。

一般来说，风暴潮往往是台风、天文潮、暴雨合而为一，破坏力极大，会给沿海民众的生命和财产带来不可估量的损失。

风暴潮首先侵袭的是海塘。海塘作为一项水利工程，外可以御潮阻海，内可以垦殖生息。它既是保护农田免受灾害侵蚀的有效屏障，又是风暴潮灾最直接的承担者。但是，海塘工程常年受到风潮的冲刷，尤其是岁久失修的海塘，很容易被冲垮。另外，风潮强劲，潮水超过海塘的最大承受范围，也会造成海塘"决堤"。海塘坍塌，继而损毁农田、淹没村庄，造成农作物减产，给沿海民众带来生命财产损失。道光十七年（1837）七月，南田"飓风大作，土石两塘溃决数百丈，漂溺田庐无数。逮二十三年秋，飓风巨浪，冲坍益广"④。道光二十九年（1849），"萧山、山阴、会稽冲决海塘，淹没田稻，已属创见"⑤。此次灾害还导致田禾被淹，粮食颗粒无收，灾区粮价急剧上涨，直到台湾米粮被运到杭州、宁波等灾区用于赈济灾民、平抑物价后，粮价才得到缓解。⑥道光三十年（1850），"五月下旬连朝大雨，水势陡涨……山阴、会稽、萧山三县，兼因杜浦、龙王塘。闻家堰等处塘堤间被潮水冲破，以致外江咸水直灌内河，田禾被淹"⑦。光绪七年（1881），"七月十八九日及闰七月初三日，日两次飓风，异常猛烈……沿海各属潮势旺大，损坏房屋船只不少，且有冲决堤坝咸水灌浸之处"⑧。光绪八年（1882）四月，绅董瀛

① 喻长霖修，柯骅威纂：民国《台州府志》，上海书店 1993 年版，第 849 页。

② （清）连仲愚：《上虞塘工纪略》卷 2，广陵书社 2006 年版。

③ 《乡土志·上虞塘工纪要》卷下，清光绪三十年（1904）印，第 23 页。

④ 洪锡范等修，王荣商等纂：民国《镇海县志》，上海书店 1993 年版，第 215 页。

⑤ 浙江省通志馆编：《重修浙江通志稿资料》卷 52《水利》，方志出版社 2010 年版，第 56 页。

⑥ （清）赵钧：《过来语》，见中国社会科学院近代史研究所编：《近代史资料》总 41 号，中华书局 1980 年版，第 148 页。

⑦ 水利电力部水管司科技司、水利电力科学研究院编：《清代闽浙台诸流域洪涝档案史料》，中华书局 1998 年版，第 422 页。

⑧ 水利电力部水管司科技司、水利电力科学研究院编：《清代闽浙台诸流域洪涝档案史料》，中华书局 1998 年版，第 453 页。

芳在南田县修筑鹤浦大塘时遭遇飓风，风暴潮冲击新修的塘坝，致使已花费大量资金而未完工的海塘坍塌，血本无归。[①]

风暴潮冲决海堤后，还会对盐业生产造成直接损失。盐业生产受天气影响非常大，"晴则阳气升而盐厚，八九日一收淋卤。雨则阳气降，沙淡而盐散，半月之功尽弃矣"[②]。若风潮来袭，一旦海水浸漫盐田或雨水淋湿盐卤，就会给盐场造成毁灭性打击。光绪二十二年（1896），"八月下旬狂风骤雨。据各该管知府分司督同印委各员会勘得，绍兴府属之钱清场被歉灶荡一百六十二顷五亩七分二厘六毫零，西兴场歉收灶场二百十四顷三十四亩四分四厘三毫零，台州府属之长亭场歉收灶荡一百四十一顷五十八亩五分六厘，杜渎场成灾十分老地一百六十八顷三十四亩九分二厘，歉收老地八十一顷二十七亩二分，仍旧全荒无征"[③]。光绪二十五年（1899），"两浙盐场灶荡，本年夏秋之间，先遭风雨，继被潮冲。宁波府属之鸣鹤场，绍兴府属钱清场、西兴场、曹娥场、金山场、石堰场，台州府属之长亭场、杜渎场歉收严重"[④]。盐场为盐民生存之根本，国家财税来源之重地。潮灾严重破坏了盐业的正常生产，不仅使盐户丧失了单一的经济生活来源，而且给国家财税收入也会造成重大影响。

风暴潮过境给沿海的农业生产也造成了重大损失。狂风暴雨常会引发潮水漫过堤塘淹没农田，导致内涝，使得农作物严重减产，甚至颗粒无收。道光三十年（1850），"浙江省本年五月下旬连朝大雨，水势陡涨。……山阴、会稽、萧山三县兼因塘堤间被潮水冲破，外江咸水直灌内河，田禾均被淹浸"[⑤]。棉花、水稻等农作物，在生长的关键期极其脆弱，很容易受到台风等恶劣天气的侵害，导致作物大量减产。如棉花在花铃期如果遇到台风，花朵极易被吹落。道光三十年浙江

---

① 参见吕耀钤等修，吕芝延等纂：民国《南田县志》，上海书店 1993 年版，第 52 页。

② （清）屈大均：《广东新语》，中华书局 1985 年版，第 383 页。

③ 水利电力部水管司科技司、水利电力科学研究院编：《清代闽浙台诸流域洪涝档案史料》，中华书局 1998 年版，第 481 页。

④ 水利电力部水管司科技司、水利电力科学研究院编：《清代闽浙台诸流域洪涝档案史料》，中华书局 1998 年版，第 484 页。

⑤ 水利电力部水管司科技司、水利电力科学研究院编：《清代闽浙台诸流域洪涝档案史料》，中华书局 1998 年版，第 423 页。

巡抚吴文镕奏报："八月十三四等日烈风大雨，接连两昼夜，江潮山水泛滥倒灌，禾棉被水淹浸，根珠多腐，花铃遭风吹荡兼多脱落。"[1] 水稻在抽穗期，受到洪水的浸泡会危及出穗；在成熟期，受到洪水的浸泡，则会发芽。台风过后，洪水消退，田地里往往淤积大量淤泥和碎石块，影响作物复种。咸丰四年（1854）"闰七月初四五两日大雨倾盆狂风不息……其全未收获或露积田间，致每多萌芽漂失，中禾适当吐穗，晚禾正值含苞，高阜之田不免被风吹损，低洼之地更虑积水难消，或先因旱涸复遭风雨而益受损伤，或遽被水冲压沙石，而骤难垦种"[2]。同治二年（1863），平湖、嘉善、海盐等地海溢，河水变咸，水稻减产，使海宁、海盐等地三年不成谷，形成灾荒，灾民四处漂泊，乞食不给，大半路毙。[3] 光绪二年（1876），台州"六月初八日午后飓风狂雨，历五六时之久。在地已熟早稻，多被摇落，晚禾受伤，木棉瓜果摧残"[4]。

当然，风暴潮灾最直接的后果是造成人口伤亡，灾民流离失所。咸丰四年"闰七月初四五日陡起飓风，大雨如注。……沿海一带风雨交作之际，又值洪潮漫溢。潮头高至一二丈，居民猝不及防，淹毙尤多"[5]。当时，台州"淹死男妇五六万计"，"积尸遍野，庐舍无存，间或附片板得生，而货业罄洗"。[6] 咸丰十年（1860）八月初三、初四两日，"突潮，海水淹死人无数，房屋皆坍"[7]。同治元年（1862）六月，定海"暴风疾雨，坏各埠舟，溺死兵民无数"[8]。光绪二年"六月初八日午

---

① 水利电力部水管司科技司、水利电力科学研究院编：《清代闽浙台诸流域洪涝档案史料》，中华书局 1998 年版，第 422 页。

② 水利电力部水管司科技司、水利电力科学研究院编：《清代闽浙台诸流域洪涝档案史料》，中华书局 1998 年版，第 429 页。

③ 参见（清）沈梓：《避寇日记》卷 4，见太平天国历史博物馆编：《太平天国史料丛编简辑》第 4 册，中华书局 1963 年版，第 275—276 页。

④ 《申报》1876 年 11 月 2 日。

⑤ 水利电力部水管司科技司、水利电力科学研究院编：《清代闽浙台诸流域洪涝档案史料》，中华书局 1998 年版，第 429 页。

⑥ 喻长霖修，柯骅威纂：民国《台州府志》，上海书店 1993 年版，第 849 页。

⑦ 〔清〕沈梓：《避寇日记》卷 3，见太平天国历史博物馆编：《太平天国史料丛编简辑》第 4 册，中华书局 1963 年版，第 119 页。

⑧ 陈训正、马瀛等纂修：民国《定海县志》卷 1《舆地》，台北成文出版社 1970 年版。

后，飓风狂雨……（台州）商渔船只遭风覆溺"，"淹毙人口无从计数"。[①] 光绪七年（1881）"闰七月初三四日沿海飓风暴起，洪潮泛滥，平地水涨数尺，林木震撼多有损折，澉浦营都司罗金镳帅兵丁赴郡会操舟泊杉青闸，夜间暴风倏起，坐船倾覆，罗云镳溺毙"[②]。可见，由风暴潮引发的人口伤亡现象是十分严重的，少则数十百，多则上千上万计，严重影响了沿海民众正常生产和生活。

二、海塘修筑

"泄山洪暴涨者莫要于碶贮，川流以利农田俾资灌溉而免旱涸者莫要于河，阻海潮冲入者尤莫要于海塘。"[③] 海塘是防止海潮冲击的水利工程，是保护海岸带社会免受损失的有效防线。浙江海塘按类型大致可以分为三段：一是钱塘江—杭州湾北岸，西起杭州狮子口，东至平湖金丝娘桥，长 160 公里，称为浙西海塘，其主要功能是防御海潮对杭嘉湖平原的侵蚀；二是钱塘江—杭州湾南岸，东至甬江口，约长 250 千米，称为浙东海塘；三是甬江口以南的甬台温海塘，海岸多为岩质，曲折异常，港湾众多，海堤零散，不相联属，多为沿海民众围垦海涂而筑。后两类海塘除了承担御潮功能外，也是围涂造田的必要设施。

浙江修筑海塘的历史十分悠久。唐宋为防御海潮威胁和围涂垦殖的需要，先后修筑有多条长短不等的海塘，长者数十里，短者只有几百丈。入清以后，浙江沿海各地加快修建石砌海塘，尤其在康乾年间在杭州湾两岸修筑了规模宏大的鱼鳞大石塘，至清中叶，浙江的海塘体系已基本成型。

鸦片战争后，清政府财政日渐拮据，海塘经费也逐渐支绌，海塘修筑的主导权逐渐下移，通过中央政府拨款、地方政府与士绅筹资等方式，对一些海塘进行了防护和修补，同时也修筑了部分新海塘。

在浙西海塘，主要是以海宁为中心进行了维护和补修。17 世纪以来，钱塘江

---

① 水利电力部水管司科技司、水利电力科学研究院编：《清代闽浙台诸流域洪涝档案史料》，中华书局 1998 年版，第 442 页。
② 水利电力部水管司科技司、水利电力科学研究院编：《清代闽浙台诸流域洪涝档案史料》，中华书局 1998 年版，第 453 页。
③ 洪锡范等修，王荣商等纂：民国《镇海县志》，上海书店 1993 年版，第 57 页。

北趋入海，泥沙在旧日入海的南大门和中小门淤积，海潮向北冲刷杭—嘉海岸，杭州湾北岸坍塌加重。为此，自康熙末年始，经雍正、乾隆两朝，耗费巨资，在这一带兴建了鱼鳞大石塘，以防止海潮对海岸的侵蚀。

1862—1865 年，海宁连续遭遇风暴潮，年久失修的海塘溃决，"潮溢海宁、仁和州县"，御史洪昌燕奏请"速筹修筑"。[①] 同治五年（1866）十一月，海宁绕城石塘工程全面铺开，浙江巡抚马新贻亲临工地，"逐段兴筑，无分寒暑，不避风雨，加紧赶办"，于次年三月竣工，共"新修并接缝补高工，共做成一百五十八丈七尺七寸，又续添新修工十七丈，共工长一百七十五丈七尺七寸，照原估多作十七丈，头二两层坦水共做成九百九丈六尺"。[②] 另外，东起海宁长安老坝，西至仁和县境之赤岸，共长 7700 余丈，又加长安东塘 120 丈，也经奏明清廷后，借款同期开浚。[③] 同治六年（1867）正月，闽浙总督吴棠至浙江巡阅海塘，马新贻陪同其逐段勘验工程。从仁和县李家埠（汛）起，经海宁州尖山，再绕行至海盐，共巡察海塘 140 余里，查得浙江海塘自开工以来，已堵缺口 2258 丈余，计筑柴坝 2957 丈余，又完成埽工、埽坦等 4724 丈余。[④]

浙东海塘可分为东西江塘、上虞海塘、余慈海塘、镇海海塘四段。东西江塘为绍兴府属山阴、会稽、萧山三县保障，同治四年（1865）五月被水冲决，仅西江塘自"麻溪坎至长河一带，共坍三十余处，计七百余丈"[⑤]。由于"本地无款可筹"，马新贻只好向省借拨钱 10 万串，同时再由郡城绅士沈元泰等选派绅董领款兴修，先在闫家堰、渔浦卫、十八家桥、小历山、传家山等处，"抢筑柴工、塘堤，以资捍卫"。[⑥] 同治七年（1868）二月底，东西江塘工程竣工。

---

① 龚嘉儁修，李榕纂：《杭州府志》卷 52《海塘》六，1922 年铅印本。

② （清）马新贻：《奏报建复拆修东防海宁绕城石塘等各工丈尺并用过银数及竣工日期等事折》（同治七年四月十二日），国家清史工程数据库，档案号：03-4969-048，缩微号：378-0544。

③ 参见（清）马新贻：《交卸抚篆经办事件分别开单进呈折》（同治七年闰四月初二），《马端敏公奏议》卷 6，台北成文出版社 1969 年版，第 644 页。

④ 参见（清）马新贻：《会勘浙省海塘要工筹拨厘款分别办理折》（同治六年正月二十五日），《马端敏公奏议》卷 5，台北成文出版社 1969 年版，第 457 页。

⑤ 绍兴县修志委员会辑：民国《绍兴县志资料》第 1 辑第 8 册，台北成文出版社 1983 年版。

⑥ （清）马新贻：《奏为查明绍兴府属修筑塘工及秋收大概情形事折》（同治四年九月二十八日），国家清史工程数据库，档案号：03-4968-070，缩微号：378-0241。

上虞海塘，在雍正年间，由时任浙江巡抚李卫勘察修筑，因修筑方法得当，用料严谨，检查严格，所筑海塘颇为坚固，使塘外三四十里地变为植棉种木的良田。道光二十三年（1843）以后，海水变迁，海塘又年久失修，灾害屡屡发生。道光三十年（1850）海潮冲毁大段海塘，县令张致高捐钱九百缗，委任邑绅连仲愚率民夫抢修，一年后完工。① 咸丰七年（1857）七月，飓风大作，狂潮怒发，浦邺怀字号和荡漾庵筵字号被冲漏，县令刘书田捐洋银二百两，仍委任连仲愚修筑，霜降后通塘返修完毕。② 光绪九年（1883）七月，又遭飓风，狂潮泛溢，塘面节节坍塌，内地几成斥卤。连仲愚之子连芳、连蕃独任捐修，次年三月完工，共修复海塘一千七百丈，花费钱三千九百八十余缗。此事后经县转禀府院后，赐予"惠周桑梓"匾额，以示奖励。光绪十六年（1890）邑绅王济清拨用义赈款项修筑五六都界内石塘二千五百二十二丈六尺。③

晚清时期，余慈段海塘主要是修建了六塘和七塘。六塘从清嘉庆二十一年至二十五年（1816—1820）间已陆续分段兴筑，工程至民国八年（1919）竣工。在原余姚境内梁下段，又称二圩塘；梁上至埋上段称永清塘；杜家团段称靖海塘。该塘东起洋浦，沿六塘江往西延伸，经陈家舍、利阳，进入崇寿，依照地势不同各设涵洞。④ 七塘始筑于光绪十八年（1892），先建的是原余姚境内东首埋上至杜家团段，又称永宁塘。光绪二十五年（1899）续建了原慈溪境内洋浦至淞浦段。⑤1917年又修筑了原余姚境内西侧梁下段，又称三圩塘。⑥

镇海的后海塘兴建始于乾隆年间。道光十七年（1837）七月，海潮冲决土石两塘数百丈，漂溺田庐无数。道光二十八年（1848）春，官绅合力筹资分四段修复后海塘。⑦

镇海甬江口以南的海岸与杭州湾两岸不同，海岸线曲折，港湾众多。因此，

---

① 参见（清）储家藻修，（清）徐致靖纂：光绪《上虞县志校续》，上海书店 1993 年版，第 455 页。
② 参见（清）储家藻修，（清）徐致靖纂：光绪《上虞县志校续》，上海书店 1993 年版，第 455—456 页。
③ 参见（清）储家藻修，（清）徐致靖纂：光绪《上虞县志校续》，上海书店 1993 年版，第 456 页。
④ 参见杨积芳纂：《余姚六仓志》卷 5《海塘》，上海书店出版社 1992 年版。
⑤ 参见杨积芳纂：《余姚六仓志》卷 5《海塘》，上海书店出版社 1992 年版。
⑥ 参见宁波市水利志编纂委员会编：《宁波市水利志》，中华书局 2006 年版，第 441 页。
⑦ 参见洪锡范等修，王荣商等纂：民国《镇海县志》，上海书店 1993 年版，第 215 页。

修建的海塘多为散塘。如在鄞（县）奉（化）平原，从咸丰八年（1858）到民国初年所建的新塘就有横山塘、咸安塘、咸宁塘、永成塘、中央塘等，共围田 8100 多亩。光绪六年（1880），象山龙泉涌、鹤浦两座大塘，也由鄞县孝廉瀛芳、周宗坊、史久铭会同田垦务局招徕殷实富户商议修筑，并协商建成后由承办人自行管理。[①] 此外，浙东南岩基海湾以及舟山等沿海岛屿，还断断续续地修筑了许多分散、封闭的海塘。它们常为土堤，偶有石塘，分布在海湾、山岙滩地的外缘，围海涂成田。[②]

当然，台温地区也有椒江、瓯江等冲积形成的沿海小平原，历代都随着海涂的淤涨逐步增筑海塘。其中，温岭县金清港南岸的海塘已从头塘进展到七塘。温州所属的乐清、温州、瑞安、平阳沿海，在明清时期海塘也是屡毁屡筑。如 1902—1904 年修筑的新海塘，北起梅头，南到东山，长约 22 公里。类似这样的海塘在清代共计修建了 19 条，使温州沿海平原得以不断扩展。[③]

海塘是拦阻海潮保护当地人民生命财产安全的第一屏障，同时也是围涂造陆、蓄淡灌溉，使海涂变为良田的必要设施。浙东滨海滩涂，自唐宋以来续有围垦，外海岛屿的涂地，也多修建海塘。海塘一条条修筑，海涂一程程推移，涂地也节节递次成陆地。宁绍、温黄、温瑞一带的滨海平原就是历代围垦海涂的结果。

杭州湾南岸三北平原，自宋建大古塘至清末已建有六塘、七塘，现在，九塘已距大古塘 23 公里，年均外涨 35 米—40 米，共围垦出 520 余公里的土地，占整个三北平原的 67.20%。[④] 入清以来，温州飞云江北岸平原的成陆速度也逐渐加快。康熙四十三年（1704），东山东南 4 公里左右的肖宅已有人居住，到光绪时离肖宅东南 3 公里左右已建村，肖宅以东、汀田以南，离温瑞塘河 5 公里—6 公里的牛塘也已建村。[⑤] 总之，滩涂是新生土地的前奏，这对缺少耕地的浙东沿海地区来说意义重大，它拓展了沿海民众的生存空间。

① 参见洪锡范等修，王荣商等纂：民国《镇海县志》，上海书店 1993 年版，第 52 页。
② 参见陈吉余主编：《中国围海工程》，水利水电出版社 2000 年版，第 62 页。
③ 参见温州市水利志编纂委员会：《温州市水利志》，中华书局 1998 年版，第 3 页。
④ 参见王清毅主编：《慈溪海堤集》，方志出版社 2004 年版，第 111 页。
⑤ 参见瑞安县地名委员会编：《瑞安县地名志》，1988 年油印版，第 444、465、458 页。

三、沿海垦地的开发与利用

（一）新垦土地的改良

滨海之地，自古便有渔盐之利。由于潮汐侵蚀、海水的倒灌、滩涂围垦，使得滨海新垦土地盐碱度偏高，不适宜直接进行作物的种植。这些新围的涂地大都作为灶地，需要通过煎盐等方式稀释淡化后才能进行作物的种植。因此，新围海地除了首先被用作盐田报升土地外，必须经过稀释、淡化才能成为"熟地"。

新垦海地成为熟地，一般需要经过"煮盐卤地→涂老地淡→垦殖→渐成熟地"的过程。于是，在同一荡地，既有"西熟"，又有"长荡"，还有"沙头"。西熟"可植五谷，几与下田等"，长荡"亦半堪树艺"，沙头"为芦苇之所，长出海滨"，"萑苇之外，可以渔；长荡之间，可以盐"。① 因此，对新围海地，除了按不同盐碱度因地制宜地发展农、盐、渔业外，修建沟渠、堤闸、涵洞等相关水利工程，引淡水稀释土地盐碱度，十分重要。

土地改良其实就是作物种植与水利兴修互动的过程。对此，时人曾以萧山海塘地为为例做过明确的描述："萧山新林周一塘，内为民田，外为灶地，灶地有塘曰马塘，塘有淫洞，牧地有沟，牧灶两地之水，由沟以入于海，旋因海口日高，沟身日淤，外沙居民，偷挖塘身，灶牧之水，转以内地为壑，水碱内注，禾苗枯萎。"② 可见，垦地一般有塘堤与灶地隔开，塘堤设有涵洞以便泄水，垦地、灶地挖有沟渠通往大海，形成纵横交叉众多的河、浦。

如三北平原梅林地区七塘修筑后，塘南田地遇旱只能引海沟水灌溉，不是最佳灌溉用水。后来，人们在海塘上开闸，设斗门，使南北通水互灌。对塘北之地，则"相其地形，令水工准高下，博议利害，穿大河，东注观海，西注临山，接于称浦，令通转输，免内河劳费，利军国，通商旅，其水又足以溉田，又一劳永逸之大利也"③。至于塘南之地，浒山而东"各于田下浚新河，益深畜，陂泽视为己

---

① （清）叶梦珠撰，来新夏点校：《阅世编》，中华书局 2007 年版，第 185 页。
② 来裕恂：《萧山县志》卷 5《经济》，天津古籍出版社 1991 年版，第 448 页。
③ （清）周炳麟修，（清）邵友濂、（清）孙德祖纂：光绪《余姚县志》，上海书店 1993 年版，第 390 页。

业"，浒山而西"原有沟渠相通，南北旱可互灌，潦可泄水"，"至古塘下穿河，东西横亘，舟楫转输，商民并受其利"。[①] 因为立足实地，规划合理，原来海水侵没之地渐成膏腴平原。

浙东海涂围垦之地经过历代江河整治，到清末基本形成了纵横交错、河道密集的人工水网。它们不仅是防止海水倒灌、排咸潮的通道，而且还是引淡洗盐，降低土壤中盐分的必要方式，为沿海平原发展为鱼米之乡奠定了基础。

（二）垦区作物种植

围垦涂地经过稀释、淡化仍有一定的盐碱度，比较适宜种植棉花、黄麻、桑树、油菜、西瓜、蔬菜等作物。只有当盐碱度进一步降低后，才适宜种植大小麦、豆类、水稻等粮食作物。其中"木棉、豆麦，其利倍于嘉谷，而水泉似可少缓"[②]，水稻由于生长环境要求相对较高，须有比较完备的水利系统和更为适宜的土壤。

在经济作物方面，浙江沿海涂地多种植棉花、桑树、黄麻纺织纤维类作物等。棉花、桑树的种植，与明清时期的长江三角洲地区已经成为全国最重要的蚕桑区和产棉区基本一致。尤其是棉花，宋元时期已经在浙江地区广泛种植。元代在浙东设置木棉提举司，专门管理棉花生产与税收；明代沿海官民军灶"垦田几二百万亩，大半种棉，当不下百万亩"[③]；到清代，待棉花成熟期沿海荡地"旺时海地人无数，少小儿童惯捉花"[④]。当然，人们之所以喜欢种植棉、桑等经济作物，除了销售方便、收入可观外，是因为沿海垦地的土地更适宜种植此类作物。

除了棉、桑，黄麻也是沿海涂地广泛种植的经济作物。麻，即大麻，又称火麻，一年生荨麻科植物，为我国最古老的纤维原料之一。它适应性很强，耐旱，在平原、山地都能种植。浙江沿海主要种植黄麻。沿海诸府均有"岁办黄麻"的任务，所产黄麻除上贡外，由私商收购转售。由于水上运输需要绳索与麻袋，故销售对象主要是渔民和制绳户。[⑤] 晚清时期，棉、桑、麻等除了供应各埠外，还用

---

① （清）周炳麟修，（清）邵友濂、（清）孙德祖纂：光绪《余姚县志》，上海书店 1993 年版，第 390 页。

② （清）周炳麟修，（清）邵友濂、（清）孙德祖纂：光绪《余姚县志》，上海书店 1993 年版，第 390 页。

③ （明）徐光启：《农政全书》卷 35《木棉》，中华书局 1956 年版。

④ （清）范观濂：《山北乡土集》，见王清毅主编：《慈溪海堤集》，方志出版社 2004 年版。

⑤ 参见苍南县地方志编纂委员会编：《苍南县志》，浙江人民出版社 1997 年版，第 478 页。

于外销。如棉除"纺织外又售各埠"，"近年，又有英国品种的输入，纤维更长"；麻"产沙地，有洋种本种之别，四月种，八月剥，运输外洋，用途颇广"。①

滨海涂地多由细泥沙淤积而成，虽土质贫瘠，只能种一些耐旱、适碱作物，但却是濒海地区独具的优势。如柑橘在台州、温州沿海的种植就相当普遍，"凡圃之近涂泥者，实大而繁，味尤珍，耐久不损，名曰涂柑，贩而远适者，遇涂柑则争售"②。除柑橘外，其他果蔬的种植也相当普遍，主要有西瓜、菜瓜、黄金瓜、菜藤等。涂田果蔬的大量种植对当地经济的发展产生了较大影响。例如，萧山特色产品"萧山萝卜干"就源于菜藤。菜藤多产于沙地，"有红白两色，五月出者曰火萝卜，秋末冬初出土，曰迟种"，"根叶皆可食，可治痢，子入药"。③另外，晚清时期随着果木类作物的扩种，苗圃经济也得到了快速的发展。如在萧山，"萧山果木，首推陈圃。前清光绪季年，慈溪商人陈姓，在西乡浦沿西江塘外仁和牧地，辟地一区，名曰陈圃，遍栽各种果木，颇著成效"④。涂地发展苗圃，既可以用来稀释盐碱地，同时还可以防止水土流失，从而给垦区内的土地筑起一道绿色的围墙。

随着土地不断改良，一些耐旱、耐盐碱的粮食作物，如粟、小米、大小麦以及水稻，也开始种植。

"东瓯之俗，率趋渔盐，少事农作，今则海滨广斥，其耕泽泽，无不耕之田矣。向也涂泥之地，宜植粳稻，罕种瓣麦，今则弥川布垄，其苗檬檬，无不种之麦矣。"⑤这就是说，到宋代，浙东海涂田已有稻、麦的种植。相对来说，粟、小米、大小麦等粮食作物对土质的要求不是很高，可植于沙地，但水稻种植需要充足的淡水资源，土地的含盐量也不能过高。因此，水稻的种植标志着涂地已渐成"熟地"。当然，在围垦涂田上种植水稻，其品种一般也是相对耐旱、耐盐碱的，如晚清时期广泛引种的广籼。广籼"五月种，六月熟，有纯白、纯红及红白相间三种"，在宁绍一带滨海之地被广泛引种。广籼之所以会被广泛引种，应该与其相

---

① 来裕恂：《萧山县志》卷5《经济》，天津古籍出版社1991年版，第49页。
② 〔宋〕韩彦直：《橘录》，见〔明〕陶宗仪等编：《说郛》卷75。
③ 来裕恂：《萧山县志》卷5《经济》，天津古籍出版社1991年版，第60页。
④ 来裕恂：《萧山县志》卷5《经济》，天津古籍出版社1991年版，第66页。
⑤ 〔宋〕吴泳：《鹤林集》卷39《温州劝农文》，商务印书馆1934—1935年版。

对短暂的生长期有关。相比其他水稻品种三个月左右的生长期，广籼七十日的生长期便显得尤为重要。因此，塘内"沙田则全种广籼"①。

（三）棉花种植与传统经济结构的变迁

棉花又称木棉、吉贝，性喜温，尤适于濒海沙壤土种植，南宋中叶以后开始在浙江沿海地区引种。沿海滩涂改良后大部分属于沙质土壤，很适合棉花生长，因此发展很快。康乾时期，由于钱塘江入海口进一步移向北大门，绍兴、萧山以北的涨沙扩展，植棉业随之在这片沙地上迅速发展。清代中末叶，绍兴、宁波的植棉业达到全盛，姚北棉花名闻四海，是滨海农家的主要产业。

道光《浒山志》引《群芳谱》说："浙花出余姚，中纺织，棉稍重，二十而得七，吴下种大都类是。"②余姚沿海斥地产"渔盐稻菽黍麦木棉芦苇"③。慈溪沿塘土地则"向归就近农民种植，春麦秋棉"④。浒山"大塘以北悉为海地，树木棉"，发展到后来，不仅大塘北面种棉花，而且"塘内民田亦有种者，盖工省而利倍也"。⑤上虞"塘外沙地三四十里不等，涨久沙坚，乡人筑圩植木棉"⑥。棉花已成为宁绍沿海地区重要的经济作物。

由于棉花经济附加值高，沿海民众不断扩大种植面积，种植范围也从濒海沙地向塘内熟地拓展。清戴建沐在《助修海侯庙记》中谈到余姚当地物产时说："姚邑北乡沿海百四十余里，皆植木棉。每至秋收，贾集如云，东通闽粤，西达吴楚，其息岁以百万计。邑民资以为生者十之六七。迄今又百余年，濒海沙地日涨，种植益广，即塘南民田，亦往往种之，较前所产又增益矣。"⑦此外，浒山"开元等乡以木棉、豆、麦为利"，浒山以西向来种植"嘉谷"，由于"木棉、豆、麦，其利倍于嘉谷"，也纷纷改种木棉、豆、麦。⑧

---

① 　来裕恂：《萧山县志》卷 5《经济》，天津古籍出版社 1991 年版，第 56 页。

② 　（清）高杲、（清）沈煜纂：《浒山志》卷 6，上海书店 1992 年版。

③ 　（清）周炳麟修，（清）邵友濂、（清）孙德祖纂：光绪《余姚县志》卷 8《水利》，上海书店 1993 年版。

④ 　（清）杨泰亨、（清）冯可镛纂：光绪《慈溪县志》卷 10《舆地》五，台北成文出版社 1975 年版。

⑤ 　（清）高杲、（清）沈煜纂：《浒山志》卷 6，上海书店 1992 年版。

⑥ 　（清）储家藻修，（清）徐致靖纂：光绪《上虞县志校续》卷 25《水利》，上海书店 1993 年版。

⑦ 　（清）周炳麟修，（清）邵友濂、（清）孙德祖纂：光绪《余姚县志》卷 10《物产》，上海书店 1993 年版。

⑧ 　（清）周炳麟修，（清）邵友濂、（清）孙德祖纂：光绪《余姚县志》卷 8《水利》，上海书店 1993 年版。

　　棉花的广泛种植，逐步改变了中国长期以来以"丝麻"为主要衣被原料的格局。"丝棉"逐渐成为主要的衣被原料。这样，一项新的家庭手工业——棉纺织业逐渐兴起，并在部分地区逐步取代了蚕桑业。据光绪《余姚县志》记载：棉花"产海壖，以为絮，或纺之作布，民尤大利之"①。余姚地区的"小江布"在清代已经很出名。叶梦珠在《阅世编》中记载："葛布有数种，出于浙之慈溪、广（州）之雷州者为最精。"②此外，今慈溪道林、鸣鹤和鄞县的小溪都有布市设立。这些地区的妇女靠织布维持日用所需，成为以织布为生的手工业者。

　　然而，我们应该看到，清代宁绍地区民间的手工织布是零散的，产量也比较少。农户织布首先是满足自己家庭的需要，若有剩余才拿到市场上出售。宁绍地区棉花产量很高，但农户无力大批织成棉布出售，大量剩余的棉花便输往他处——这与杭嘉湖地区呈现出明显的反差。③但不管怎样，宁绍地区已经成为当时国内重要的产棉区和棉花供应地。以当时的余姚县为例，沿海四百里皆种木棉，每到棉花丰收时节，商贾云集。棉花贸易南达广东、福建，西至江苏、湖北，"邑民资以为生者十之六七"④。

　　随着棉花种植面积的扩展，沿海地区的商品经济也得到了进一步的发展。除了内销，宁绍地区棉花在清中后期还大量出口到国外。据浙海关的报告，光绪二年（1876）出口欧洲7751担，第二年14249担。光绪十年（1884），宁波出口棉花9575担，货值76834海关两。光绪六年（1880），棉花收成特别好，"广州、汉口棉花市场上，宁波棉花畅销，获利丰厚"⑤。可见，与棉纺产品相比，作为原料的棉花一直是宁绍地区外销的主力。

　　棉花的外销进一步提高了商品化程度，从而使国内的农业生产直接或间接地

---

①　（清）周炳麟修，（清）邵友濂、（清）孙德祖纂：光绪《余姚县志》卷10《物产》，上海书店1993年版。

②　（清）叶梦珠撰，来新夏点校：《阅世编》，中华书局2007年版，第185页。

③　杭嘉湖和苏南地区一直都是棉布输出地，而棉花自给量，据何泉达、范金民的估计，该地需要从外地输入的棉花量，明代后期约3000万斤。清代争议较大。日本学者西岛定生认为清代还需要从河南、湖广及浙东余姚等地输入，徐新吾和李伯重认为清代江南地区棉花能够自给且有结余，但也存在输出入的现象，主要为互通有无的需要。基本上可以肯定，清代浙西所产棉花大部分都在本地消化了。

④　（清）周炳麟修，（清）邵友濂、（清）孙德祖纂：光绪《余姚县志》卷10《物产》，上海书店1993年版。

⑤　转引自傅璇琮主编：《宁波通史·清代卷》，宁波出版社2009年版，第160页。

与海外市场联结在一起。咸丰十年（1860），由于美国内战，导致棉花价格上升，宁波的棉花种植面积超过了50万亩。光绪二十三年（1897）十一月《农学报》亦载："浙江濒海沙地，皆棉田也，每岁所收，为出口一大宗。今年棉大丰收，新花山积，而价值仍复甚涨，刻下每担约银九圆有奇。"[①] 这些情况表明：到光绪时期，宁绍地区的棉花已不仅仅供应国内市场，它作为出口大宗商品，已深受国外市场及海外贸易状况影响。

---

① 转引自陈梅龙：《试论近代浙江的棉花出口》，《史林》2005 年第 4 期。

第六章
西方宗教传播与近代文化教育事业的兴起

第一节　西方宗教在浙江沿海传播

基督教发源于公元 1 世纪的西方，后来分成三个教派：天主教、东正教和基督新教。天主教在唐时称景教，元代亦称也里可温教。根据记载，元时杭州已有景教教堂，方济各会修士蒙高维诺（Mar Sargis）曾在杭州传教。[①] 明清时期，先后有罗明坚、金尼阁、汤若望、艾儒略、邓玉函、卫匡国等耶稣会士来浙江传教。浙江名流李之藻、杨廷筠与上海的徐光启被称为这一时期天主教在中国传播的"三柱石"。但是，这一轮传教活动由于"礼仪之争"，在康熙五十六年（1717）后受到重创，逐渐中断。

鸦片战争前后，西方传教士伴随着西方列强的枪炮声再次敲开了中国的门户。与上一轮传教活动不同的是，这一次传教，基督新教各差会陆续进入中国。地处东南沿海的浙江，成为西方传教士进入中国内地活动的前沿。

一、基督教在浙江的传播

根据现有资料可知，最早在浙江沿海一带从事新教传教活动的是德国人郭实猎（Karl Friedrich August Gutzlaff）。1831—1833 年，他先后三次沿海岸线航行，

---

① 参见杭州市宗教事务处档案：《天主教》，杭州市档案馆馆藏，档案号：113-1-119。

并对沿海各地进行了考察。在舟山期间，他还以给人治病、发放宗教小册子等方式从事传教活动，并认为传教事业可以通过"建复书院、育婴院、养济院、苦老院、埋葬尸棺"等慈善活动得以拓展。[①]

　　鸦片战争期间，舟山两次被英军占领，成为英国对华战争一个重要据点。舟山由此也成为西方传教士进入内地传教的桥头堡。当时，有数位传教士曾寄居舟山，其间，有数位传教士访问过舟山，如雒魏林、麦都思、美魏茶等。1840 年（道光二十年）9 月，医生出身的英国伦敦会传教士雒魏林（William Lockhart）还在定海开设了一家医院，该医院可以说是浙江省的第一所近代西式医院。[②] 1842年（道光二十二年）2 月，美国传教士米怜（Milne）来到定海，开展传教活动。4月，米怜的儿子美魏茶还专门到过当时已被英军占领的定海，虽然美魏茶迫于"不安定的局势"，"很快离开了这个城市"[③]，但也表明了传教士向浙江内地渗透的决心。

　　1842 年 8 月《南京条约》签订，宁波被辟为通商口岸。自此，西方传教士凭借不平等条约的保护，以宁波为据点，开始了新一轮的传教活动。浙江成为近代基督教传入最早的省份之一。

　　1843 年 11 月，美国浸礼会传教士玛高温（Daniel Jerome MacGowan）以行医为名，开始在宁波传教。玛高温是美国浸礼会在华开辟传教事业的第一人，其在宁波开办的医院，也是宁波市区最早的西式医院，当时该医院用的房子还是由当地的一位商人免费提供的。[④] 1844 年 6 月，美国长老会传教士麦嘉缔到达宁波。他在宁波英国领事馆的帮助下，"赁屋数椽于英领事署侧，欲传布耶稣教"[⑤]。之后，传教士卫理哲夫妇、克陛存夫妇、露密士夫妇，以及娄礼华也陆续到达宁波。宁波由此成为美国长老会在中国传教的中心。

　　鸦片战争后，美国长老会传道部计划在中国设立香港、厦门、宁波、上海

---

① 炎明主编：《浙江鸦片战争史料》下册，宁波出版社 1997 年版，第 424 页。

② William Lockhart, *The Medical Missionary in China: A Narrative of Twenty Years' Experience*, London, 1861, p. 125.

③ *The Chinese Repository*, Vol. 13, p. 14.

④ 参见吴立乐编：《浸会在华布道百年略史》，上海书店 1996 年影印版，第 115—116 页。

⑤ 张传保等修，陈训正等纂：民国《鄞县通志》（一），上海书店 1993 年版，第 871 页。

四个传教站。他们认为，将宁波作为传教站，可以通过长江、钱塘江这两条大江"直达内地最遥远的地区"，"京杭大运河纵跨两江，从南到北，可由帝国人口最稠密的地区直达京都。商船可以抵达沿海各口岸城镇以及日本岛"。① 这样，宁波作为"美国在中国大陆建立的第一个基督教新教教会"的所在地，成为"美国长老会在华传教的总堂"。② 咸丰元年（1851），美国长老会宁波差会在宁波城内建成第一座教堂"府前堂"。丁韪良初到宁波时这座教堂刚刚举行奠基仪式。他写道："这座建筑是由克陛存牧师设计的，有一个富丽堂皇、带有科林斯圆柱的门廊。"此外，长老会在江北岸居所附近还同时修建了可容纳 200 人的槐树礼拜堂。

　　除了美国长老会将宁波作为传教中心站，英国圣公会、内地会等差会也相继到宁波传播基督教"福音"。

　　道光二十五年（1845），英国圣公会派遣教士麦丽芝（Rev. T. McLatchie）与施美夫（Rev. G. Smith）经上海来宁波，认为"甬的机会甚佳"③。1848 年 5 月，英国圣公会又派禄赐（William Armstrong Russe）与戈柏（Gobald）两位传教士来宁波，他们在宁波城中贯桥头购民房一幢，从事传教活动。1856 年"中国传道会"（The Chinese Evangelization Society）英国传教士戴德生来宁波传教，并呼吁西方传教士来中国传教。④ 宁波成了当时西方传教活动最重要的据点之一。据《1901—1920 年中国基督教调查资料》调查统计：当时全国的基督教总堂，大多设在上海、宁波、广州、厦门、福州、汕头等地，上海独占总堂 8 所，宁波与广州各有 4 所总堂。⑤ 传教士以宁波为传教据点，向宁波周围地区辐射。根据相关记载：

　　咸丰五年（1855），圣公会开始在慈溪观海卫租赁屋设置布道所，两年后又在观海卫南门外修建圣约翰教堂，传播基督教"福音"。⑥ 之后，圣公会还相继在

---

① J. C. Garritt，*Jubilee Papers of the Central China Presbyterian Mission*，*1844-1894*，Shanghai：The American Presbyterian Mission Press，1895，pp.l-2.

② 王立新：《美国传教士与晚清中国现代化》，天津人民出版社 1997 年版，第 306 页。

③ 中华圣公会总议会中央办事处：《中华圣公会略史》，宁波档案馆藏，档案号：112730-1-30，第 4 页。

④ 参见宁波市地方志编纂委员会：《宁波市志》，中华书局 1995 年版，第 2796 页。

⑤ 参见中华续行委办会调查特委会编：《1901—1920 年中国基督教调查资料》，中国社会科学出版社 1987 年版，第 578 页。

⑥ 参见慈溪地方志编纂委员会编：《慈溪县志》，浙江人民出版社 1992 年版，第 968 页。

宁波周边建立了鄞东莫枝堂（1861 年）、鄞西莲花庵堂（1864 年）等，至 1865 年鄞县领洗教徒已达 292 人。① 余姚、慈溪等地也有传教士的活动踪迹。咸丰九年（1859）英国传教士岳斐翟、美国传教士蔺显理到余姚传教。② 此后，陆续在浒山、长河、胜山头等地设立基督教会堂和布道所，并接受美国长老会津贴。③

第二次鸦片战争结束后，随着《天津条约》和《北京条约》的陆续签订，传教士获得了在中国自由传教的特权，来华基督教的传教格局发生新的变化。在浙江，传教活动突破之前主要在宁波周边传播的狭小范围，迅速发展到杭州、绍兴、台州、衢州、处州、温州等府县。

绍兴早在五口通商期间就受到宁波基督教差会的影响。道光二十七年（1847），美国长老会传教士苏美格偕中国牧师谢百英到上虞丰惠南街租房布道。④ 咸丰八年（1858），英国圣公会传教士霍约瑟从宁波来绍兴传道。同治二年（1863），美国传教士在上虞曹娥建立基督教分堂。同治九年（1870），葛雷登教士（Rev. H. Gretton）在绍兴城内观音桥购置民房立会传教。八年后，传教士麦乐义在诸暨县购地建宅，后又派遣传教士濮卫理在诸暨设传教点。⑤ 传教活动还深入到绍兴山南腹地。1869 年，英格兰传教士开始在新昌县城下市街租民房设宣讲所。1877 年 7 月在县城前山设耶稣堂，在南乡新市场、西乡渡头、北乡莲花庵设耶稣分堂。⑥

咸丰八年（1858），美国基督教长老会的中国传教士张澄斋从宁波来杭州布道。1859 年，英国圣公会传教士包尔腾也来到杭州城隍山开始布道，后相继在杭州建立教堂 5 处。⑦1866 年，美国基督教浸礼会传教士秦镜来杭，在银洞桥租屋布道。

1865 年（同治四年）6 月，英国传教士戴德生牧师将宁波差会改名为"中国

---

① 参见周时奋主编：《鄞县志》，中华书局 1996 年版，第 1874 页。
② 参见余姚市地方志编纂委员会编：《余姚市志》，浙江人民出版社 1993 年版，第 702 页。
③ 参见慈溪市地方志编纂委员会编：《慈溪县志》，浙江人民出版社 1992 年版，第 968 页。
④ 参见上虞县志编纂委员会编：《上虞县志》，浙江人民出版社 1990 年版，第 749 页。
⑤ 参见绍兴市地方志编纂委员会编：《绍兴市志》，浙江人民出版社 1996 年版，第 2953 页。
⑥ 参见新昌县志编纂委员会编：《新昌县志》，上海书店 1994 年版，第 560 页。
⑦ 参见杭州市地方志编纂委员会编：《杭州市志》第 9 卷，中华书局 1997 年版，第 450 页。

内地会"，并确立其宣教方针，就是要招募一批可以深入中国内陆地区长期工作的传教士，将基督教信仰传入中国内地。次年，戴德生便来到杭州设堂传教，使杭州成为内地会最初的宣教中心。① 在这前后，杭州分别建立了基督教南、北长老会、中华圣公会、内地会、浸礼会、使徒信心会、独立宣教师会、基督教青年会等8个差会。② 杭州逐渐成为浙江基督教各差会的传教中心，其传教势力也迅速向杭州周边及台州、金华、温州等地发展。

同治六年（1867），内地会苏格兰传教士曹雅直（George Stott）及蔡文才（Josiah Jackson）从宁波来温州，开启了基督教在温州传教的历史。同年，曹雅直牧师便从温州来到平阳，在西门外忠靖庙附近增设布道点，发展教徒。1875年偕我会（后易名为圣道公会）、复临安息会亦纷纷来平阳设布道点，使平阳县成为温州第二个基督传布区。③

光绪七年（1881），英国偕我会（后改名为"循道公会"）传教士苏慧廉（William Edward Soothill，1861—1935）来温州传教。他在温州传教26年，通过施药救治，用方言讲道，招徕听众，培养信徒，社会影响日益显著，"不十年，遂有教堂若干所，从之者数千人"④。1890年，温州偕我会传教士戚臣昌首入青田传教，五年后便先后在青田的大路、鲜坑等11处设立支会。⑤

咸丰十一年（1861），英国圣公会传教士到临海县传教，在溪南村建立传教堂。之后，势力逐渐扩展到临近的天台、黄岩等县。圣公会在台州各差会中比较有影响。光绪二十二年（1896），他们在天台县大黄村设立"台州府安立甘会议会北片分会天台县大黄村教堂"。光绪三十二年（1906），圣公会在黄岩县高桥、清陶等地设点教堂，后又在占塘、横街、下梁、螺洋等地建堂布教。1910年，圣公

---

① 参见杭州市地方志编纂委员会编：《杭州市志》第9卷，中华书局1997年版，第449页。1890年内地会总部迁至上海。

② 参见中华续行委办会调查特委会编：《1901—1920年中国基督教调查资料》，中国社会科学出版社1987年版，第1155页。

③ 参见平阳县志编纂委员会编：《平阳县志》，汉语大词典出版社1993年版，第762页。

④ 项崧：《记甲申八月十六日事》，见梅冷生著，潘国存编：《梅冷生集》，上海社会科学院出版社2006年版，第278页。

⑤ 青田县志编纂委员会编：《青田县志》，浙江人民出版社1990年版，第662页。

会还成立了天东支会和天西支会。① 除了圣公会，内地会在台州也很有影响。1871年内地会传教士赖恩在海门建立教堂。② 同治十二年（1873），戴德生、范继生经奉化、宁海入天台传教，并在城关妙山购房设堂。1868 年，内地会驻临海英籍传教士路惠理派传教士到黄岩县传教。③ 1873 年，路惠理等亲赴温岭传教，设立基督教内地会。之后，美籍传教士魏伦理、巴秀清也先后来到温岭县传教。④

　　沿海区域是传教士在浙江传教的桥头堡，也是传教士最为集中、最为活跃的区域，并以此为据点，逐渐向内地渗透。在湖州，内地会传教士卫斯美早在同治年间就已到湖州开展传教活动。1877 年，他们还派遣兰卿牧师到安吉设分堂传教。光绪十三年（1887），美国浸礼会传教士梅思恩也来到湖州设堂传教，而后又在织里、和孚、菱湖等地设堂。⑤

　　同治八年（1869），美国长老会传教士白脱君、赫显理到东阳传教，并在六石村设立教堂。⑥ 同时，内地会、复临安息会也在 1878 年进入永康传教。永康内地会属杭州教区领导，他们设置教堂传教，发展信徒，并培养当地信徒为传道者。⑦

　　同治十一年（1872），美国传教士司徒牧师从杭州来到衢州，开始了基督教在衢州的传播。1882 年内地会德籍女传教士也来到常山租屋传教。⑧ 光绪元年（1875），温州基督教会派英籍传教士到丽水县传教。⑨ 1890 年，德国传教士奔德牧师在处州建立德华盟会，将传教区域扩展到丽水、松阳、缨云、龙泉等浙江山区。⑩

---

① 天台县志编纂委员会编：《天台县志》，汉语大词典出版社 1995 年版，第 601 页。

② 临海市志编纂委员会编：《临海县志》，浙江人民出版社 1989 年版，第 647 页。

③ 参见台州地区地方志编纂委员会编：《台州地区志》，浙江人民出版社 1995 年版，第 1102 页。

④ 参见温岭县志编纂委员会编：《温岭县志》，浙江人民出版社 1992 年版，第 831 页。

⑤ 参见湖州市地方志编纂委员会编：《湖州市志》，昆仑出版社 1999 年版，第 382 页。

⑥ 参见东阳市地方志编纂委员会编：《东阳市志》，汉语大词典出版社 1993 年版，第 727 页。

⑦ 参见永康县志编纂委员会编：《永康县志》，浙江人民出版社 1991 年版，第 708 页。

⑧ 参见衢州市志编纂委员会编：《衢州市志》，浙江人民出版社 1994 年版，第 1227 页。

⑨ 参见丽水地区地方志编纂委员会编：《丽水地区志》，浙江人民出版社 1993 年版，第 537 页。

⑩ 参见《1807—1921 年基督新教区域表》，见张力、刘鉴唐：《中国教案史》，四川省社会科学院出版社 1987 年版，第 13 页。

　　除了基督新教各差会的活动，天主教在浙江也得到了迅速的传播。1842 年 5 月法籍天主教传教士顾方济来定海并开始活动。道光二十六年（1846），浙江代牧区成立，由法国遣使会管理。1850 年后，浙江代牧区主教常驻宁波。天主教传教范围在省内得到迅速扩张。为了便于管理，推进教务，1910 年 5 月，浙江代牧区划分为浙东、浙西两个代牧区，主教座堂分设在宁波、杭州。晚清时期，天主教在浙江的活动与新教相比虽有差距，但也已初具规模。如在浙南，光绪九年（1883）温州区（包括处州）已有教徒 630 人、慕道 100 人、告解者 178、领圣体者 169 人、经言学习 4 个、小学生 28 人、全体领洗者 25 人。据统计，1910 年，浙江全省教友发展到 29740 人，有神父 40 余人、修女 100 余人。

　　总之，第二次鸦片战争后基督教的传播速度与区域相比于五口通商时期得到了前所未有的发展。他们设堂布道，通过行医、办学校、施慈善等各种手段，吸引与发展当地信徒，使传教工作取得了较大的进展。据统计，"从道光二十七年（1847）定海修建修道院开始，到清末民初，浙江各地设立的天主教堂、祈祷所、修道院约 50 多所……教徒从道光二十六年（1846）的 2500 人，增加到光绪二十六年（1900）的 2.3 万人"[①]。在这里，戴德生创建的内地会其传教业绩尤为突出。根据《1901—1920 年中国基督教调查资料》统计，1861—1880 年，浙江基督教中差会新建总堂达到 20 所，是上期 1840—1860 年的总堂数的 5 倍，而其中戴德生创建的内地会新建总堂就占 11 所，占总数的 55%。[②] 到 19 世纪末，基督教教会已经遍及浙江各地，传教士的足迹已遍及浙江 1/2 的地区。

二、传播的方式及特点

　　差会（mission）是近代来华新教传教组织的基本单位，通常由西方教会的海外传道部门或者是跨教派的联合传教机构派驻到中国的某一区域。以美国长老会宁波差会为例，它曾是美国长老会在华传教的总堂，拥有独立的资产、地产和房

---

① 浙江省外事志编纂委员会编：《浙江省外事志》，中华书局 1996 年版，第 123 页。
② 参见中华续行委办会调查特委会编：《1901—1920 年中国基督教调查资料》，中国社会科学出版社 1987 年版，第 578 页。

产，开办有印刷所（如宁波华花圣经书房）、学校（如崇信义塾）、医院等各项事业，建有自己的教堂、福音堂、布道站，传教系统从支站、总站到总部已经十分齐全。传教士以差会组织为依托，设堂布道，通过研习方言、施医给药、开设学校，不断拓展传教空间。

研习方言。传教士初入中国，语言与生活习惯是一大障碍。根据玛高温回忆，他当时在宁波由于"那里还没有会说英语的"，连"翻话的也没处去找"。① 因此，许多传教士来到浙江后，一面学习中文，一面实习传教。传教士学习中文，还要研习当地方言，并将经书翻译成土话，为下阶段更好地传播基督教"福音"打下了坚实基础。丁韪良在宁波期间，曾将一部分《圣经》译成宁波方言，并试着用罗马拼音法标注汉字，编印福音书。咸丰四年（1854）丁韪良还用中文编写出版《天道溯源》，此书广泛流传，并被译成日文和朝鲜文。②

浙江方言复杂难懂，尤其是温州方言，即使浙江本省人学起来也十分艰难，但为了便于传教，教士苏慧廉还是根据温州方言发音规律，创编了用拉丁字拼音代替汉字的瓯音拼音文字，写成了《温州方言新约译本》、《温州话拉丁化体系》。③ 现中国社会科学院语言研究所仍保存着这种拼音文字的书本和课本。除了宁波、温州，浙江其他地区也有方言编写的经书。如同治五年（1866）出版的金华话《约翰福音》、光绪五年（1879）发行的杭州话的《马太福音》和《新约选集》，以及 1880 年发行的台州土话《圣经》与《新旧约》等。④ 这些方言本经书的发行，为西教在浙江地区更为广泛的传播扫除了语言上的障碍。

施医给药，为民治病，发展信徒。"施医给药，治病救人"是传教士接近中国社会下层阶级的有效途径与办法。这种方式不仅能够体现宗教的"仁爱"之心，而且还能引起民众对某一宗教的好感。因此，以行医的方式进行传教具有很强的

---

① 吴立乐编：《浸会在华布道百年略史》，上海书店 1996 年影印版，第 I15—116 页。

② W. A. P. Martin, *A Cycle of Cathay or China, South and North with Personal Reminiscences*, New York, 1986, pp. 67-68.

③ 参见中华续行委办会调查特委会编：《1901—1920 年中国基督教调查资料》，中国社会科学出版社 1987 年版，第 1038 页。

④ 参见中华续行委办会调查特委会编：《1901—1920 年中国基督教调查资料》，中国社会科学出版社 1987 年版，第 1037 页。

隐蔽性和吸引力。

早在鸦片战争期间，英国伦敦会的传教医生雒魏林（William Lockhart）就曾随英军在定海开设医院，并通过行医的方式从事传教活动。[①] 鸦片战争后，传教士玛高温、麦嘉缔等先后在宁波租房行医。[②]

玛高温开办的医院，可以说是宁波市区最早的西式医院。该医院开办于 1843 年 11 月，三个月内就接受了 650 人治疗。但对传教士来说，施医给药只是传教的一种手段，他"为了使医院能够成为传播基督教真理的场所，每位求诊者的挂号卡上都印着几句《圣经》经文，要求他们能够记住。凡是能够看书识字的病人，都很乐于接受我们的这个要求，而且，第一个能够背出经文的竟然是个佛教僧人。我们还向病人提供宣传基督教的小册子及传单，他们把传单张贴在住处，城里的街道及周边的乡村"[③]。可见，这所医院其实就是一所传教医院，它将行医与传教结合起来，在施医给药的过程中，向当地民众传播基督"福音"，并以此来影响中国人的宗教信仰。

事实上，施医给药的传教方式在当时还是十分有效的。许多地方第一批接受"洗礼"的基督教徒，往往都是在传教士治病给药，病愈后参加的。《临海县志》记载："时有临海北乡孔丘村的张乐天，偕其父到宁波圣公会仁泽医院治病，接受了基督教的信仰，病愈后，特邀请英国传教士到孔丘村传教，随后在大石溪南村首建基督教堂。"[④] 宁波仁泽医院和杭州广济医院，是圣公会在浙江开设的两所规模较大的医院。当时，圣公会在华共设有医院 39 所，其中在浙江有 7 所，仅次于福建。[⑤]

开办学校也是传教最有效的方法之一。各国来华传教士大都热衷于通过开办学校扩大传教范围。1844 年，英国女传教士阿尔德赛在宁波城内开办了中国第一

---

① William Lockhart, *The Medical Missionary in China: A Narrative of Twenty Years' Experience*, London, 1861, p. 125.

② 参见张传保等修，陈训正等纂：民国《鄞县通志》（一），上海书店 1993 年版，第 871 页。

③ *The Chinese Repository*, Vol. 13, pp. 111-112.

④ 临海市志编纂委员会编：《临海县志》，浙江人民出版社 1989 年版，第 647 页。

⑤ 参见中华续行委办会调查特委会编：《1901—1920 年中国基督教调查资料》，中国社会科学出版社 1987 年版，第 877 页。

所女子学校。① 第二年，美国长老会传教士也在宁波江北岸创设了崇信义塾。② 后来，随着传教的深入，传教士又相继在浙江各地开设了各类学校，如杭州贞才女塾（1867 年）、杭州育英书院（1897 年）、嘉兴秀州中学（1899 年）、温州艺文学堂（1901 年）等。

传教士办学目的是为了加强宣教活动。例如，三一书院的办学宗旨就是："专尚神道简廉之法，启迪中华教友子弟，俾将来任教会牧师助士馆师之职，以增益夫教会。"③ 可见，这所学校主要是为英国圣公会在浙江的传教活动培养华籍教牧人员的。对此，美国传教士倪维思在总结宁波办学经验时也直截了当地重申了这一目的。他认为，无论是兴办义塾，还是开办日校、夜校、女校，都是"最省钱、最有效的传教方法"，因为这样"只花费差会的力量和传教士劳动与时间 1/4，却为该地教会提供了很大一部分的教徒"。④

晚清时期，各差会在浙江沿海地区的活动，是基督教初入中国并逐渐渗透到内陆地区的一个缩影。他们开展的建堂、布道、巡回传教、吸收信徒、兴办教育、设立医院、开办印刷所等各项活动，其最终目的就是为了传播基督宗教的思想。

三、文化冲突与民教纠纷

浙江素称"文化之邦"，民众几千年来一直受儒道文化熏陶，祭祖祭天的宗族观念十分强烈。而基督教则主张一神论教义，反对敬天与祖先崇拜。这不仅与中国传统的宗教观念相抵触，而且更与儒家一贯主张的"君、臣、父、子"等伦理纲常相冲突。因此，基督教从一开始就难为广大民众所接受，"洗礼"入教的教民为数甚少。以较早来浙传教，且总站设在宁波的美国长老会为例，在最初十年仅有 24 位成人入教。究其原因是东西方的宗教观念和价值观念相距甚远。当地民众若要加入教会，就意味着他们必须放弃原先的宗教信仰与习俗，包括放弃祖先崇拜在内的人伦纲常，甚至包括不能参加各类民俗活动。因此，对入教者来说，

---

① 参见顾长声：《传教士与近代中国》，上海人民出版社 1981 年版，第 226 页。
② 参见吕树本：《私立之江大学》，《浙江教育史志资料》1989 年第 3 期。
③ 张彬：《浙江教育史》，浙江教育出版社 2006 年版，第 325 页。
④ 顾长声：《从马礼逊到司徒雷登——来华新教传教士评传》，上海人民出版社 1985 年版，第 171 页。

肯定要承受来自社会、官府、家庭等各方面的压力。对此，传教士倪维思（John L. Nevius）就有过记叙：有个叫谢行栋的宁波人经常到教堂听经，欲入教，其母知道后坚决反对他入教，认为"自己的儿子被这些洋人欺骗引入迷途"，既是"她、家庭和祖先的羞耻"，也是"对敬拜的神祇的侮辱"，"会激怒他们并受到惩罚"。她"甚至将谢用绳子捆起来关在屋中……斥骂他，并用棍子打他"。[1] 谢母文化程度不高，受传统思想束缚严重，反对儿子入教，似乎在情理之中，但当时即使是西化程度较高的商人，在入教问题上也要顾及来自社会与家庭的压力。张斯桂为中国引进了第一艘轮船"宝顺"轮。他关注西学，与麦嘉缔、丁韪良等多位传教士往来颇多，"对麦嘉缔医生的医术十分倾倒。在得知多数西药都是根据化学原理制成之后，他请求医生教他一些这方面的知识，甚至为此做了两大本的笔记"[2]。但他明确告诉麦嘉缔，如果自己宣誓成为基督徒，他还不能够下定决心去面对家庭将会给他带来的困难。可见，中西文化的差异性是阻碍西方传教士传教活动顺利开展的重要原因。

　　当然，西方传教活动是伴随着枪炮声进行的，民众对这些"长相异样"的教士没有多好的印象也是一个重要的原因。例如，第一位到温州传教的苏格兰曹雅直牧师，在温州传教最初二年几乎是"颗粒无收"。他不仅无人与自己接近或交往，而且在外传教时还时常被民众尾随起哄，投掷石子。有一次，他只能通过撒钱，乘众人抢拾之机，在官府派兵护送下得以脱逃。苏慧廉在温州永嘉昆阳传教时，其妻子甚至还被当地的村民扔进溪流中。他在《晚清温州纪事》中曾记述道："那时候，我们的安全受到严重威胁。我们要走许多路，以避免侮辱和威胁，那些日子，差辱和危险时时刻刻都在等待着我。多年来，每当我访问这个地区，'杀番人'、'宰那外国贼'、'揍外国狗'呼喊声会此起彼伏，回荡在山谷之中。"[3]

　　不可否认，来华传教士中确有一些善男信女，他们虔诚地履行基督教劝人为

① John L. Nevius, *San-Poh, or North of the Hills: A Narrative of Missionary Work in An Out-station in China*, Philadelphia: Presbyterian Board of Publication, pp. 29-33.

② W. A. P. Martin, *A Cycle of Cathay or China*, pp. 137-138.

③ 〔英〕苏慧廉著，张永苏、李新德译：《晚清温州纪事》，宁波出版社 2011 年版，第 25 页。

善、爱人如己的信条，为中国人办了不少好事，但新一轮传教事业毕竟是伴随着列强侵略中国的枪炮声而来，他们依仗不平等的治外法权的保护，插手内政，欺压百姓，偏袒或放纵教民，使"无赖棍徒依附彼教，恃为护身之符，横行乡里"[1]，加深了民众对教会的积怨，从而为教案的发生埋下了祸根。

浙江最早的反洋教斗争始于咸丰元年（1851）定海教案，而大规模的反洋教斗争，则发生在义和团运动时期。

1851年定海教案，是因教徒霸占寺院庵庙引起的。当时，法国传教士顾铎德派驻定海传教的方法是，诱迫教民"屡将乡间各庄寺庙庵院献入教堂，踞占把持，各庄士民因屡被欺扰，群怀不平"，乃聚集村民"逐出教徒，收回被占寺院"。[2]定海教案可以说是晚清浙江第一起民教纠纷。该案最终以法国传教士召回方安之、归还所占寺院而平息。

相对来说，浙江的民教冲突在1860年之前并不是十分激烈，发案地也多集中在最早通商的宁波及其附近，而且所有案件均通过官府的协调得以平息。如定海教案发生后，法国驻沪领事敏体尼虽亲赴宁波、定海，要胁扶地方当局"严办村民，押让寺院"，否则"即飞调火轮兵船来此攻击"。[3]但该事件最终还是因为官民的坚持，迫使法方做出让步。

但这种情况在第二次鸦片战争结束后发生了变化。传教士凭借列强的撑腰和治外法权的保护显得越来越强势，而官府为了宁息事态的扩大大多选择妥协、退让。如1862年宁波发生了教堂强占土地案、拆毁民房占地案，官府最后只能向教堂妥协，允许其强拆民房，扩占教堂。[4]1867年，萧山地方官为了阻止英国传教士租房发生了冲突，结果以官府体恤受伤教民、赠礼道歉，并劝谕民众不要仇教而告终。

大体来说，第二次鸦片战争后由于传教范围的扩大、深入，民教之间的纠纷越来越频发，而且血腥的教案也时有发生，尤其是在义和团运动时期更是发生大

---

[1]　朱金甫主编：《清末教案》第1册，中华书局1998年版，第126页。

[2]　《筹办夷务始末（咸丰朝）》卷5，中华书局1979年版，第178—179页。

[3]　《筹办夷务始末（咸丰朝）》卷5，中华书局1979年版，第178—179页。

[4]　参见张力、刘鉴唐：《中国教案史》，四川省社会科学院出版社1987年版，第780页。

规模的反洋教斗争。其中影响较大的就有 1898—1899 年的浙江海门教案，1900 年温州神拳会运动、诸暨白旗党起义、衢州教案、宁海教案，1903 年的桐庐濮振声的白布会仇教活动等（见表 6-1）。

表 6-1　1900 年前后浙江发生的主要教案

时间	教案名称	主要地点	主要原因与经过	主要参与者	处理结果	资料来源
1899	海门教案	台州府黄岩县花门村	民教之争	应万德及当地村民、天主教	斩首应万德等人，赔款计 18 万两	《申报》1899 年 5 月 24 日
1900	诸暨教案	绍兴府诸暨县斯屯乡	民教之争、焚毁教堂二所	杨柳青、王绍桂等白旗党及附近乡民、天主教及新教	官府出兵弹压，斩首领导者	《申报》1900 年 7 月 21 日
1900	平阳教案	温州府平阳县蔡郎桥	"神拳会"捣毁多所教堂	金宗财、许阿雷等"神拳会"及附近乡民、天主教	斩首领导者、赔款	《中国教案史》，《温州文史资料》第 9 辑
1900	衢州教案	衢州府西安县(今衢县)、江山县、常山县	抢米波及教堂、刘家福领导红巾军攻打衢城、捣毁教堂、杀死教士家属 11 人	刘家福等当地民众、基督教	官兵镇压、斩首领导者、赔款 83000 两	《申报》1900 年 7 月 28 日、8 月 2 日；《清末教案》（第二册），第 918—929 页
1902	桐庐教案	严州府分水招贤乡	教士横行、濮振声等率众抗争	濮振声、白布会成员及附近乡民、天主教	官府镇压、濮振声终身监禁	《申报》1902 年 12 月 21 日
1903	宁海教案	台州府宁海县大里村	族人入教后引发家族不和、烧毁教堂二所、杀教士和教民	王锡彤、伏虎会成员及附近乡民、天主教	官府镇压、王锡桐（彤）下落不明、赔款 13 万两	《宁海教案纪要》、《中外日报》1903 年 11 月 25 日

这些反洋教斗争极大地冲击了教会在浙江的势力。光绪二十五年（1899）爆发的海门教案，历时半年，声势扩及黄岩、太平（今温岭）、临海三县，海门法籍天主教神甫李思聪将领导这次斗争的应万德与四川大足的余栋臣相提并论，惊呼

他"有步武川中余匪气象"①。1900 年的温州教案中，"计毁华式耶稣教堂约三十余座，教民遭狭者七百余家，华式天主教堂越十数座，教民遭殃一百八十七家"②。衢州教案更是将英国传教士汤明心等同时戕杀，此案中"被戕英美教士十一人"，且"毁坏什物"无数。③1900 年，桐庐教案也让桐庐县令的刘肇甲在保护教士教民上"一面飞禀请兵，一面将教士护送至省，日夜防堵，目不交睫"④。

　　晚清时期，浙江地区所发生的各类民教冲突，大致呈现了以下三个特点：

　　一是许多教案都与谣言相伴。谣言之所以形成，其他有着实际的心理和社会因素。东西方两种不同宗教与文化的巨大差异与冲突，再加上中国当时正遭受西方列强的侵略，一些传教士在治外法权的保护下的胡作非为，令绝大多数老百姓对当时的传教士没有好印象。如为了抵制传教士设堂传教，当时民众一般都反对将房屋出售或出租给传教士。为此，他们常常会散布此举会影响风水，招致疾病祸灾的谣言，甚至"遍贴匿名榜，谓如有人将屋租与教士，立将此屋拆毁云云"⑤。

　　深恶洋人是民间谣言四起且容易发酵的一个重要原因。光绪二十四年（1898），桐庐地方因小孩在教堂门口玩耍，被招入堂内，乡人遂怀疑孩子是被教堂拐骗入内进行谋害，"孩父母闻之，即散布语言，谓各家所失之孩，皆被教堂中人骗匿"，乡人涌入教堂进行砸抢。⑥光绪三十二年（1906），金华地区散布仇教揭帖，结果搞得"人心惶惧，教堂内女眷孩童等皆已送走"，女教士也只能"避往兰溪"。⑦这样的事例还有很多。如，光绪十年（1884）温州甲申教案发生前，当时民间谣言就已四起，称"日内即有英、美、德三国兵轮驶进海口，致居民之迁避者，不计其数，甚至各城门被挑物之人拥挤不开，市面情形，顿然萧条矣"⑧。另

---

① 引自黄岩县令赵普槐光绪二十五年三月《禀台州知府郭式昌函》，藏浙江图书馆。
② 刘绍宽：《〈厚庄日记〉摘抄》，见温州市政协文史资料委员会编：《温州文史资料》第 9 辑，浙江人民出版社 1994 年版，第 239 页。
③ 朱金甫主编：《清末教案》第 2 册，中华书局 1998 年版，第 929 页。
④ 浙江省图书馆古籍部藏：《桐庐县濮振声教案》（残本），第 3 页。
⑤ 《申报》1877 年 11 月 21 日。
⑥ 《申报》1899 年 1 月 6 日。
⑦ 《申报》1906 年 4 月 15 日。
⑧ 《申报》1884 年 10 月 22 日。

外，光绪二十一年（1895），温州府平阳县民众将教堂和教民住处拆毁并焚烧事件，也与当时谣传的"教民盗取神藏"直接相关。①

更有甚者，一些地方的民众为了抑制传教，不惜将其妖魔化，经常有传教士"挖人心肝"、"吃人血"之类的传闻，并以此来激起人们的"惊恐仇恨之心"②。1902 年 4 月，宁波府鄞县"谣传西门外及各乡亦有挖眼剖心之说"，结果乡民愤而起之，杀教士，毁教堂。③

二是在民教冲突中，既有基督新教，也有天主教，但以天主教居多。进入 19 世纪 60 年代后，天主教传教士为了快速扩大在华传教的速度，相比于基督新教大大降低了入教人员的道德标准。他们"所到之处，不择良莠，广收徒众，以多为能"④。而通过这种方法网罗而来的教民"往往是最不守法的人，而恃法国对天主教的保护权维护此辈利益的教会，遂激起了官方及非教徒中国人的深切仇恨"⑤。

例如，海门教案的起因就是本地教士阮振铎等在法国神父李思聪的支持下，纠集教民围困负有地方治安之责的花门保甲局董应万德。对法教士目无中国法纪，包揽词讼、干涉中国内政的做法，时任台州知府高英和黄岩县令赵曾槐曾有明确的表示，他认为"天主教堂内司事拔人拷诈、欺负平民之事指不胜屈，几乎人人切齿，无不思以地雷火炮轰击之"⑥，"卑邑天主教民多非善类，平日藉教肆横，颠倒是非，蛊惑教士，甚至拔人赴堂，私刑勒诈……而教士不知，反为偏护，乡民横遭荼毒，敢怒而不敢言，其积怒由来，非伊朝夕"⑦。正因为如此，1899 年浙江巡抚刘树堂在他的上奏中力言"奉教的华神甫恃法教为护符，鱼肉

① "中央研究院"近代史研究所编：《清季教务教案档》，"中央研究院"近代史研究所 1980 年版，第 1819 页。
② 高建国：《基督教最初传入温州片断》，见温州市政协文史资料委员会编：《温州文史资料》第 7 辑，1991 年，第 343 页。
③ 《申报》1902 年 4 月 8 日。
④ 赵春晨编：《丁日昌集》上，上海古籍出版社 2010 年版，第 98 页。
⑤ 〔美〕费正清编：《剑桥中国史（晚清卷）》上，中国社会科学出版社 1985 年版，第 655 页。
⑥ 引自高英 5 月 10 日《致杭关道时蓬仙函》，浙江图书馆藏。
⑦ 赵曾槐：《禀台州知府郭式昌函》，光绪二十五年三月底，浙江图书馆藏。1965 年，浙江图书馆从杭州古旧书店收购了一批高英后人出售给书店的资料。高英，字羽卿（禹卿、豫卿），亦号伟卿，1899 年 4 月至 10 月署台州知府，是经办海门教案的主要官吏之一。

乡里，无恶不作，导致台州民教矛盾尖锐，请求将阮教士调离，则台事甚幸，该教甚幸"[①]。

但是，当地民众既不能辨别两教的差异，更不能区分洋传教士来自何国，因此当冲突发生后，受打击的对象就不分新教与旧教了。例如，1884 年的温州甲申教案，原本冲突方为法国主导的天主教，"然未知法兰西之人是何模样，以为总是外国人而已，见一教堂，无论为天主为耶稣无从别之，则以为总是教堂而已，外国人而仇我中国，则我中国安得不仇视外国人教堂，即为外国人地，则焚之毁之，聊以一快其志气也"[②]。在衢州教案中，整个衢州城内卷起了一股"大索城内传教西士，不论男女老少，尽铸杀之"[③]的风潮，几乎城内所有天主教堂、耶稣教堂均被烧毁，英美传教士被戕害者共 11 人，教堂大司务毛理元等华籍传教士 6 人亦被杀。可见，一旦民众反洋教情绪激化，针对的是所有的"洋教"。

另外，在基督教内部，天主教与新教之间的内部冲突也时有发生。如在黄岩有人打了天主教民后"旋投托耶稣教以冀其庇荫"[④]。光绪三十二年（1906），海门"天主、耶稣两教教民平时本不相能，复因筑墙争界遂至大起冲突。天主教民纠率多人先将耶稣教徒所设之烟店药铺捣毁，复至邱兆垣家逞凶毁物。于是，耶稣教民亦即纠众抵御。两派聚聚千百人，各持枪械"，大起冲突。[⑤]

三是一些教案涉及会党组织。会党有两类：一类寻求庇护，一类从事反洋教斗争。会党以"反清复明"为宗旨，洋教可以为他们提供保护。晚清温台地区第一个天主教徒就是曾有案底的海门（椒江）栅桥原无为教头目张基才，他于 1867年 8 月 15 日在宁波领洗入教。同年秋，傅道安神父到台州传教，第一批入教的亦多为无为教教徒。1873 年，为了躲避官府的追缉，温州具有秘密会党背景的无为教首领吴恒选、施鸿鳌、潘汝成等人，听闻黄岩设有天主教，便投于其下，寻求庇护。吴恒选等认为"向天主教会投了保，有了传教士的保护，只要显示念珠经

① 朱金甫主编：《清末教案》第 1 册，中华书局 1998 年版，第 862 页。
② 《申报》1884 年 10 月 14 日。
③ 中国史学会主编：《中国近代史资料丛刊·辛亥革命》第 3 册，上海书店出版社 2000 年版，第 50 页。
④ 朱金甫主编：《清末教案》第 3 册，中华书局 1998 年版，第 858 页。
⑤ 《东方杂志》1907 年第 2 期。

本，就不会受到官府的追究"，于是吴恒选便自封"皇帝"，要求"人人俯首称臣为民，服从他的命令，并向他交纳赋税，违抗者将严惩不贷"。但当时温州天主教首任总本堂法籍冯烈鸿则清楚，他们只是"为了畏避官府的杀害"才"投身我教会"。①

但也有一些会党组织坚决反对洋教。1884年10月4日（农历八月十五）温州发生甲申教案，民众焚毁温州城内英国基督教堂、法国天主堂及教会书院多处，同时还冲击瓯海关，焚毁了那里的档案。此案的发生除了中法战争爆发，法国海军侵扰浙江沿海地区，引起当地民强烈反对这一因素外，还与会党组织事先"策划"相关。据称，当时有会党成员先挖了城乡许多菩萨的眼睛，砍了棺中尸首，然后指控是洋教徒所为，由此激发群众的愤怒，而教徒们因"涉嫌破坏佛眼的指控"，始终处于"恐怖和冤枉"中。②

1900年的温州教案是由许阿擂等领导的神拳会发动的。时值北方义和团运动进入高潮，许阿擂等在瑞安、平阳、乐清创设神拳会，传授"神拳"，将仇恨"番人教"者均收为神拳弟子，开展毁教堂、夺教产，甚至杀教士的反洋教运动，与北方义和团运动响应。他们案后均被判了重刑：许阿擂（瑞安）被判15年，金宗才（平阳）和黄时东（乐清）被判无期监禁。③

与北方义和团相呼应的还有诸暨"白旗党起义"，他们捣毁教堂，逮捕教士，举行暴动。他们乘"直隶有义和团之变，邑人平日受教民之辱者愤思报复，而南乡尤甚。莽民杨某以神道煽惑乡愚王某，群不逞之徒从而附会之，六月初旬结盟于斗子岩之龙王殿"④。另外，1902年的桐庐教案，以濮振声为首的白布会也起到了重要的作用。据记载，濮振声率白布会会众，以灭天主堂为名，集结力量，使当时受教会之苦的百姓"'趋起仇教'，纷纷参加白布会，以求抗衡"，响应者不

---

① 方志刚译编：《施鸿鳌事件始末》，见温州市政协文史资料委员会编：《温州文史资料》第9辑，浙江人民出版社1994年版，第221页。又见宁波教区1926年《简讯》。

② 方志刚译编：《温州"甲申教案"前后》，见温州市政协文史资料委员会编：《温州文史资料》第9辑，浙江人民出版社1994年版，第245页。

③ 参见方志刚译编：《温州神拳会与天主教会》，见温州市政协文史资料委员会编：《温州文史资料》第9辑，浙江人民出版社1994年版，第269页。

④ （清）陈遹声修，（清）蒋鸿藻纂：光绪《诸暨县志》卷15《兵备志·寇变剿抚》，上海书店出版社1993年版。

下万余。[1]

第二节　近代教育体系的初建

　　传教士创办学校的最初目的是为了增强传教效果，拓展教务，但由于这些教会学校引入了西式教育观念和教育方法，客观上也推动了近代浙江教育事业的发展。

一、教会学校：近代教育的萌动

　　宁波是浙江最先开放的口岸。为了扩大"福音"传播，传教士试图通过开办学校吸收信众，扩大传教范围。

　　道光二十四年（1844），英国基督教循道公会女传教士阿尔德赛（Mary Ann Aldersey）在宁波城内祝都桥竹丝墙门内（今尚书街东端）创办了设有国文、算术、圣经等课程的女塾。一年后，美国长老会传教士、医生麦嘉缔（Divie Bethune McCartee）也在宁波江北岸槐树路设立了一所寄宿制男子学校，取名崇信义塾。道光二十六年（1846），美国长老会传教士又在宁波城内（今桃渡路）开设了一所女校。1857 年，该校与阿尔德赛所办的女塾合并，定名为崇德女校。1851 年 2 月，美国长老会传教士丁韪良在宁波南门外开办走读男塾，同年 5 月，又在南门内增设一所走读男塾，每所男塾约收 20 名小学。[2]

　　此后，美英各差会又陆续在宁波开设各类学校，其中有：咸丰十年（1860）美国浸礼会女传教士罗尔梯（E. C. Lold）在宁波城北姚江江滨创办的浸会女校（后改名圣模女校）；同治四年（1865），英国圣公会在慈溪县观海卫圣约翰教堂内创办的圣约翰学堂；同治七年（1868），英国圣公会在宁波市内开办贯桥义塾（1876 年改名为"三一书院"）。[3]

---

① 申屠丹荣编著：《桐庐与名人》，中国档案出版社 2006 年版，第 72 页。

② 参见顾长声：《从马礼逊到司徒雷登——来华新教传教士评传》，上海人民出版社 1985 年版，第 201 页。

③ "三一"意即基督教宣扬的"圣父、圣子、圣灵三位一体"，故名。参见马孟宗：《外国人在宁波办学简介》，见政协宁波市委员会文史资料研究委员会编：《宁波文史资料》第 2 辑，1984 年。

第二次鸦片战争后，依仗不平等条约的保护，西方传教势力陆续深入到了浙江腹地，他们相继在杭州、绍兴、湖州、温州等地开办了各类教会学校。教会学校也开始由宁波向浙江各地扩展。

传教士在杭州地区的办学活动比宁波晚了二十余年。1867 年 9 月，由于所租场地的租约到期，美国传教士陶锡祈（Samuel T. Dodd）等人将崇信义塾由宁波迁往杭州，后又将其更名为育英义塾，是之江学堂前身。

同治六年（1867），美国南长老会在杭州皮市巷创办了杭州最早的女校 —— 贞才女塾。光绪二十五年（1899），美国基督教北长老会在杭州大塔儿巷创办育才女校。同年，美国浸礼会牧师甘惠德（W. S. Sweet）在杭州石牌楼淳祐桥东购地建校，是为蕙兰学校，1902 年甘惠德创办蕙兰女学。1912 年，贞才、育才、蕙兰三所女学合并为一校，定名为弘道女中。[①] 中学部设于珍珠巷，高小部设于大塔儿巷，初小部设于皮市巷。[②] 宣统元年（1909），英国基督教圣公会传教士冯·玛利亚在杭州紫金巷创办冯氏女子学堂（Mary Vaughan School）。[③] 此外，传教士还创办了医学专科学校。1881 年英国圣公会创办了广济男医学堂，光绪三年（1904），他们又在杭州广济医院设立广济产科学堂，主要学科为助产。[④]

在温州，曹雅直和苏慧廉两位英国籍传教士对教会学校的创办做出了重大贡献。同治七年（1868），英国内地会传教士曹雅直（George Stott）在花园巷寓所开设男塾，招收本地儿童。光绪元年（1875），曹雅直还创办了一所女书院。1902年，男塾改名为崇真小学，同时又在女书院的基础上创办了育德女子学校。[⑤]

光绪十三年（1887），英国偕我会传教士苏慧廉（William Edward Soothill）夫妇在康乐坊开办私塾，是为艺文小学前身。1897 年，苏慧廉又在瓦市殿巷赁房，

① 参见《逝去的校园 —— 弘道女中》，《杭州日报》2012 年 1 月 12 日。
② 参见弘道二十周年纪念刊，民国二十一年六月。杭州档案馆藏。
③ 参见杭州市地方志编纂委员会编：《杭州市志》第 2 卷，中华书局 1997 年版，第 41 页。
④ 参见杭州市教育委员会编纂：《杭州教育志（1028—1949）》，浙江教育出版社 1994 年版，第 148 页。
⑤ 参见高建国：《基督教最初传入温州片段》，见温州市政协文史资料委员会编：《温州文史资料》第 7 辑，1991 年，第 345 页。

开办了艺文书院。1901 年定名为艺文学堂。1903 年秋，艺文学堂新舍建成开学，引起不少媒体的关注。当时颇有广泛影响力的英文报纸《字林西报》（*North China Daily News*）对这场开学典礼也做了详细报道，该报称："温州学堂的开学典礼，和其他许多事件一起，标志着这个东方帝国的新时代开始露出曙光。"[①] 一年后，苏慧廉的太太还创办艺文女学。至 1914 年，各类教会在温州共设有书院、学校 56 所，学生 1868 人。[②]

随着教会势力的不断扩张，省内其他地区的教会学校也相继开办。如绍兴的英华初等小学堂（1903 年）、嘉兴秀州中学（1899 年）、湖州设立湖郡女子中学（1901 年）等。这样，自第二次鸦片战争以来，基督教各差会在不到半个世纪内所办的学校已经基本覆盖了浙江各个地区。到民国元年（1912）前后，仅英国圣公会在杭州、绍兴、宁波、台州 4 府各县乡设有小学 50 所。[③] 在沿海地区，教会学校还占据了绝大部分的中等教育。以宁波为例，"在民国元年前，今市境内有 6 所国人自办的中学堂，有教会或教会与国人合办的中西毓才学堂、斐迪学堂、益智学堂（1903 年合办，1909 年停办），尚有崇德、圣模、仁德、中西崇正（1903 年办，1909 年迁沪）等女校和养正、崇信、三一、华英 4 所书院"，"1912 年城区有中学 7 所，其中国人办 3 所，教会办 4 所"。[④] 由此可见，宁波的教会中学在当时宁波中等教育中占有相当大的比重。

相对于基督教新教，天主教在办学方面略为逊色。比较有影响的是光绪二十九年（1903）在宁波江北岸开办的中西毓才学堂，创办人为法国天主教会主教赵保禄（Paul-Marie Reynaud，1854—1926），见表 6-2。

---

① "Opening of the New College，Wenchow"，*North China Daily News*，Oct. 26，1903. 另参见沈迦：《寻找苏慧廉》，新星出版社 2013 年版，第 180 页。
② 参见温州市志编纂委员会编：《温州市志》，中华书局 1998 年版，第 469 页。
③ 参见邵祖德等编纂：《浙江教育简志》，浙江人民出版社 1988 年版，第 237—238 页。
④ 宁波市地方志编纂委员会编：《宁波市志》，中华书局 1995 年版，第 2225 页。

表 6-2　晚清浙江主要教会学校分布表 [1]

地区	校名	所属差会	创办时间
宁波	养正书院	美浸礼会	1855 年
	崇德女校	美长老会	1857 年
	圣模女校	美浸礼会	1860 年
	斐迪书院	英循道公会（偕我会）	1860 年
	慈溪圣约翰堂小学	美国教会	1865 年
	三一书院	英圣公会	1868 年
	仁德女校	英圣公会	1869 年
宁波	崇信书院	美长老会	1881 年
	华英书院	英圣公会	1893 年
	益智学堂	美长老会	1903 年
	中西崇正女学堂	美长老会	1903 年
杭州	之江学堂（前身宁波崇信义塾，1867 年迁入杭州，1897 年改称育英书院，1911 年改名为"之江学堂"）	美长老会	1845 年
	贞才女塾	美长老会	1867 年
	广济男医学堂	英圣公会	1881 年
	育才女学	美长老会	1899 年
	惠兰学校	美浸礼会	1899 年
	安立甘基督学校	英圣公会	1890 年
	广济女医学堂	英圣公会	1906 年
	冯氏女校	英圣公会	1909 年
温州	崇真两等学校（1902 年改为"崇真小学"）	英内地会	1868 年
	内地会女学校	英内地会	1875 年
	艺文学堂	英偕我会	1901 年
嘉兴	秀州中学	美长老会	1899 年

---

[1]　李国祁：《中国现代化的区域研究：闽浙台地区（1860—1916）》，台北"中央研究院"近代史研究所 1985 年版，第 478 页；宁波市教育委员会编著：《宁波市校史集》，浙江教育出版社 1989 年版，第 227—242 页；邵祖德等编纂：《浙江教育简志》，浙江人民出版社 1988 年版，第 238—243 页。

续表

地区	校名	所属差会	创办时间
湖州	湖群女学校	美监理会	1905 年
	海岛中学	美监理会	1908 年
	浸会高等小学	美浸礼会	1909 年
金华	作新初等高小学校	美浸礼会	1901 年
台州	内地会病院医学校	英内地会	1865 年
	敬爱学堂	英国教会	1897 年
绍兴	英华初等小学（后改名为承天初级中学）	英圣公会	1903 年

教会学校的开办，是浙江教育近代化的起点。它相比于传统教育呈现出了以下三个特点：

一是女子教育发展较快。基督教教义包含"天下人皆兄弟姐妹"的思想，教会学校同时向男女开放，没有对女子有特殊禁律。因此，教会不仅不排斥女生入学，而且还专门开设了各类女学。

浙江是国内创办女学时间最早，数量亦较多的地区。从创立的时间上来说，阿尔德赛在宁波所办的女塾，要比上海文纪女校（1851 年）、福州毓英女学堂（1859 年）和北京贝满女学堂（1864 年）都要来得早，被誉为"中土的第一家女学校"[①]。它不仅开创了近代浙江女子教育的先声，也开了全国近代女子教育的先河。从开办的数量来看，浙江女学几乎占有半壁江山。宁波除了有阿尔德赛开办的女塾，还有崇德女校、圣模女校、裴迪女中，杭州也有贞才女塾、育才女学、冯氏女校等，此外湖州、温州、绍兴等地都有专门的教会女校。

传教士林乐知（Young John Allen）在《重视教育说》中指出："中国女学不讲，以废弃人民之半数"；"中国教育之尤为缺少而不能与西国教育并衡者，则在于不兴女学"。[②] 因此，教会兴办的女学，对于倡导男女平等受教育的权利，冲击传统的封建教育体制，具有重要的推动作用。

---

① 褚季能：《女学先声》，《东方杂志》1934 年第 31 期。
② 李楚材辑：《帝国主义侵华教育史资料——教会教育》，教育科学出版社 1987 年版，第 419 页。

二是办学形式由低到高递次发展，学校种类渐趋多样。从教会学校举办的形式来看，起初多为初等小学，后来随着洋务运动的兴起，基督教徒人数的增加，传教士们不再满足于低层次的办学形式，希望通过扩充、合并，逐渐向中高等教育层次发展，提升办学层次。如成立于 1914 年的之江大学，其前身便是崇信义塾与育英书院。崇信义塾在宁波办学时只是一所小学，1867 年迁往杭州，1880 年升级为中学，1897 年发展为育英书院，分正、预两科培养学生。又如，宁波崇德女校和圣模女校，开办之初是小学，后逐渐发展为中学，并将中学部和小学部分开独立办理。1923 年，两校中学部合并成立甬江女子中学。[①] 同样，杭州的弘道女中、温州的艺文学堂等也是在小学的基础上发展起来的。

教会学校的种类多以基础教育为主，也涉及职业教育和社会教育。如杭州广济医学堂、广济产科学堂。同时一些教会学校还兼具社会公益性，如 1911 年创办于鄞县高桥的中华基督教恤孤院就设有两级小学及印刷、地毯、缝纫等科，其办学宗旨为"专收无依孤儿，授以相当学术及工艺，以养成全有用之国民"[②]。

三是课程设置兼顾中西。教会创办学校最初目的有二：其一是通过创办神学院校，培养本地传教人员；其二是希望通过开办学校，招收世俗民众，让他们成为"福音"的固定听众，从而扩大教会的影响。前者培养传道者，后者培养信徒。在培养传道者方面，据宁波《三一书院廿五年纪》载："溯夫行教会所以设本书院者，专尚神道简练之法，启迪中华教友子弟，俾将来任教会牧师助士馆师之职，以增益夫教会。"[③] 当然，教会学校更多地承担着培养信徒的任务，因此，这些学校一般都设有圣道、经训等基督教神学课程，但是出于传教需要他们也会开设英语、识字及算术类的课程。

19 世纪 60 年代中期后，随着洋务运动的开展，国人对西学的认知和接受程度逐渐加深，教会学校为了吸引民众，除强调宗教课程外，还开设了西方近代自然和社会科学的科目，包括国文、算术、天文、历史、地理、音乐、英文、物理、

---

① 参见政协宁波市委员会文史资料研究委员会编：《宁波文史资料》第 3 辑，1985 年，第 154 页。

② 孙善根：《民国时期宁波慈善事业研究（1912—1936）》，人民出版社 2007 年版，第 106 页。

③ 张彬：《浙江教育史》，浙江教育出版社 2006 年版，第 325 页。

化学等课程。如杭州育英书院附属中学堂的 8 门课程是：圣道、经训、国文、英文、历史、地理、历史、算学、博物，各年级每周授课 24 小时；惠兰中学则开设有国文（"四书"、"五经"）、英文、算学（算术、几何、代数）、科学（生理学、地文学、动物学、植物学、物理）、历史、《圣经》等课程。[①] 不难发现，到清末民初，许多教会学校的课程结构大致有宗教、儒学和西学三个部分组成。这些课程的设置，尤其是西式自然和社会科学课程教学，不仅传播了西学，也培养了一些科学人才，为浙江近代教育的发展提供了借鉴和准备。

二、新式学堂：近代教育的本土化开端

教会学校"课程简而严，教法详而挚"[②] 的教学方式，使人们对西方教育有了最初的感性认识，要求改革旧式教育的要求也愈加强烈。甲午战争后，许多有识人士模仿教会学校的办学形式，开始筹办新式学堂。1905 年废除科举后，浙江教育近代化发展到高潮，从省到府，再到各州县，普遍设新学堂。到 1909 年，新式学堂已增加到 1990 所，学生增至 77530 人。[③] 在这些学堂中，以普及文化的中、小学堂居多，另外还有一些培养师资的师范学堂、培养职业技能的职业学堂。

（一）普通教育

清季新式小学堂大多由旧式私塾和书院改良而成，如：光绪十九年（1893）萧山正性义塾改称蒙养小学，光绪二十八年（1902）宁波辨志书院改为南城小学堂，1903 年象山绩溪书院改为始达小学堂，1905 年嵊县剡山书院改为私立剡山高等小学堂等。但是，也有不少学堂为个人或乡绅团体所创，如光绪二十四年（1898）成立的新昌知新学堂就是由当地士绅筹款设立的。

在个人创办的学校中，温州的孙诒让和慈溪的吴锦堂在当时影响颇大。孙诒让被誉为"近代浙江兴学先驱者之一"。他早在 1896 年、1897 年就分别创办了瑞安学计馆和方言馆。1902 年，孙诒让将这两所学校合并为瑞安普通学堂。在他的

---

① 参见邵祖德等编纂：《浙江省教育简志》，浙江人民出版社 1988 年版，第 300 页。
② 李圭：《环游地球新录》，湖南人民出版社 1980 年版，第 106 页。
③ 相关数据根据《浙江教育简志》（浙江人民出版社 1988 年版）第二编各章数字整理。

倡导下，瑞安县城还先后创办了 4 所蒙学堂和一所女学蒙塾。这些新式小学开设国文、历史、地理等课程，教学内容与过去的私塾大不相同。

吴锦堂在办学之初也把注意力放在基础教育上。光绪三十四年（1908），他共计投入银 115000 元（其中开办费为银 30000 元），两等小学堂——锦堂学校建成。该校教学、生活、休憩、运动设施一应俱全。[1]

光绪三十一年（1905），清政府宣布"停科举以广学校"，并在各地成立劝学所、教育会及宣讲所，以推动旧式教育的转型。截至 1909 年 7 月，浙江全省已普遍设立了劝学所，并将原有的私塾和旧式书院陆续改造成初等小学堂、高等小学堂、两级小学堂及中学堂。浙江的初等教育得到了更为迅速的发展。至清末，全省已有各类小学堂近两千所。此外，当时还有许多专为年长失学及贫寒子弟无力就学者开设的简易识字学塾。据统计，在 1911 年，全省共有这类简易识字学塾 1665 所，在塾学生达到 4.73 万人。[2]

在中学堂创办方面，1897 年是一个非常重要的年份。是年，绍兴中西学堂、宁波储才学堂相继兴办。绍兴中西学堂是由山阴县士绅徐树兰捐银 1000 两创办的，校址在绍兴府城古贡院之山（阴）会（稽）豫仓址。该校"仿盛宣怀所创天津中西学堂，以二等学堂（相当于中学）规制创办"，并"由浙江巡抚廖寿丰奏明清廷备案"，开"绍兴乃至浙江近代教育之先"。[3] 宁波储才学堂是由宁波知府程云俶（稻村）与绅士严信厚等创建，仿上海方言馆办学章程筹建的一所中西学堂，开设的课程有经学、史学、文学、算学、舆地、译学等，最初的校址在月湖西边的崇效寺。[4] 光绪二十五年（1899），杭州知府林启在省城创办了养正书墅。养正

---

① 参见慈溪教育志编纂小组编：《慈溪教育志》，慈溪市教育委员会，内部资料，1993 年，第 119 页。
② 参见浙江省教育志编纂委员会编：《浙江省教育志》，浙江大学出版社 2004 年版，第 101 页。
③ 章玉安：《绍兴一中建校百年史略》，见绍兴市政协文史委员会编：《绍兴文史资料》第 12 辑，1998 年，第 147 页。
④ 关于储才学堂创办时间有 1897 年、1898 年两种说法。前者倾向于认为 1897 年筹办，1898 年正式开学，如陈训正等编纂的《鄞县通志》称储才学堂是"清光绪二十三年，宁波府知府程云俶等谋设中西学堂，翌年开学"；后者认为，1897 年已经开学，只是校名到翌年才正式定名为"储才学堂"，之前则被称为"宁郡中西学堂"、"中西格致学堂"。如《申报》1897 年 5 月 24 日、5 月 27 日、6 月 23 日曾对宁波创办新学堂做过系列报道，明确称"浙省宁波府属亦建有中西学堂一所"，且引程云俶招考告示："照得宁郡建立中西学堂，现经本府议定章程禀请道宪转禀立案，余俟开堂有期，另行晓谕外，所有肄业学生本府定于四月十四日考验，合先出示招考。"这就是说新学堂当年已经进入正常的教育活动。此说被周时奋主编的《鄞县志》（中华书局 1996 年版）采用。

书墅，初为小学程度，以后逐渐添设格致、体操、英文、音乐等课程，提高到中学程度。宁波储才学堂、绍兴的中西学堂，以及之后的杭州养正书塾开创了浙江省普通中学学堂的先河。

光绪二十三年（1897），也是浙江高等教育开启之年。是年 5 月，浙江巡抚廖寿丰、杭州知府林启在蒲场巷（今大学路）的普慈寺创办了求是书院（现浙江大学前身），"延一西人（美国人 E. L. Mattox）为正教习，教授各种西学，华教习二人副之，一授算学，一授英文"[①]。初设学制五年，必修课程有国文、英文、算学、格致、化学等。为避免当时保守势力的阻挠，故不称学堂而称书院。院里有藏书楼，供学生借阅。光绪二十七年（1901），清政府通令全国，正式改书院为学堂，在省城的改设大学堂，在府、厅的改设中学堂，在州、县的改设小学堂。同年，求是书院改称求是大学堂，次年改名为浙江大学堂，光绪二十九年（1903）又改称浙江高等学堂。求是书院是浙江省第一所新型高等学府，也是全国各省城中最早一批新式大学堂。

（二）实业教育

在普通教育发展的同时，浙江的职业教育和师范教育也得到了快速发展。清末浙江职业教育主要集中在杭州、宁波、温州沿海等地区，学校类型既有培养外语、算学、化学等人才的专门学堂，也有蚕学、工业、铁路等类的实业学堂。

光绪二十二年（1896），孙诒让在瑞安创办学计馆。孙诒让认为"泰西一切政教理法，无不以数学为根底"[②]，因此，他所创办的瑞安学计馆主课实学，不事科举，是一所专门培养算学人才的新式学堂。1897 年，孙诒让还创办了永嘉蚕学馆。永嘉蚕学馆"搜集历来相传的中国种桑养蚕旧籍，兼采近代新译出版的法、意日本各国蚕桑学书，并作教材，以资教习，附辟广场，以供实验，务使土桑劣种，逐渐改良，多病蚕身，随时疗治"[③]。

蚕业自古以来就是浙江支柱产业之一，以杭州城乡为例，当时就有创设于

① 廖寿丰：《请专设书院兼习中西实学折》，《实学报》第 1 册，《章奏汇编》卷 1，光绪廿三年八月。
② （清）孙诒让著，张宪文编：《孙诒让遗文辑存》，浙江人民出版社 1990 年版，第 291 页。
③ 温州市政协文史资料研究委员会编：《温州文史资料》创刊号，1985 年。

1897 年的杭州蚕学馆，以及 1907 年开办的杭州府蚕桑女学堂和钱塘县蚕桑初级师范学堂。杭州蚕学馆由是任杭州知府林启创办，地址设在杭州西湖金沙港关帝庙和怡贤王祠附近（现曲院风荷公园内），它是中国最早培养蚕桑专业技术人才的专门学校之一。该馆学制两年，课程参照日本东京蚕业讲习所设置，旨在"除微粒子病，制造佳种，精求饲育，传授学生，推广民间"①。1908 年杭州蚕学馆改名为浙江中等蚕桑学堂，辛亥革命后，又改名为浙江公立蚕桑学校。②

　　受重农务本思想影响，浙江的农业技术教育发展相对较快。据统计，1909 年浙江实业学堂共计 14 所，在校生 665 人；其中中等农业学堂 1 所、初等农业学堂4 所，在校生188 人。③ 此外，一些府、县还设有实业传习所、讲习所、习艺所，招收平民子弟，授以木器、竹器、油漆、缝衣、织巾、石雕、制皂、医术等技艺，兼授国文、算术等粗浅知识，使其获得谋生之能力。有的农村高等小学还兼设农业科目，分别讲授栽桑、养蚕、制丝等浅近要义。④

　　除此之外，开办于 1899 年的乐清算学馆、1896 年的浙江武备学堂、1905 年的仁和县工艺女学堂、1906 年的浙江铁路学堂（后改为浙江高等工业学堂）和浙江富华工艺学堂、1910 年的浙江中等农业堂（民初改为省立甲种学业学校），以及创办于 1911 年的浙江中等工业学堂和浙江中等商业学堂，也培养了一批具有新式知识的各类专业人才。⑤

（三）师范教育

　　随着新式学校的大量涌现，师资需求也随之大增。光绪三十年（1904），由沈炳经创办、汤寿潜等赞助的杭州私立初级师范学堂开办。一年后，浙江高等学堂开设师范科和师范传习所。光绪三十三年（1907），杭州女子师范学堂创办。杭

---

① 吴佩琳、季玉章：《关于中国近代农业教育起点问题的探讨 —— 浙江蚕学馆是我国近代最早的一所农业职业学校》，《南京农业大学学报》1985 年第 3 期。
② 参见朱新予、求良儒：《浙江蚕学馆》，见中国人民政治协商会议浙江省委员会文史资料委员会编：《浙江近代著名学校和教育家》（《浙江文史资料选辑》第 45 辑），浙江人民出版社 1991 年版，第 7—8 页。
③ 参见清学部总务司编：《第三次教育统计图表》，1909 年版。
④ 参见浙江省教育志编纂委员会编：《浙江省教育志》，浙江大学出版社 2004 年版，第 382 页。
⑤ 参见邵祖德等编纂：《浙江教育简志》，浙江人民出版社 1988 年版，第 154—156 页。

州女子师范学堂的前身是 1904 年由杭州教育会发起建立的杭州女校，1911 年改称浙江官立女子师范学堂，一年后又改为浙江省立女子师范学校。

光绪三十四年（1908），浙江两级师范学堂在贡院旧址正式开办。浙江两级师范学堂对清末浙江教育发展做出了重要的贡献，它作为"全浙师资培养基地"，不仅为全省培养了大批中小学教员，而且还在短短几年中培养出了大量高素质专门人才，如著名数学家陈建功，画家潘天寿、丰子恺，以及文学家冯雪峰、柔石、曹聚仁、魏金枝等都是该校学生。[①]

浙江两级师范学堂开办时已颇具规模，当时"额设优级选科 223 名，初级简易科 328 名，体育专修科 110 名"。至此，浙江"除省城官立高等学堂附设之师范简易所四次毕业已有毕业生 153 名外，其省（城）外各官立、公立、私立初级师范学堂、师范传习所四十余处，先后毕业生亦有 1200—1300 多名"[②]。浙江的师范教育已渐成气候。

（四）女子教育

女子小学自 1844 年于宁波率先兴起，到 20 世纪初几乎遍及浙江各县，其中尤以省城杭州为盛。光绪二十九年（1903），清政府允许地方办女子学堂，满族人瓜尔佳·惠兴女士不顾家人反对，募得资金 300 多银圆，在梅清书院旧址创办了贞文女子学堂。贞文女子学堂创办后不久即陷入经费困境，惠兴女士在奔走无效后，愤而服毒自尽。此事引起了社会极大震动。为纪念惠兴女士舍身办学的精神，后人改校名为惠兴女校。1906 年浙江地方官府把贞文女子学堂收为官立，改名惠兴女学堂。1904 年春，北京政法大学堂钟濂教授会同杭州教育会人士发起兴办了杭州女学校，该校在 1907 年改为杭州女子师范学堂。此外，杭州还有一些女子职业教育学堂，如杭州女子工艺学堂、杭州蚕桑女学堂。杭州蚕桑女学堂开办于 1907 年，其办学经费的来源：官拨约占 56%，学生交纳学费约占 25%，公款约

---

① 参见徐鹏绪：《浙江两级师范学堂简介》，见薛绥之主编：《鲁迅生平史料汇编》第 2 辑，天津人民出版社 1982 年版，第 460 页。

② 浙江教育官报编：《浙江教育官报》1909 年第 7 期，杭州图书馆藏（铅印本）。

占 19%。这种民办公助的办学模式在当时是十分罕见的。①

除杭州外，沿海地区由于开风气之先，世俗女学也比较盛行。在温州，孙诒让公开提出"设女学位以奖女学。普及教育，兼重女学"②。光绪二十九年（1903），瑞安女子蒙学堂创办，设国文、历史、地理三门科目，摆脱了教会学校的影响。之后，平阳顺溪益智高等女子学校、平阳昆阳镇毓秀女子学堂、乐清女子学堂，以及瑞安德象毅武、宣文女子初等小学堂相继创办。③

在嘉兴，陆明焕、陆葆粹于光绪二十八年（1902）在桐乡县濮院镇创办女学社，开了嘉兴女子教育之先声。1904 年，嘉兴启秀女子两等小学堂开办。翌年，王婉青在桐乡创办端本女子初等小学堂，并在嘉兴城区开设道前街女子小学堂。至清末，嘉兴各县及海宁已有女子学校 17 所。④

在绍兴，私立明道女子小学堂于光绪二十九年（1903）创办。次年，嵊县创办爱华女子学堂。1905 年，诸暨斯宅女子学堂和毓秀女子学堂也相继开办。

女性解放是社会进化的基本尺度，女子教育发展程度是社会进步的重要标志。总的来说，清季浙江女学在世俗化方面发展得还是比较快的。据统计，到 1907 年浙江女子学堂已有 32 处，教职员 202 人，学生 995 人。⑤

新式学堂的产生实际上源于对旧式教育的质疑。甲午战后，尤其是浙江的杭州、绍兴、宁波、温州等地产生了第一批具有西式教育性质的新式学堂。1901 年新政实施后，全省各地开办了各类不同层次的新学堂。这些"中西学堂教的不但有我国旧学，而且还有西洋学科。这在中国教育史上还是一种新尝试"⑥。

新式学堂的开办，既为年轻的学子们打开了一个崭新的世界，也为他们提供了较之前人更多的人生和职业选择。新式教育使近代自然科学和社会科学知识得以传播，并在很大程度上改造了职业领域，为近代化提供了知识与技能的保障。

---

① 参见吴民祥：《浙江近代女子教育史》，杭州出版社 2010 年版，第 97 页。
② 温州市地方志编纂委员会：《温州市志》下，中华书局 1998 年版，第 2457 页。
③ 参见南航：《近现代温州女学简史》，见温州教育史志编辑部编：《温州教育志》试刊号，内部刊物，2014 年 8 月。
④ 参见嘉兴市地方志编纂委员会：《嘉兴市志》中，中国书籍出版社 1997 年版，第 826 页。
⑤ 参见朱有瓛主编：《中国近代学制史料》，华东师范大学出版社 1989 年版，第 650 页。
⑥ 蒋梦麟：《蒋梦麟自传》，团结出版社 2004 年版，第 55—56 页。

更为重要的是，由于新式教育更为开放，一大批更有志向的青年走上了出国留学的道路，去探求更新、更先进的近代自然和社会新知识。

三、漂洋过海：浙籍留学生

近代浙江最早到海外留学的是宁波人金雅妹。金雅妹（1864—1934），浙江鄞县人，三岁时因父母双亡，被其父教友美国长老会传教士麦嘉缔博士（D. B. McCartee）收为养女。1870年，麦嘉缔带金雅妹到日本求学。1881年，又随麦嘉缔赴美攻读医学。四年后，她以第一名的成绩毕业于纽约医院附属女子医科大学，从而成为中国最早获得美国大学毕业证书的女留学生。光绪十四年（1888），金雅妹回到国内，先后在厦门、成都等地行医，并在天津创办医科学校。[①]

金雅妹是通过传教士个人渠道留学海外的，而非通过政府渠道。同治十一年（1872），曾国藩、李鸿章等接受容闳的建议，奏请清政府同意选派幼童赴美国留学。从1872到1875年，清政府先后派送四批共120名幼童到美国学习。在这些幼童中，"浙江省首批出国留学生王凤嘈、陈乾生等8人，分别于本年及后两年出国留学"[②]。这应该是浙江最早的官派出国留学生。

官方渠道留学的另一高潮是庚款留学。光绪三十四年（1908），美国为了在华的长远利益，决定退还中国庚子赔款的剩余部分，用于吸收中国学生赴美留学。对美国的倡议，清政府欣然接受。后来，英法等国也竞相效尤，接受中国留学生。

1908年6月，浙江第一次招考欧美留学生在杭州府中学堂举行。当时，报考学生有500多人，实际参考者为200多人，正式招收的19人都为浙江省籍，但他们的报考学校却无一是来自省内学校（其中15人来自上海的学校）。这说明当时上海等地的新式教育远优于浙江。另外，从留学目的地来看，美国成为浙江留学生的首选之地，几乎占所有录取人员的一半[③]，见表6-3。

---

① 浙江省教育志编纂委员会编：《浙江省教育志》，浙江大学出版社2004年版，第939页；另参见周一川：《清末留日学生中的女性》，《历史研究》1989年第6期。

② 浙江省政协文史资料委员会编：《新编浙江百年大事记（1840—1949）》（《浙江文史资料选辑》第42辑），浙江人民出版社1990年版，第65页。

③ 参见《浙江遣派欧美留学生考验各学科题目》，《浙江教育官报》第2期，1908年9月刊印。

表 6-3　1908 年浙江省第一次考取留学欧美学生名录表

姓名	籍贯	所在学校	留学地
王烈	山阴	京师大学堂	德国
丁柴芳	会稽	南洋公学	美国
徐名材	鄞县	南洋公学	美国
葛燮生	钱塘	南洋公学	美国
沈慕曾	山阴	南洋公学	美国
胡祖同	鄞县	南洋公学	英国
包光镛	慈溪	南洋公学	美国
韦以口	归安	南洋公学	美国
胡文耀	鄞县	震旦大学	比利时
翁文灏	鄞县	震旦大学	比利时
孙文耀	嘉善	震旦大学	比利时
徐新陆	仁和	唐山路矿学堂	英国
钱宝琮	秀水	江苏铁路学堂	英国
胡衡青	秀水	江苏铁路学堂	英国
张善扬	乌程	同济大学	不详
严鹤龄	余姚	圣约翰大学	美国
蔡光赀	石门	圣约翰大学	美国
孙显惠	杭县	圣约翰大学	不详
叶树梁	不详	圣约翰大学	美国
谢永森		已在英国，作为"特补"	

　　资料来源：沈瓞民：《记浙江第一次考选欧美留学生》，见中国人民政治协商会议浙江省委员会文史资料研究委员会编：《浙江文史资料选辑》第 11 辑，浙江人民出版社 1979 年版，第 22—23 页。

　　庚子留学，推动了官派留学的发展，同时也促进了教育近代化。由于浙江开风气之先，在庚子赔款留学中浙籍学生的比例一直不低。如，第二批考取庚子留学的 70 名学生中，浙江籍学生就有 14 人，仅低于江苏 29 人（含上海 3 人），排在全国第二。另据 1913 年统计，浙江官派留学生情况为：英国 11 人、法国 7 人、德国 9 人（女生 1 人）、美国 16 人（女生 3 人）、比利时 2 人、俄国 1 人、奥地利 1 人、日本 49 人（女生 11 人），共计 111 人，其中女生 15 人。[1]

与全国一样，浙籍学生海外留学，既有官费，也有自费，但以自费为多；留学去向也分东洋和西洋，但以留学东洋为多。

浙籍学生大规模留学日本始于甲午战争后。甲午战争之后，"留学救国成为忧国忧民人士的共同呼声，他们指明唯游学外国者，为今日救吾国惟一之方针"[2]。《马关条约》的签订彻底改变了中国人的日本观。一些有识之士认为日本取胜中国，"非其将相、兵士能胜任我也。其国遍设各学，才艺足用，实能胜我也"[3]。因此主张要以日本为师，改革教育。时任浙江巡抚廖寿丰曾说："东瀛学制原本西洋，伦理、汉文仍乃旧贯，历史、舆地本国为先，得要从宜，可谓善变。综其大指，不外由浅而深，由近而远二语，与古人循序渐进之旨吻合。……日本地属同洲，其课程、课书，大可以备参考。"[4] 正是由于廖寿丰、林启等主政官员的推动，得风气之先的浙江，留日运动无论是出国规模还是回国后的影响程度，都处于全国的前列。

1897 年 1 月，浙江籍嵇侃、汪有龄二人赴日学习蚕桑。他们是浙江第一次派出国学习蚕桑的官费留学生。1898 年 4 月，浙江求是书院选派高才生何燏时（燮侯）、钱承志（念慈）、陈榥（乐书）、陆世芬（仲芬）赴日留学，分学冶金、兵工、商业和法政。[5]

光绪二十三年，浙江求是书院派遣蒋尊簋等 18 人游学日本。1901 年，浙江留日学生有 39 人，1904 年达到 191 人，1905 年由浙江省学务处派赴日本学习师范的官费留学生就有 100 人。[6] 此外还有大量的自费留学生。浙江留日学生数量一直在全国名列前茅。根据调查，1903 年 10 月至 1904 年 4 月，在被统计的 1202 名留日学生中，有浙江籍学生 130 人，其人数仅次于湖北（289 人）、湖南（210

---

[1] 参见《浙籍留学生部催解费》，《教育周报》第 13 期。

[2] 刘志强、张学继：《留学史话》，社会科学文献出版社 2011 年版，第 2 页。

[3] 康有为：《清开学校折》，见康有为著，汤志钧编：《康有为政论集》上册，中华书局 1998 年版，第 360 页。

[4] 《廖寿丰致汪康年信》，见上海图书馆编：《汪康年师友书札》第 3 册，上海古籍出版社 1986 年版，第 2834 页。

[5] 参见浙江省政协文史资料委员会：《新编浙江百年大事记（1840—1949）》（《浙江文史资料选辑》第 42 辑），浙江人民出版社 1990 年版，第 85、88 页。

[6] 根据《各省游学汇志》统计，《东方杂志》1905 年第 6 期。

人），位列全国第三位，占 10.82%；1904 年 5 月至 12 月，全国有留学生 2406 人，其中浙江为 191 人，居湖南（363 人）、湖北（341 人）、江苏（280 人）之后，列全国第四位，占 7.94%。[①]

与此同时，日本还是浙籍女生留学的主要国家。光绪三十年（1904），"鉴湖女侠"秋瑾虽已是两个孩子的母亲，但在目睹耳闻国势日下的情势后，毅然离夫别子，东渡扶桑，成为闻名留学界的女活动家。像秋瑾那样冲破封建思想束缚，留学扶桑的女子还有许多。据不完全统计，1906 年至 1910 年，浙籍留日女生约有 18 人。[②]

清季留学潮流的兴起，开创了中国近代留学教育的新局面。留学生群体，是西学东渐的主要载体。他们能克服重重困难，远涉重洋、求新知于世界；留学的教育经历，既拓展了他们的生活空间，也促进了浙江新式教育的发展与人口素质的提升。这些留学生归国后，借助于新知识与新观念，推动了浙江社会变革与现代化的进程。

首先，留学生促进了浙江教育近代化进程。留学生归国后，有许多人秉承教育救国理念，或在教育部门任职，或在教育单位担任主管和教师，这些留学生在浙江近代教育的发展中发挥了举足轻重的作用。

宣统元年（1909），留日生袁嘉毅就任浙江提学使兼布政使，他在不到一年的时间里，"于两浙十一郡各设初级师范、中学、工校、医校、水产校、农校及各县小学，扩充至四千余。又建西湖图书馆，奏准以文澜阁秘籍，庋置其中，以供纵览，教泽覃敷，学风丕振"[③]。1913 年 1 月，毕业于早稻田大学的绍兴人沈钧业担任浙江省教育司司长，对民国初年的浙江教育起到了很大的推动作用。当然还有一些留学生则在各类学校担任校长、主管教务。如 1903 年东渡日本留学的经亨颐，任民国时期的省立第一师范学校校长；毕业于日本东京高师的张印通（桐乡），任省立第二中学校长；毕业于日本东京帝国大学农学科的许璇担任省立高级

---

① 数据分别来源于《清国留学生会馆第四次报告》(清国留学生会馆编，光绪三十年四月)、《清国留学生会馆第五次报告》(清国留学生会馆编，光绪三十年十一月)。

② 参见陈学恂、田正平编：《中国近代教育史资料汇编·留学教育》，上海教育出版社 1991 年版，第 689 页。

③ 云南省志编纂委员会办公室：《通志馆编纂人物传略》，《续云南通志长编》下册，1985 年，第 810 页。

农科中学校长等。[①]

　　归国留学生是浙江近代教育的一支重要师资队伍。1905 年浙江还专门选派"百名师范生"到日本学习，他们学习三年后回国，服务于浙江新式教育。据 1910 年下半年《浙江教育官报》第 90 期统计，浙江两级师范学堂共有胡溶济（慈溪）、夏铸（上虞）、叶正度（乐清）、凌庭辉（归安）、刘熊（镇海）、易宗周（乐清）、关鹏九（钱塘）、张宗绪（安吉）、钱汉阳（常熟）、林卓（永嘉）、杨乃康（乌程）、陈景鎏（浦江）等 12 人毕业于日本各类大学。

　　其次，留学活动推动了社会变革。浙江留学生，尤其是留日学生积极参与清末社会变革运动，并发挥了较大的作用。

　　光绪二十九年（1903），留日浙江同乡会创办了《浙江潮》。该刊以改造中国为己任，提出刊物的宗旨是"其一曰察世界大势，其二曰察世界今日之关系于中国者奚若，其三曰察中国今日内部之大势"[②]。《浙江潮》由孙翼中、蒋百里、许寿裳、蒋尊簋等任编辑、发行人，陈棍、陈威、何橘时、沈沂、鲁迅等也常在刊物工作并发表文章。他们以刊物作为介绍西方革命思想及民族主义的阵地，号召民众抵抗外来侵略并推翻清王朝。也正因为如此，刊物"以致与若干类似的杂志同时被邮政当局禁止寄递"[③]。

　　留日学生还直接参与了国内社会变革运动。光绪三十一年（1905），进士出身的沈钧儒被清廷派去日本留学。他受日本宪政运动的影响，后来成为国内立宪活动的主要推手。1909 年，沈钧儒当选为浙江咨议局副议长，积极参与浙江地方自治运动。预备立宪破产后，他又投身于光复浙江的行动之中。也有一些留学生开始转向军事学科，以备革命所需。如马叙伦、汤尔和、杜士珍从杭州府中学堂毕业后，学校预定派此三人到日本留学，而他们却约定去学陆军。[④] 求是书院学生蒋尊簋官费选送到日本后，也主修军事，其间积极参加资产阶级民主思想宣传，

---

① 参见《第一次教育年鉴》，上海开明书店 1934 年版，第 281 页。
② 飞生：《国魂篇》，《浙江潮》1903 年第 1 期。
③ 蒋梦麟：《蒋梦麟自传》，团结出版社 2004 年版，第 70 页。
④ 参见马叙伦：《我在六十岁以前》，生活·读书·新知三联书店 1983 年版，第 15 页。

担任《浙江潮》编辑，提倡尚武精神，并成为光复会和同盟会的骨干人员。①

　　光复会是由留日浙籍学生为主体建立起来的。光绪二十九年（1903）冬，王嘉伟、蒋尊簋、陶成章、魏兰、龚宝铨等人在东京酝酿协商成立以"光复汉族，还我山河，以身许国，功成身退"为宗旨的反清组织。次年11月，在上海正式成立了以蔡元培任会长、陶成章任副会长的光复会。光复会成立后，章太炎、徐锡麟、秋瑾、陈其美、张静江等浙籍留日生先后加入，使光复会具有鲜明的浙江地域特色。1905年初，徐锡麟、陶成章、秋瑾等通过创办绍兴大通学堂，发展会党成员五六百人，使绍兴成为光复会的活动中心。秋瑾还创办《中国女报》，宣传女子思想解放，成为中国女权运动的先驱。1907年，徐锡麟、秋瑾先后在安庆、绍兴发动反清起义。起义失败，光复会受到重创。宣统二年（1910），陶成章在日本重建光复会，推举章太炎为会长，继续从事推翻清政府统治的革命活动。

　　近代新式教育传播了西学，开通了风气。鸦片战争后，浙江在欧风美雨的影响下，政治、社会、文化、心理等都发生了较大变化，并逐渐引发了传统旧式教育变革，催生了近代新式教育。新式教育迥异于以科举制为特征的旧式教育，它集中授课、集中学习，所培养的学生不以科举做官为唯一目的，从而颠覆了旧式读书人对于政府强烈的依赖关系。新式学堂开设西式课程，传播近代自然科学、社会科学知识，使"英语战胜了《四书》，数学战胜了书法"，从而让西学"迅速取代了迄今为止传统中国文人心目中至关重要的中国经典的地位"。②

　　当然，清末的教育变革仍处于新旧转型的初始期。所谓的新学尚处于零散的、不成规模的状态。一些学生可能既是士子童生，又是新式堂的学生。如余姚人蒋梦麟，在进入浙江高等学堂求学后，还依旧参加了在绍兴的郡试，"郡试以后，又再度回到浙江高等学堂，接受新式教育"③。这说明他仍游离于两种教育制度之间。

---

① 参见顾乃斌：《浙江革命记》，见浙江省辛亥革命史研究会、浙江省图书馆编：《辛亥革命浙江史料选辑》，浙江人民出版社1981年版，第499页。

② 郭大松选译：《中国海关〈十年报告〉选译（1902—1911）——教育改革史料》，见中国社会科学院近代史研究所近代史资料编辑部编：《近代史资料》总117号，中国社会科学出版社2008年版，第46页。

③ 蒋梦麟：《蒋梦麟自传》，团结出版社2004年版，第74、78页。

第三节　初具雏形：近代文化卫生事业

晚清以降，社会正处于"数千年未有之大变局"。变动的社会产生了大量的信息需求，而信息需求又催发了大众传媒的发展，报纸作为西风东渐的"舶来品"，即在此种情境中迅速生长，并促进了出版业的发展。

一、出版业

浙江的传统雕版印刷业历来比较发达，早在北宋时期就已经成为全国五大雕版印刷业中心之一。晚清时期，传统雕版印刷业继续发展，同时新式近代印刷出版业也借着西力逐渐兴起，出现了传统雕版印刷业与近代新式印刷业并举的局面。新式印刷出版业在技术上采用先进的石印技术、活字印刷术取代雕版印刷，出版了大量介绍西方思想和科技知识的书籍，对西学的进一步传播起到了重要的促进作用。

（一）华花圣经书房

华花圣经书房原为澳门一家印刷所。鸦片战争后，为了适应传教和西学在中国传播的急切需要，美国长老会于 1845 年将其迁入宁波，并易名为"华花圣经书房"（The Chinese and American Holy Classic Book Establishment）。"华"即中国，"花"指花旗国（美国），"圣经书房"说明这是一家主要印刷出版基督教经典和宣传册为主的书局。咸丰十年（1860），书房因业务发展需要迁往上海，改名美华书局。

随着传教逐渐深入，传统的雕版印刷术已远远不能满足传教士对于书刊发行数量和质量的要求，印刷技术的变革也成为当时最迫切的要求。

华花圣经书房在宁波期间，先后有柯理、露密士、歌德、袆理哲和姜别利负责管理，雇佣中国人为助手、工人，采用新式的活版铅字进行印刷。书房的印刷机器主要购自美国，早期铅字字模一是来自新加坡印刷所制造的中文活版铅字，二为柯理在宁波自制。姜别利（William Gamble）接管书房后，又对印刷技术进行了改良。他始创的电镀中文字模，按点数制标准制作了大小汉字字模七种，与西文字体大小对应，便于中西文混合排印，堪称印刷史上的一次革命。他还根据《圣经》等 28 种书籍的用字频度，将汉字区分为常用、备用、罕用等种类，迁入"元宝式"字架，每类铅字均按《康熙字典》部首检索法分部排列，取字十分便利，大大提高了活字排版速度。

　　华花圣经书房在宁波期间，出版了大量有关基督教和介绍西方天文史地知识的读物，对于近代基督教在华的传播以及早期中国知识界都颇具影响，使宁波由此也成为外国教会印刷出版中文书刊的一个中心（见表6-4）。

表6-4　华花圣经书房印刷情况一览表（1844—1859 年）

年度	册数	页数	年度	册数	页数
1844	25400	1191000	1851—1852	116348	3326198
1844—1845	32000	2451000	1852—1853	82750	2840800
1845—1846	87350	1210000	1853—1854	84550	4012800
1846—1847	61434	4365560	1854—1855	112018	4602018
1847—1848	165663	3994354	1855—1856	133658	5559970
1848—1849	109850	2595520	1856—1857	110800	4505600
1849—1850	66400	3000000	1857—1858	151340	6175460
1850—1851	57960	2808160	1858—1859	54740	7398560

　　资料来源：根据华花圣经书房、长老会宁波差会报告、美国长老会海外传道部执委会年度计报告等所载数据统计（田力：《华花圣经书房考》，《历史教学（下半月刊）》2012 年第 8 期）。

　　书房编译出版的大部分书籍为《圣经》小册子和宗教布道书籍，如其根据当地实情编辑出版的《乡训五十二则》，主要是作为乡村布道的传教手册使用。[①] 不过，也有一部分属于天文、地理、历史、气象、语言、风俗方面的书籍。根据用

---

① 参见谢振声：《设在宁波江北岸的花华圣经书房 —— 外国人在中国大陆经营印刷企业之始》，《出版史料》2004 年第 2 期。

汉字印刷出版的书籍统计，有 104 种确切可考，其中属于基督教义、教礼、教史、教诗的 86 种；属于天文、地理、物理、历史、旅游、经济、风俗、道德、语言等方面的有 18 种，另有 28 种书籍用罗马字母拼写的宁波方言刊印。① 可见，华花圣经书房并不是只以《圣经》和宗教布道书籍作为唯一的出版物，它还作为一个西学翻译出版的重要机构，体现了一定的世俗性。

华花圣经书房翻译出版天文、地理方面的书籍主要有：韦理哲（Richard Quarterman Way）《地球图说》（1848 年版）、哈巴安德（Andrew Patton Happer）的《天文问答》（1849 年版）、麦嘉缔（Divie Bethune McCartee）的《平安通书》（1850 年至 1853 年版，共 4 册）、玛高温（Daniel Jermore Macgowan）的《日食图说》（1852 年版）等②。其中，《地球图说》初版于 1848 年，再版于 1856 年，并易名为《地球说略》，是一部简明通俗的世界地理读物，它概述了五大洲情况，并对主要国家和地区的位置、制度、人口、物产、文化、风俗、宗教等情况做了介绍。《天文问答》概述了天文地理，内有地球图、日月形态，日食月食、行星、彗星、恒星、太阳引力、地球引力、万有引力、雷雨风及彩虹成因等一般的科学知识。《平安通书》主要内容为天文、地理、气象常识等，对诸如地球知识、日月食、四时节气、西方历法、海洋潮汐等也做了较详细的介绍。

图 6-1　华花圣经书房出版的《地球说略》（1856 年）

这些译著的出版发行，开了来华外国传教士编译出版书籍之先河，它对于西学传播、拓展中国知识界的学术和思想视野产生了积极的影响。此后，宁波还出现了以印刷出版教会的

---

① 参见谢振声：《设在宁波江北岸的花华圣经书房——外国人在中国大陆经营印刷企业之始》，《出版史料》2004 年第 2 期。

② Gilbert McIntosh，*The Mission Press in China*，Shanghai：American Presbyterians Mission Press，1895，pp. 13-20.

书籍为主的传教士协会出版社和三圣教会出版社，戊戌维新后杭州也出现了浙江特别译书局和杭州合众译书局。[①] 虽然这些译书局没有在历史上留下多大影响，但是却起到了开创之功。

（二）浙江官书局

在新式印刷出版业兴起同时，浙江的传统雕版印刷业依然发达，其中晚清以后继续发展。刻书业中影响最大的出版机构是 1867 年在杭州设立的浙江官书局。

浙江官书局的前身是浙江刻书处。咸丰十一年（1861），时任浙江巡抚的左宗棠考虑到太平天国战后诸多书籍版片大多遗失殆尽，遂在宁波"以乱后书籍版片多无存者，饬以此羡余刊刻《四书》"[②]。1864 年 2 月，左宗棠攻克杭州后，将宁波的工匠与浙江刻书处等机构一同搬迁至杭州。同治六年（1867），巡抚马新贻奏请朝廷"设局重刊，以兴文教"[③]，正式成立了浙江官书局。宣统元年（1909），浙江巡抚增韫浙江图书馆，附设官书局，遂更名为"官书印刷所"。

浙江官书局"初在小营巷报恩寺，后移中正巷三忠祠，以报恩寺为官书坊"[④]，作为官办书局"一切经费在牙厘项下酌量撙节提用"[⑤]，刻书经费比较充足。书局还拥有一支高水平的编校队伍，像俞樾、李慈铭、谭延献、汪康年、张鸣珂、施补华、沈景修等人，均为当时国内一流学者，在经、史方面有很深的造诣。

凭借雄厚的财力与人力资源，浙江官书局刊刻了大量的图书典籍。据洪焕椿《浙江文献丛考》所载："浙江书局自同治六年到光绪十一年（1867—1885），先后刊书达二百多种。……总计浙局在清末以前所雕刻的版片，几十二万八千一百零八片。"[⑥] 也就是说，仅从浙江书局成立至 1885 年这 18 年间，就刊刻了 200 多种图书。这其中不仅有《七经》、《御批历代通鉴辑览》、《御选古文渊鉴》等古籍，

---

① 参见寿勤泽：《浙江出版史研究（民国时期）》，浙江大学出版社 1994 年版，第 5 页。

② （清）陈其元：《庸闲斋笔记》卷 3，清刻本。

③ （清）马新贻：《建复书院设局刊书以兴实学折》，《马端敏公奏议》卷 5，台北文海出版社 1975 年版。

④ 龚嘉儁修，李楁纂：《杭州府志》卷 19《公署》二，1922 年铅印本。

⑤ （清）马新贻：《建复书院设局刊书以兴实学折》，见高尚举：《马新贻文案集录》，中央民族大学出版社 2001 年版，第 163 页。

⑥ 洪焕椿：《浙江文献丛考》，浙江人民出版社 1983 年版，第 111 页。

还有各类地方文献，如《浙江全省舆图》、《浙江通志》、《浙西水利备考》、《两浙海塘通志》、《平浙纪略》、《两浙防护录》、《全浙诗话》、《两浙金石志》等。内容涉及风物民情、海塘水利、政治军事、文学等。

甲午中日战争后，浙江官书局受维新思想影响，开始积极翻刻西学书籍，陆续刊印了《武备新书》、《日本国志》、《算法大成》、《日本各学校章程》、《各国通商条约》、《外国师船图表》、《美国议会条例》、《简便国民教育法》等与传统儒家经典不同的著作，在推动和促进浙江地方文化与近代科技方面发挥了重要作用。

浙江官书局作为一家专事刊印书籍的官方出版机构，刻印和出版了大量官藏、私藏、西学图书，所出的书不仅注重校勘品质，而且刊刻质量上乘，对于振兴浙江文教事业起到重要作用。为照顾到当时贫寒学子的购买力及其购书需求，该书局还于刻板时将原本版式缩小，以增加版面上的行数和字数，降低刻印成本和售价，所刻《聚珍版丛书》更有较为别致的"巾箱本"①面世。

二、报刊业

鸦片战争后，浙江社会逐渐从封闭走向开放，民众参与政治的要求日渐高涨，文化氛围也日益活跃，与之相适应的以传播资讯、知识、思想媒介——近代报刊出版业也得到了相应的发展。

浙江第一家近代报刊，是咸丰四年（1854）美国传教士在宁波创办的《中外新报》。甲午战争后，浙江迎来了报刊创办小高潮，1900年后，报刊业更是得到了迅速的发展，种类涉及新闻、政府公报、文娱、工商、科技、新学等各个方面。

（一）《中外新报》与近代浙江报刊业发端

《中外新报》不仅是浙江省近代史上首份报刊，也是《中外新报》是外国传教士在中国首批出版的中文报刊。

---

① 巾箱本，版本类型。中国古时刻印的版框开本极小、可以装在巾箱里的书本。巾箱是古人装头巾用的小篋。巾箱即古人放置头巾的小箱子，巾箱本指开本很小的图书，意谓可置于巾箱之中。宋戴埴《鼠璞》载："今之刊印小册，谓巾箱本，起于南齐衡阳王手写《五经》置巾箱中。"由于这种图书体积小，携带方便，可放在衣袖之中，所以又称为袖珍本。

《中外新报》（*Chinese and Foreign Gazette*）由美国浸礼会传教士玛高温（D. J. Macgowen）创刊，于 1854 年 5 月开始发行，每期出 4 开本 4 页 1 册。咸丰六年（1856）改为月刊，后玛高温赴日本，改由应思理（E. B. Inslee）主持。玛高温赴日后，《中外新报》被译成日文，改称《官版中外新报》，在日本发行，直至 1861 年停刊。目前，该报原件及日文版分藏于英国、美国、日本。

《中外新报》"以圣经之要旨为宗旨"，宣称"广见闻、寓劝戒"，主张"序事必求实际，持论务期公平"，内容涉及宗教、新闻、科学、文学等方面，但从日本国会图书馆收藏的五册翻印本看，它实际上是以报道国内外新闻为主的时事性期刊。如在该刊第二号中就专门报道了宁波"科场作弊案"、"鄞县东乡案"、"摘心致祭"等内容，生动展示了当时宁波社会正在发生的一些人和事。[①]

宁波自古为人文之渊薮。五口通商后，西方传教士与商人纷至沓来，又得新风气之先，成为近代浙江报刊发端地。继《中外新报》后，《宁波日报》、《甬报》、《德商甬报》等报刊相继问世。

《宁波日报》由创刊外国传教士福特莱尔于同治九年（1870），该报虽然创刊不久就停刊，但仍比上海著名的《申报》早两年发行。《甬报》创刊于光绪七年（1881），为英国传教士阚斐迪（Frederic Galpin）与华人李小池合办，月出一卷，设"选录京报"、"中外近事"、"议论"、"译文"、"告白"、"杂俎"等栏目。《德商甬报》由德丰洋行于 1898 年 11 月创办，发行人为德商白萧斯，是宁波最早的商报。[②]

咸丰四年（1854），美国浸礼会玛高温在宁波创办了《中外新报》。该刊由花华圣经书房印刷，是浙江省第一份近代期刊，1861 年停刊。

（二）甲午战争后的浙江报刊业

甲午战争后，许多知识分子在民族危机意识下，纷纷投身于兴办报刊的活动中。1895 年至 1900 年 5 年间，浙江共创办了十余种报刊；1900 年至 1911 年浙江报刊业逐渐走向高潮，一共出版发行了六十余种报刊（见表 6-5）。

---

① 参见宁波市地方志编纂委员会编：《宁波市志》，中华书局 1995 年版，第 2624—2650 页。
② 仅宁波市图书馆收藏 1899 年共 54 期报纸原件。

表 6-5　1895—1911 年浙江省主要报刊

创办年份	报刊名称	创办地	备注
1895	《杭州白话报》	杭州	为中国较早的"白话"报刊。始为月刊，1901 年后改为旬刊
1897	《利济学堂报》	温州	瑞安利济医院学堂主办，半月刊
	《算学报》	温州	中国首家数学专业期刊，月刊
	《经世报》	杭州	兴浙会主办，章太炎、童学琦、陈虬、宋恕等主编，旬刊
	《杭报》	杭州	杭州日商杭报馆出版，日报
	《平湖白话报》	平湖	浙江第一张县报，由陈惟俭等人创办，日出一小张，1898 年戊戌政变后停办
1898	《德商甬报》	宁波	德国德丰洋行主办、慈溪人王永年主编，日报，宁波最早之商业报纸
1899	《史学报》（《瓯学报》）	温州	原《算学报》之主办者黄庆澄创办，月刊。第三期易名为《瓯学报》，内容则逐期增益地理学、哲学、算学等，由专一史学调整为综合性
1900	《医学报》、《觉民报》	杭州	
1901	《图画演说报》	杭州	日刊，以木刻图画为主，除图录外，兼录歌谣
	《译林》	杭州	以"开启民智"为宗旨，主要刊载法律、经济、名人传、商业史和游记等方面的译文，介绍新知识、新学术
	《宁波白话报》	宁波	上海宁波同乡会创办，由陈屺怀主编，旬刊
	《绍兴白话报》	绍兴	创办人陈公侠、黄子余、蔡同卿等，旬刊
1903	《浙江潮》	东京	日本东京浙江同乡会创办，月刊
1904	《萃新报》	金华	龙华会主办，由革命党人张恭、刘琨、盛俊等主编，后易名《东浙杂志》、《浙源汇报》
	《西湖报》	杭州	
	《南浔通俗报》	湖州南浔	
1906	《环球丛报》、《著作林》	杭州	《环球丛报》以预备立宪为宗旨；《著作林》以古诗词、笔记为主，陈蝶仙主编，月刊。是年，创刊
	《宁波新报》	宁波	

续表

创办年份	报刊名称	创办地	备注
1907	《钱塘高等小学校报》、《课余学报》	杭州	是年，秋瑾在上海创刊《中国女报》，以宣传妇女解放为宗旨
1908	《浙江日报》、《浙江教育官报》	杭州	《浙江日报》由主编胡晴波等创设，浙江光复后停刊。《浙江教育官报》由浙江学务公所主办
	《宁波小说七日报》《甬报》	宁波	
	《救国讲演周刊》	温州	由郑振铎等创办
1909	《浙江官报》	杭州	浙江省官报局主办，周刊。是年，杭州还有《白话新报》、《浙江白话报》、《浙江地方自治筹办处文报》、《醒钟报》、《杭州商业杂志》、《农工杂志》等创刊
	《中日僧报》	临海	台州僧教育会与日僧合办
	《绍兴医药学报》	绍兴	我国早期的中医药杂志之一。是年，绍兴创刊《商业杂志》、《越报》等
	《讲学丛报》	乐清	
1910	《四明日报》	宁波	由蔡琴荪等发起创刊
	《天目报》、《全浙新报》	杭州	
	《丠社年鉴》	绍兴	有周树人（鲁迅）主办之年刊
	《禾报》、《善报》	嘉兴、嘉善	
1911	《朔望报》、《武风鼓歈》、《卫生杂志》、《新佛教》	宁波	《朔望报》是一份综合性刊物；《武风鼓吹》，又名《尚武会旬报》，是宁波本土创办的第一份宣传民主革命的资产阶级政党期刊
	《白话省钟报》、《闲闲报》、《醒狮报》、《惠兴女学报》	杭州	《惠兴女学报》揭文《社会主义与女学之关系》等文，宣扬无政府主义、提倡自由恋爱，反对三从四德，作者之一江亢虎被驱逐出浙境

资料来源：方汉奇：《近代中国新闻事业史编年》，山西教育出版社 1981 年版；史和、姚福申、叶翠娣编：《中国近代报刊名录》，福建人民出版社 1991 年版，第 206—207 页。

从表 6-5 可见，杭州作为浙江政治、文化中心已经取代宁波成为省内最重要的报刊出版发行中心；温州作为开埠较早的南部港口城市，是省内除杭州、宁波外之经济重镇，其报刊业发展也十分迅速；比邻上海的发展势头亦比较迅猛；步伐相对较慢的地区则是处于内陆的衢州、处州、严州等地。这说明，近代报刊业的发展大致呈现出由沿海到内陆拓展的过程。

办刊时间有长有短。如《杭州白话报》自 1895 创刊后几乎贯穿整个清末，是"清末创办较早，历时较长，影响也较大的一种白话报刊"[①]；1910 年创刊的《四明日报》一直办到 1930 年，成为浙东地区发行时间最长、影响最大的近代报纸。但许多报刊因财力和政治因素制约，多短寿早夭。如《平湖白话报》出刊不到一年，就被捣毁停办[②]；《南浔白话报》出刊一年左右即停刊，《算学报》也只办了一年。

另外，报刊种类、所刊内容更加多样化。既有以开启民智、宣传维新变法和救亡图存为主旨的进步报刊，也有以倡导实业、宣传科技知识为主要内容的专业刊物；既有省报、府报、县报，又有官报、民报；既有传统的文言，又有新式的白话文体。总之，传播新思想、介绍新知识、记录当下事，逐渐成为报刊发展的新方向。

如，《杭州白话报》摒弃文言文，转而使用白话文体，在晚清启蒙运动中充当着先锋者的角色。该刊以"开民智"、"作民气"为宗旨，认为"不开民智，便是民气可用，也是义和团一流的人物；不作民气，便是民智可用，也不过是作个聪明的奴隶"[③]。因此，该刊专注于思想与知识的启蒙，宣传"新政"和"社会改良"。甚至直接呼吁"今日我们祖国，内忧外患，相侵相迫，全靠教育，造出文明"[④]。又如金华《萃新报》"轰动我耳膜，击醒我眼球，洗刷我脑筋，灌输我智识，教导我改革者"为宗旨，"专采辑各新闻杂志，撷精荟华"。[⑤]

期刊是社会生活万象的摄影师，也是历史变迁忠实的记录者。晚清时期，浙江期刊开风气之先，为长期处在闭关自守的民众打开了一扇"窗户"，人们可以透过这扇"窗户"看到世界之大，西方文化之奇，反顾自身的弊端，并使之成为直接政治诉求的载体，进而促进了社会的进步。

---

① 蔡乐苏：《清末民初的一百七十余种白话报刊》，见丁守和主编：《辛亥革命时期期刊介绍》第 5 集，人民出版社 1987 年版，第 500 页。

② 邓中肯：《高墩头、讲演厅与陈惟俭》，《平湖文化报》总第 67 期。

③ 《谨告阅报诸公》，《杭州白话报》第 33 期。

④ 黄海锋郎：《论今日最要的两种教育》，《杭州白话报》第 2 年第 9 期。

⑤ 《发刊词》，《萃新报》1904 年第 1 期。

三、新式医院的设立

（一）教会医院

19 世纪来华的基督教各团体，尤其是新教各差会对于利用西方医学来吸引中国人入教显示了浓厚的兴趣。1840 年 9 月，英军第一次占领定海期间，英国传教士雒魏林（William Lockhart）便在那里设立诊所。1841 年 2 月，该诊所因英军撤离关闭。在此期间，雒魏林"走街串巷，施医给药"①，共计收治了 3502 名中国患者②。因此，定海诊所也是中国内地开设最早的教会医疗机构。

鸦片战争后，教会医疗机构首先在五个通商口岸之一的宁波发展起来。道光二十三年（1843），美国北美浸礼会教士玛高温在宁波北门外开设诊所（华美医院前身），施医售药，成为西医在宁波的肇始。1846 年，玛高温租用宁波北郊道教场所"佑圣观"的几间房屋作为诊疗所，取名为"浸礼医局"。1847 年，诊疗所迁至北门城墙外的姚江边，设男病床 20 张。咸丰九年（1859），白保罗接替玛高温，主持诊疗所和传教工作。1880 年得当地士绅赞助，增设女病床 10 张，并定名为大美浸会医院。光绪十五年（1889），白保罗因病去世，由兰雅谷继任院长，此后，医院在各界人士的捐助下，规模有所扩大。1915 年，改名为华美医院。

继玛高温开设西医诊所（医院）后，在甬传教的各教派纷纷创办教会医院：惠爱医局（1846 年，美国基督教长老会）、体生医院（1848 年，英国基督教圣公会）、仁泽医院（1864 年，英国基督教循道公会）。教会医院引进了西药和西医先进的医疗器械、技术、制度。如，玛高温在宁波曾极力推广电击疗法，认为"电学作为一种新发现，将极大地促进人们对人体神经系统的了解"③。他还"借助人体骨骼标本和图版，来为宁波本地的中医举行人体解剖知识的讲座。结果，一位

---

①　顾长声：《从马礼逊到司徒雷登——来华新教传教士评传》，上海人民出版社 1985 年版，第 104 页。

②　William Lockhart，"Report of the Medical Missionary Society's Operations at Chusan in 1840-1841"，*The Chinese Repository*，Vol.VII，p.465.

③　William Warder Cadbury，*Mary Hoxie Jones: At the Point of A Lancet: One Hundred Years of Canton Hospital（1835-1935）*，Shanghai: Kelly and Walsh, Limited，1935，p.93.

姓杨的中医成了玛高温在宁波行医传教的助手，为他提供了极有价值的帮助"①。通过玛高温等教会医士的初期努力，西医在宁波逐渐得到了民众的认可。

　　杭州最早的新式医院是广济医院。同治八年（1869），英国安立甘会（圣公会）派麦都斯医师（Meadows）在横大方伯巷租赁平房三间，行医传教，专治戒食鸦片。这是西医进入杭州的开始。

　　1871年（同治十年）12月，甘特（Galt）医师来到杭州接替麦都斯，圣公会通过扩展地盘将戒烟所改为医院，取"广行济世"之意，命名为广济医院。由于该医院为英国人所开，当时人亦称大英医院。光绪七年（1881），英国改派传教士梅藤更（Duncan Main）来杭州接替因夫人病重回国的甘特医师，从此广济医院进入了"梅藤更时期"。梅藤更主持广济45年之久，"病者入此处，无不悉心医疗，医药所需院中捐给，院例每逢礼拜二、五为施诊之期，着手成春，其效甚捷"②，医院面目日新，影响渐大。在梅藤更主持下，广济医院还开设了各类医校和专门医院。在医校方面，有开办于1885年的广济医院医科学堂（1906年更名为广济医学堂，1911年又更名广济医学专门学校）、创设于1904年的广济产科学堂（1906年更名为广济产科学堂，1911年广济产科专门学校）、创建于1906年的广济药学堂（1911年更名为广济药学专门学校）。③开办的专门医院主要有成立于1899年麻风病医院、西湖肺痨病医院。这是杭州西医专科医院的开始。到清末，广济医院已经发展为一个组织十分健全的医疗机构。它包括医院教堂、男女专科、麻风医院、肺结构康复院、产科医院、护士之家、医科学校、护士之家、医生住房、孤儿院、疗养所等。④

　　温州西医的兴起也与传教士相关。光绪七年（1881），英国传教士苏慧廉（W. E. Soothill）来到温州传教，将西方医学首次带入温州，成为温州地区西医的启蒙者。此后西医逐步发展壮大并对传统中医形成巨大冲击。光绪二十三年（1897），英国循我会在温州创办定理医院（1906年改名为白累德医院），是为近

---

① 〔美〕本杰明·艾尔曼著，王红霞等译：《中国近代科学的文化史》，上海古籍出版社2009年版，第98页。

② 《申报》1894年6月15日。

③ 参见杭州市教育委员会编纂：《杭州教育志（1028—1949）》，浙江教育出版社1994年版，第148页。

④ Alexander Gammie, *Duncan Main of Hangchow*, London：Pickering & Inglis, 1935, p.68.

代温州西医医疗机构肇始。医院设内科、外科、妇科 3 个病区，培养了医疗、卫生行政、医学教育、公共卫生等多方面的人才，整个体系十分完备。①温州另一著名教会医院是在天主教主持下成立于 1913 年的董若望济医院，后改称为董若望医院，即为现在的温州市第三人民医院。

教会西式医院的开办和其卓有成效的医疗活动，在缓解浙江缺医少药的现状和减轻民众疾病痛苦方面产生了积极影响。到 20 世纪前后，人们对西医的"恐惧"已逐渐消失，"宁波有 3 家教会医院，这已经使上千人的观念发生了变化，他们即使不是基督徒也开始相信西医。1902 年，其中一家医院医治病人约 6000 人次，1911 年，不少于 10600 人次。其他二家情况也相似。……事实上，西医已经被普遍接受……相信西医就是相信卫生的第一步"②。广济医院产科对近代杭州妇婴卫生做的杰出工作，"1911 年在产科病房内接生的案例为 92 起，在医院外部接生的案例为 67 起，在病患家中接生的案例为 159 起，其中，难产案例有 43 起，用医用钳子钳的案例有 27 起，胎儿倒转的案例有 9 起，头穿孔的安全有 3 起，产妇死亡的案例有 2 起，胎儿死亡的案例有 27 起"③。

传教士创办的近代浙江首批西医院和西医学校，客观上将近代西方的医学技术、仪器设备、西药、专业的医疗机构体制以及医学教育模式引入浙江，促进了西医在浙江的传播和发展，成为浙江近代医疗卫生事业发展的开端。

（二）本土新式医院

随着西医在浙江广泛传播，民众对西医的需求日益增长，一批开明士绅也模仿西医体制创立各类新式医学机构。他们认为"海禁既开，欧美人士竟来中华以设立议员学校与教会作政治经济侵略之先导……医院之设尤为普遍，然遐乡僻壤，无远勿届，此种现象实为文明各国所不经见，故余时以为耻，恒立志以举办

---

① 参见金晓冬、谢红莉：《温州白累德医院的创建与发展》，《中华医史杂志》2009 年第 4 期。

② 陈梅龙、景消波译编：《近代浙江对外贸易及社会变迁——宁波、温州、杭州海关贸易报告译编》，宁波出版社 2003 年版，第 94—95 页。

③ Kingston De Gruche, *Doctor Apricot of "Heaven Below": The Story of the Hangchow Medical Mission*, C.M.S., London: Marshall Bros., 1911, p.144.

医院、学校为职志"①。

　　为弥补官方在医疗卫生事业上的消极无为，趋于活跃的商绅开始举办医疗慈善事业。如，慈溪的云华堂（1868 年），象山的敦仁堂（1869 年），镇海的公善堂（1880 年）等。但这些机构多以慈善为主，只是在"善堂"的基础上附设了医疗功能，且设施落后，方法陈旧，譬如颇具声誉的镇海公善堂后虽更名为公善医院也"无非时逢夏令，施医送药而已"②。相对来说，成立于1910 年的慈溪保黎医院更加接近于近代意义上的医疗机构。该院由本邑人士陈谦夫等在慈城发起创立，"开诊匝月，声誉大起，求治者踵错于庭，日必百十人"③。

　　晚清时期，浙江人自办的新式医疗机构出现在温州。1885 年，陈虬在瑞安创办了集教学、实习、科研为一体利济医院和利济医学堂。陈虬等人引入西医规制，建立规模完整、建制合理的中医医院，为患者提供了规范的就医地点。利济学堂是我国最早的中医学校。④学堂式借鉴新式办学方式，传授中国医学知识，逐渐形成了中西结合的医学教育模式，办学十八九年，培养了三百余名优秀中医师，对近代中医疗事业的发展起过卓越作用。⑤

　　宣统三年（1911），慈溪人韩清泉从日本学医回国后，得陈汉第、陈敬第等人的支持，在杭州羊市街租赁一所四开间的两进西式楼房，开设了由国人自办的西式医院，取名为浙江医院。第二年，韩清泉又联合厉家福、汤尔和等人创办浙江医学专门学校，是为中国国内第一所由国人自己创办的兼培育医、药专门人才的学校。⑥

四、防疫与公共卫生

　　公共卫生是伴随工业革命发展起来的近代城市文明的产物，是相对于个人卫

---

① 宁波市地方志编纂委员会编：《宁波市志》（外编），中华书局1995 年版，第 997 页。
② 《义务医院之发达》，《时事公报》1922 年 6 月 11 日。
③ 桂信义：《甬江名医吴莲艇》，见政协宁波市委员会文史资料研究委员会编：《宁波文史资料》第 4 辑，1986 年。
④ 参见该学堂比上海名医丁甘仁、谢利恒创办的上海中医专门学校还早 30 多年。
⑤ 参见转引自邓铁涛主编：《中医近代史》，广东高等教育出版社1999 年版，第 124—125 页。另参见谢红莉、瞿佳主编：《中国最早的中医学校利济医学堂》，高等教育出版社2012 年版，第 116—119 页。
⑥ 参见杭州市教育委员会编纂：《杭州市教育志（1028—1949）》，浙江教育出版社1994 年版，第 500—501 页。

生而言的"社会共同的卫生"。

晚清时期，浙江的公共卫生事业十分滞后。民众公共卫生意识缺乏，随地便溺、吐痰、乱倒脏水、乱扔垃圾，随处可见。城乡居民没有自来水，多饮用河水或浅井水。由于缺乏必要的排污设施，垃圾、粪便、污水通常直接排放到纵横交错的小河里，卫生状况极其糟糕。19 世纪 70 年代，杭州城与中国传统城市并无二致，到处可见"污物从住宅内流出，或者从化粪池中流出"，"患有不同程度、不同的病症病人，一并混坐在一起"，"一切都十分杂乱"。[①]宁波卫生状况同样糟糕。传教士伯格·戴利（C. Burgh Daly）在描述他在宁波生活情形时说："我们住的地方旁边有个大粪坑。在不需要肥料时（特别是在夏天），这些粪便积存数月。到了春天和秋天，粪便通过运河用船装运走。而在运河中，当地人却在那里洗菜洗米。我曾经看到一个妇女在一个离粪船只有几英尺远的地方洗菜洗米。"[②]

恶劣的城市卫生环境为细菌的生存和肆虐提供了有利条件，使得眼病、霍乱、狂犬病、伤寒、天花、血吸虫病、麻风病、鼠疫等传染病终年流行。每当瘟疫爆发，染疫死者众多，为害甚烈，"多有朝发而夕死者"，"城厢内外、大街小巷之殡殓者殆无庐日"。[③]因此，公共卫生十分重要，而传教士在这方面首先做了一些有益的工作。

一是帮助烟民戒烟。鸦片贸易合法化后，清政府为了解决进口鸦片导致的白银外流，允许本国农民种植罂粟，于是"上自官府缙绅，下至工商优隶，以及妇女、僧尼、道士，随在吸食，置办烟具，为市日中"[④]。鸦片成为中国社会一个非常严重的社会问题。

1845 年玛高温曾尝试用一种土法为宁波烟民进行戒烟治疗。治疗方法是先禁烟 24 小时，其间不服用任何药物，然后以一个月为一个疗程，进行适当地对

---

① Kingston De Gruche, *Dr. D. Duncan Main of Hangchow: Who is Known in China as Dr. Apricot of "Heaven Below"*, London: Marshall, Morgan & Scott, 1930, p.17.

② C. C. De Burgh Daly, "Report on the Health of Ningpo for the Year Ended 30th September 1886", *China Customs Medical Reports*, No. 32, 1886, p.69.

③ 《申报》1887 年 8 月 30 日。

④ 黄爵滋：《黄少司寇奏疏》，见中国史学会主编：《中国近代史资料丛刊·鸦片战争》第 1 册，上海人民出版社2000 年版，第 463 页。

症治疗。1846—1848 年，共有 150 名鸦片吸食者通过这种土法得到治疗。19 世纪 60 年代，宁波圣公会的传教士岳变迪（Frederich F. Gough）在其家中设立戒烟所，共收治过 133 个病人。[①] 杭州广济医院的前身即为大方伯戒烟所，扩建为医院后仍按"英医梅腾更所定之方，为人戒烟，无不依期解绝而又略无苦楚"[②]。在温州，内地会于 1881 年在城区开了一家治疗眼疾和鸦片毒瘾的医院，由杜思韦特（A. W. Douthwaite）任主治医生。杜思韦特治疗了超过 200 名病人，这些病人在接受 4 个星期的治疗后大都健康地离开了医院。[③]

　　二是在卫生防疫方面做了不少努力。教会医疗机构是近代中国最早注重公共卫生的机构。他们在行医施药的过程中，很快就认识到在中国预防疾病十分重要。他们了解"卫生学的基本原理、妇婴卫生"，以及"平安和宁静在治愈疾病时所显示的作用"比治病更为重要。[④]

　　1796 年，英国医生琴纳（E. Jenner，1796—1823）发明了可预防天花的牛痘接种法，该法较中国传统人痘接种法更安全有效。18 世纪末，英国东印度公司医生皮尔逊（Alexander Pearson，1780—1874），开始在广州一带推广牛痘术，到 1874 年，浙江、江西、安徽、湖南、湖北等省省会"无不设局种痘"[⑤]。许多教会医院还开设种痘局，一年内就接种 2558 人。[⑥] 传教士们认为"今天，在对麻风病进行的斗争中，医药上的解决法已经大有希望"，相信"一种特殊疗法很可能最终掌握在我们手中，身体和灵魂都可以得到救治"，目标"是使整个中国摆脱麻风病"。[⑦] 杭州广济医院专门成立麻风病院，免费收治患者，"数年中其患麻风之

---

① 参见于恩德：《中国禁烟法令变迁史》，中华书局 1934 年版，第 118 页。

② 《戒烟刍论》，《申报》1902 年 4 月 29 日。

③ "Dr. D. J. Macgowan's Reports on the Sanitary Condition of Wenchow for the half-year Ended 30th September 1881", *Medical Reports*, No. 22, Shanghai: Statistical Department of the Inspectorate General of Customs, 1881, p. 42.

④ Yuet-wah Cheung, *Missionary Medicine in China: A Study of Two Canadian Protestant Missions in China Before 1937*, Lanham: University Press of America, 1988, p.22.

⑤ 《申报》1874 年 12 月 9 日。

⑥ 参见《申报》1873 年 6 月 5 日。

⑦ 中华续行委办会调查特委会编：《1901—1920 年中国基督教调查资料》，中国社会科学出版社 1987 年版，第 989 页。

症者入局就医，其数颇众"①。在传染病防治方面，宁波的外国人居留地比较重视预防。光绪二十年（1894），浙海关药师制定一项检疫制度，被地方政府采用并推行全城。1896年，浙海关税务司墨贤理设立防疫站，"每集接种疫苗的孩子达1000名"，由于采取了有效的预防措施，"从而大大减少了疫病"。②

在公共卫生建设方面，在洋人聚居区首先出现了具有近代意义的卫生设施和管理制度。浙江近代公共卫生事业的萌发首先出现在宁波外国人居留地江北外滩。1898年，洋人基于自身安全与健康的需要，成立了公共市政委员会，由当地居民在自动捐助基金雇用清洁工清扫街道以及消毒排水沟，建造公厕、垃圾箱等各项公共卫生设施，并逐步在卫生防疫、食品卫生、环境卫生等方面实施制度化管理。

晚清时期，教会医院和外国人聚居区是个人卫生与公共卫生宣传、教育和开展的中心。在那里，中国人首先学到近代卫生法则，然后再扩大至整个社会。即所谓"卫生之学，创自欧洲，西士恒言其国度愈文明，民族愈贵重，则卫生之法愈益精密，反是者，国必弱民必劣。饮食居处之间龌龊污秽不可响尔，小之一身一家受疾疫之苦，大之全国全种蹈天演消灭之惨，萌芽极微，蔓延至广，卫生学之关系不甚重哉"③。

在西医及有关卫生观念的影响和外国人居留地的示范作用下，本地医疗机构、慈善组织以及地方士绅也开始效仿外国人的做法，自发地承担了地方部分公共卫生职能。如，慈溪的云华堂、象山的敦仁堂等主要"办理施医、舍药、给棺、掩露、惜字、恤孤等善举"④。后来，部分时疫医院从临时设置改为常设医院，如宁波镇北时疫医院"原定期限四个月，现因地方上一般人之请求，拟取消临时名义，改设永久医院"⑤，继续为贫民患者免费诊治，在传染病防治中担当了重要角色。

与此同时，一批新式医院在清末前后纷纷创立。至1912年，杭州就有大公医院、大华医院、西湖医院、民生医院、博爱医院、延龄诊察所、东坡诊察所、博

① 《书杭垣大方伯新设大麻风医局事》，《申报》1893年1月5日。
② 《宁波青年会1924年报告》，宁波档案馆。
③ 《社说·卫生论》，《东方杂志》1905年第8期。
④ 罗士筠修，陈汉章等纂：民国《象山县志》，上海书店出版社1993年版，第878页。
⑤ 《申报》1919年9月13日。

济产科医院、省立杭州第一医院、省立产科医院、市立医院、市立传染病医院、沈保庆医院、广平医院等数十所西医院。① 这些医院为当地公共医疗卫生体系的初步形成建立奠定了基础。

1901 年清政府实行新政，仿效西制改革旧官制，开始建立具有现代意义的公共卫生管理体制。起初公共卫生由警察代管。在此背景下，杭州的公共卫生行政于 1906 年 8 月在省城警察总局增设卫生科，下设清道处及医院公厕管理所，从而将公共卫生事务纳入行政范围。当然，真正具有近代意义的公共卫生制度要到民国时期才逐步确立和发展起来。

第四节　风从海上来：民俗民风的变迁

民风民俗是特定社会文化区域内历代人们共同遵守的行为模式。浙江沿海作为近代中国较早开放地区，民众的生产和生活方式以及思想观念在欧风美雨的侵蚀下也逐渐发生了嬗变。

一、海神信仰与婚丧习俗

开埠前，浙江沿海民众多信奉佛、道、儒，宗教风俗庞杂，存在极其广泛的实用性、地方性崇拜。既要拜天、地、君、亲、师，还要供奉土地、城隍、财神、门神、风伯、雨师、雷公、电母、河神、海龙王、阎罗王等神祇。除此之外，还要崇拜本区域的海神。

（一）海神信仰

"开门见大海，出门靠木船，船上一枝橹，摇遍四海路。一橹摇到东，东海龙王是介凶，不让鱼虾进网中；一橹摇到西，西母娘娘发脾气，刮风打暴淹田地；一橹摇到南，南海观音顶慈善，烧香拜佛解苦难；一槽摇到北，北极仙翁也作恶，

---

① 参见朱德明：《浙江医药史》，人民军医出版社 1999 年版，第 55 页。

渔民喝点番薯粥。"① 这则民谣叙述了浙东渔民的生活所赖和他们对佛、道及本地神灵合一的信仰模式。它说明，浙江沿海信仰的海神，除了有妈祖、观音、海龙王等全国沿海地区共同信仰的海神外，还有地方特色鲜明的海神信仰体系。多神思想在浙江沿海地区显得格外突出。

如温州地区信奉的陈静姑（陈十四娘娘）、杨府爷、灵安尊王、陈乌姆（鱼神爷或陈府爷），台州地区信奉的渔师菩萨，宁波地区信奉的如意、黄晟、观音等。陈静姑、灵安尊王信仰来自福建，杨府爷、陈乌姆、渔师菩萨、如意娘娘等信仰皆为本地守护神。

传说陈乌姆初为一穷苦渔民，因救了一条被困在礁石上的大鱼，鱼儿为报答他的救命之恩，告诉他用自己的眼泪擦眼睛，他捕鱼会获丰收。从此，乌姆的眼睛能透过海水看到鱼群，每次下海都满载而归。杨府爷是东南沿海最著名的民间神祇之一，至今奉祀神庙达 500 余座，信众遍布浙闽粤、港澳台乃至东南亚地区，其影响力仅次于海上女神妈祖。②

渔师菩萨和渔师娘娘都是当地著名的海神，前者能根据潮流、声音、气温等准确地辨别出鱼发地点，后者则是一位专管鱼类和其他水族的神灵。③ 宁波的如意娘娘因跳海救父的义举，成为浙东南沿海渔民祈求平安的精神寄托。④

鸦片战争后，随着浙江沿海口岸的相继开放，西方宗教势力逐渐浸入沿海地区，冲击了中国传统的宗教信仰，民众的宗教信仰逐渐产生变化。虽然信奉佛教与道教的人数仍占多数，但其影响似乎已呈现日渐衰微的趋势。以宁波为例，众多寺庙或者荒废，或者被改为学堂，如慈溪大慈庵 1905 年"送与耶稣教改设学

① 岱山县民间文学集成办公室编：《中国民间文学集成·浙江省舟山市岱山县故事歌谣谚语卷》，1988 年，第 325 页。
② 杨府爷本名杨精义，字植臣，祖籍浙江临海，唐"玄宗天宝十年（751），拔宅飞升，尸解著灵岩。公七子国刚，追承父志，隐居瑞安陶山白云洞修道。道成后与父跨鹤遥怡而来，招其兄弟俱入仙籍"（鹿城区杨府山祖庙《北山杨府庙移建志》碑）。
③ 参见姜彬主编：《东海岛屿文化与民俗》，上海文艺出版社 2005 年版，第 485 页。
④ 相传南宋年间，象山的渔山岛常有人来捕鱼、采贝。有人在采贝时坠崖，其女闻讯，二话不说，纵身跃入海中为父殉葬。众人皆被此女的壮烈之举震惊，下海营救，但只在女子落海处拾得木板一块。当地人感念女子孝行，将浮木拾回后雕成少女塑像，在渔山岛建庙纪念，后被称为"如意娘娘庙"。参见王进、徐建成：《浅谈宁波海神信仰》，《海峡两岸妈祖文化学术研讨会论文汇编》，2009 年 12 月。

堂"①。随着新学的兴起，宁波城区、奉化等郊县也纷纷把寺产、庙产拨充学堂，一些尼庵改作女学，或者直接拨充为教育会经费。②到了民国，宁波城区尚有"佛寺20座，尼庵58座"③。同时，由于"整体变革以来，社会风气渐开，人民智识滋长"，道教"益不能振"。④

总之，儒教、道教、释教，以及后来的基督教、天主教等各种宗教信仰在浙江沿海地区都应有尽有，但没有任何一种宗教在浙江沿海地区取得信仰崇拜独大的地位。相反，海神崇拜始终是这一地区主要的民间信仰。⑤浙江沿海地区之所以信奉海神，是因为民众对海洋有畏惧感。他们习惯以海神海洋功能的强弱来决定其所受崇拜的程度，对于一些有突出功能的，渔民们会每日供奉香火，加以祭拜，表现出相当功利的泛神景象。

（二）婚丧习俗

婚丧礼俗作为家族大事，是个人生命中十分重要的礼制仪式。中国的传统婚丧礼俗到有清一代已较为完备，但随着封建制度的没落和晚清通商口岸的开辟，部分民众尤其是通商口岸民众的思想观念在西方文化的影响下发生较大改变。

浙江传统的结婚礼仪，从古代"六礼"（即纳采、问名、纳吉、纳征、请期、亲迎）演变而来，程序烦琐冗长。清季，受西风东渐影响，旧式礼俗受到冲击，"脱帽、鞠躬为敬，跪拜之礼遂废"⑥，一些婚礼"参用东西各国礼仪，将旧俗删除一半"⑦。有些婚礼则大致参照西方的结婚仪式，但场地则根据国人的习惯摈弃了教

---

① 《庵产学堂之交涉》，《申报》1905 年 4 月 17 日。

② 参见《寺产拨充学堂》（《申报》1906 年 8 月 21 日）、《尼庵改作女学》（《申报》1906 年 9 月 6 日）、《将尼庵拨充教育会经费》（《申报》1906 年 8 月 21 日）。

③ 宁波市地方志编纂委员会编：《宁波市志》卷 46《宗教》，中华书局 1995 年版，第 2772—2773 页。

④ 张传保等修，陈训正等纂：民国《鄞县通志》第二《政教志·宗教·道教》，上海书店 1993 年版。

⑤ 据调查，在温岭石塘庞大的民间信仰体系中，海洋神灵居主要地位。在祀奉的主神中，妈祖（26 个，占信仰场所总数的 30.60%，占主神数的 26.50%）、龙王（14 个，占信仰场所总数的 16.50%，占主神数的 14.30%）、观音（8 个，占信仰场所总数的 9.40%，占主神数的 8.20%），三者合计占信仰场所总数的 44.70%，占主神数的 48.90%。

⑥ 洪锡范等修，王荣商等纂：民国《镇海县志》卷 45《旧志源流》，上海书店 1993 年版。

⑦ 《大公报》1902 年 9 月 7 日。

堂宗教仪式。大部分民众举行结婚的礼堂往往"多借公共场所为之"①。《越铎日报》曾专门有一则关于"文明结婚之热闹"的报道："杭人吴君仲新，现为财政司总务科文牍课员，目前为与王女士云青订婚之期，下午二时借国民公所行结婚礼。"该报道还详细介绍了当时文明婚礼的仪式，从"振铃开礼堂"、"来宾就座"，到"证婚人展读证书"、"行结婚礼"、"来宾致颂辞"，再到"礼成摄影"、"茶点"，中间还有"奏琴唱歌"等，仪式相当简洁明快，"男女来宾来观礼者多至数千人，几无隙可容"。② 当然，这样的文明婚礼在当时浙江并不普遍，一般"多于商埠行之，乡村尚少"③。

明清时期，浙江的葬法可分为土葬、火葬、二次葬、潮魂葬等，每一种葬法都有其特定的流行地区，而且不同的时期还有其盛衰的更替。

"潮魂葬"是一种渔民葬俗。舟山一带有民谣："嵊山箱子岙，十口棺材九口草。""潮魂葬"在浙江沿海一带比较流行，它实际上是"招魂葬"的一种翻版。在浙江民间，"客死于外不得其尸者，取其常服，呼其名而招之，谓之招魂葬"④。沿海渔民以出海打鱼为生，若翻船落水，死在海里，找不到尸体，就需"招魂"，因此人们就扎个稻草人，穿上死者生前的衣裤鞋帽，以此代替死者，请道士招魂后再行葬礼。"潮魂葬"反映了中国"入土为安"的思想传统。他们相信通过这样的象征性安葬活动，能够把死者的灵魂招回老家，并在阴间庇佑阳间子孙后裔平安无事。⑤ 这种葬俗也就成了浙江沿海的一道特殊景观。

浙江各地的丧葬习俗虽略有差异，但区别甚微，其基本环节有"送终、报讯、祭奠、吊唁、大敛、出殡、斋饭、入穴、做七、周年、忌日"⑥ 等。这些环节包括了诸多传统礼仪，十分繁杂。晚清时期，丧葬旧礼在西方文明的影响下有所改变，但总体来说，浙江的民间丧葬仪式仍以旧习为主，直到民国时期丧葬改革才在杭

---

①　丁世良、赵放主编：《中国地方志民俗资料汇编·华东卷》中，书目文献出版社 1995 年版，第 808 页。

②　《越铎日报》，民国元年五月二十一号，杭师大民国浙江史研究中心（电子版）。

③　洪锡范等修，王荣商等纂：民国《镇海县志》卷 45《旧志源流》，上海书店 1993 年版。

④　杨积芳纂：《余姚六仓志》卷 18《风俗》，上海书店出版社 1992 年版。

⑤　参见金德章：《舟山渔民风俗浅谈》，《浙江民俗》1983 年第 3 期。

⑥　周时奋：《宁波老俗》，宁波出版社 2008 年版，第 136 页。

州、宁波等口岸城市逐渐推广开来。

二、生活方式的变化

晚清时期，浙江沿海通商口岸在西力的冲击下日益发展，各种异于传统的生活方式也随之出现。款式新颖的洋装洋服、风味新鲜的中餐西餐、中西合璧的花园洋房、快捷便利的交通工具、日新月异的洋货用品逐渐映入民众的眼帘。

清末，浙江消费市场的最大变化在于洋货逐渐成为民众喜爱的货物。开埠前，民众主要依靠耕种、捕鱼来维持生计，过着自给自足的小农生活。开埠后，随着西方商品输入的不断扩大，自然经济开始解体，洋货逐渐代替土货，成为民众的日常生活用。

19 世纪 80 年代，宁波城内已经有很多各式各样的洋行、商铺。据 1880 年统计，宁波江北岸共有 32 家洋行。[①] 这里大量出售西洋人的日常用品，如西式皮鞋、毛巾、手绢、眼镜、怀表、香水和首饰等。进入 20 世纪后，洋货已基本上深入到浙江内地，"穷乡僻岛，通行舶品"[②]。一些洋标布在加染后，也已经"流行于本省贫瘠和人口稀少的区域，如衢州、姚州（即余姚）、金华"[③]。

洋货的流行与普及在冲击土货同时，也对民众的消费观念产生了影响。由于部分洋货价廉物美，越来越多的民众弃土用洋，崇尚和追捧洋货，甚至出现了"洋布推行土布稀，兰膏夜织利殊微"[④] 的局面。享用洋货逐渐成为一种时尚。"凡物之极贵重者，皆谓之洋。重楼曰洋楼，彩轿曰洋轿，衣有洋绉，帽有洋筒，挂灯曰洋灯，火锅名为洋锅，细而至于酱油之佳者亦名洋酱油，颜料之鲜明者亦呼洋红洋绿。大江南北，莫不以洋为尚。"[⑤]

各种有关洋货的广告也充斥于各家报刊。宁波《甬报》每期都有各类西药广告、洋烟广告、化妆品广告及照相等广告；杭州《浙江日报》一天内就有"浙省

①　参见徐季子、郑学溥、袁元龙：《宁波史话》，浙江人民出版社 1986 年版，第 140 页。

②　参见张传保等修，陈训正等纂：《鄞县通志》，《文献志·礼俗·服饰》，上海书店 1993 年版。

③　姚贤镐编：《中国近代对外贸易史资料（1840—1895）》第 3 册，中华书局 1962 年版，第 1352 页。

④　政协余姚市委员会文史资料委员会编：《泗门古今》（《余姚文史资料》第 9 辑），1991 年，第 129 页。

⑤　陈作霖：《炳烛里谈》，见严昌洪：《中国近代社会风俗史》，浙江人民出版社 1992 年版，第 78 页。

成泰洋货抄庄大减价"，"杭州清和坊宏布广告……各种洋缎洋纱……"，"浙杭泰记洋货庄广告……自办东西各国名厂钟表、镜屏、五金杂货、洋磁、洋钉、香水、香皂……"① 等各类洋货广告。

洋货作为西方文明一种物质载体，承载了西方的日常生活方式"在进入中国的时候，把西方生活方式也带入了中国，使人们的经济生活在原有的传统色调之外增添了一些近代文明的色彩，并影响和改变着中国人的面貌和中国固有的文化"②。晚清时期，浙江沿海地区的衣、食、住、行等生活方式也悄悄发生了变化。

在传统农业社会，服饰尤其是底层民众的服饰多为家人自制，"皆衣青棉布，不尚罗绮"③，"虽殷富之家男女皆衣布素，非作客、喜事罕被文绣者"④。男性商人、知识分子则常着长衫马褂；工人、农民一般穿直襟胡桃纽扣衫；渔民在冬季多穿粗布大襟衫，初春、秋末为单衣，夏季大多为对襟无袖衫。

开埠后，受西方服饰文化的影响，民众的穿衣习俗开始产生微妙的变化。特别是宁波"海通以后，商于沪上者日多，奢靡之习由轮舶运输而来，乡风为之丕变"，"往往时尚服装甫流行于沪上，不数日，乡里之人即仿效之"。⑤ 衣着习惯也由以往的崇尚朴素逐渐转变为崇奢，街上往往"靓妆艳服憧憧往来"，"私居燕服，亦被绮罗"，"虽小家碧玉无不佩戴金珠者"。⑥ 随着进出口贸易快速增长，洋货也同期逐年渐长，尤其是棉布和棉纱逐渐受到民众的欢迎。相对廉价的洋布成为炙手可热的商品，虽"穷乡僻岛，通行舶品"⑦。清末民初，宁波"城市妇女流行旗袍"⑧，亦有着洋装以追求时尚者。同时，民众平日所穿服饰的选择空间已然增大，"富家衣料多用绸缎、呢绒和机制棉布，市民穿'洋布'居多，贫民以土布为主"⑨。

---

① 《浙江日报》1908 年 5 月 24 日。
② 严昌洪：《中国近代社会风俗史》，浙江人民出版社 1992 年版，第 76—77 页。
③ （清）张宝琳修，（清）王棻等纂：《永嘉县志》，台北成文出版社 1983 年版，第 549 页。
④ 张传保等修，陈训正等纂：《鄞县通志》，《文献志·礼俗·服饰》，上海书店 1993 年版。
⑤ 张传保等修，陈训正等纂：《鄞县通志》，《文献志·礼俗·服饰》，上海书店 1993 年版。
⑥ 张传保等修，陈训正等纂：《鄞县通志》，《文献志·礼俗·服饰》，上海书店 1993 年版。
⑦ 张传保等修，陈训正等纂：《鄞县通志》，《文献志·礼俗·服饰》，上海书店 1993 年版。
⑧ 周时奋主编：《鄞县志》，中华书局 1996 年版，第 1961 页。
⑨ 周时奋主编：《鄞县志》，中华书局 1996 年版，第 1961 页。

随着浙江地区的递次开放，到清末，西式服饰在一些地方已经相当流行，特别是在军界和学界大多穿新装。杭州的万顺军服公司专门"督办泰西呢绒、羽毛花纱一应等料，特别清练新镇各师选是新服、精致四季学士、军装"①。各种西式靴鞋也颇受民众欢迎，一些商家还专门聘请西洋名工来招徕客人，杭州瑞芳斋中西靴鞋便打出广告："吾杭气渐开，市面为之一新，特改装洋式门面，选聘游历东西洋名工……各式男女靴鞋、学堂操鞋、全皮雨鞋……"②总之，晚清时期易服已在悄然进行，只不过多流行于军界、商界和学界。

浙江地处沿海，兼山海鱼盐之利，形成了沿海民众以大米为主食、米麦制品为点心、陆海动植物为菜肴的独特饮食习俗。开埠后，随着西方来浙传教、经商的人日益增多，西式饮食习惯也渐渐流行起来。如在宁波江北岸外国人居留地有蓬莱春、渡江春、美颐荷兰水房等番菜馆。渡江春开设在江北岸老关帝殿弄，"坐南朝北，三层楼洋房门面，精制各国洋式茶点大菜，西法弹子……外国京货，各种花露香水、香皂一应俱全"；美颐荷兰水房开设在桃花渡头，"自造西国机器，佳制荤素茶食、四时点心、馒头饼干、各种洋酒、吕宋品海名烟，花露、皮皂异样京货采办，鲜果原汁荷兰水"。③

一般来说，西式餐馆除了用各种西洋商品来招徕客人外，多注意用餐环境和饮食卫生。许多饭店、旅馆经常在报纸上登广告称"饮食茶水均效西法，格外清洁"，"创设雅座……器具清洁，伺候周到"④对饮食卫生的要求，反映了浙江民众在饮食习惯方面的进步。

浙江濒临东海，气候"温暖卑湿少风，故居楼之风亦较盛"⑤。明清时期，乡民一般"就近取材"搭建民宅，既有用青砖、卵石彻的，也有用毛竹和泥草搭建的，建设样式"一般以二层三合院为多"⑥。

---

①　《浙江日报》1908 年 5 月 24 日。

②　《浙江日报》1908 年 5 月 24 日。

③　《甬报》1899 年 10 月 28 日。

④　《浙江日报》1908 年 5 月 24 日。

⑤　梁思成：《中国建筑史》（手抄本），1955 年，第 117 页。

⑥　浙江民俗学会编：《浙江风俗简志》，浙江人民出版社 1986 年版，第 135 页。

开埠后，在外国人居住区和租界出现了一些洋式建筑。这些具有浓厚韵味的哥特式、古罗马式、巴洛克式的洋楼，是典型的欧洲式建筑，舒适、别致，成为民众心仪住宅。一些有钱人开始"改良翻造洋式宽大房间"，且"全用玻璃大窗，光线通明"。①一些旅店纷纷新建新式洋楼来招徕客人。如杭州拱宸桥来安中外客栈、大方栈纷纷打出广告，或称"新建西式高大洋房一所，又有西式官房数间，陈设外洋桌椅，英国铁床，特备会客花厅一座"，或称"装饰精雅，陈设华丽，特备西式铁床，房间清洁，一切动用器具以及蚊帐、被褥一应全新，并设会客大厅，分外幽雅，以备贵客晤叙之所"。②

在"行"方面，以黄包车、火车、轮船开始取代徒步、轿子和舟楫。浙江沿海地区依山傍水，平原地区水网纵横，传统的代步工具是轿子和舟楫。鸦片战争后，随着城市商贸的不断兴旺，带动了交通工具的发展。除传统的交通工具如轿子、独轮小车及木船的数量大增外，还出现了黄包车、轮船、火车等新式工具，并逐渐成为民众出行的一种主要方式。

人力车，又称黄包车。1873 年从日本传到中国，初名"东洋车"，因车身漆成黄色又被称为"黄包车"。清末时期杭州特别流行人力车，《申报》曾报道：杭州开埠通商后，"踵行西法，日盛一日……小则电灯、东洋车均已次第举行"③。光绪三十四年（1908），王锡荣通过集资购买了一百辆人力车，"先就上中下三城设立停车场，暂行试办，如有成效，拟再推广，下出武林门达拱宸桥，东南至清泰南星两车站"④。1911 年，杭州成立了一家黄包车公司，并取得了专营权，条件是"修理现存的石子路和桥梁，以有利于黄包车在城内及其附近通行"⑤。清末民初，宁波也"行驶铁轮车，至民国后黄包车乃通行于城区"，甚至在一些"繁盛市镇亦有行之者"⑥。可以看到，人力车已经逐渐流行并成为城市里大众的代步工具。

---

① 《浙江日报》1910 年 4 月 17 日。
② 《浙江日报》1908 年 5 月 24 日。
③ 《申报》1897 年 3 月 17 日。
④ 《申报》1908 年 12 月 25 日。
⑤ 陈梅龙、景消波译编：《近代浙江对外贸易及社会变迁——宁波、温州、杭州海关贸易报告译编》，宁波出版社 2003 年版，第 253 页。
⑥ 参见张传保等修，陈训正等纂：民国《鄞县通志》第二《政教志·交通》，上海书店 1993 年版。

除此之外，乘轮船、火车也是主要的出行方式。晚清时期，浙江沿海和内陆行驶着中外轮船公司各式客货轮。这些轮船或航行于外海，或行走在内河。将上海、杭州、宁波、台州（海门）、温州联结在一起，构成了一个水上交通网络，给民众出行提供了一个更为经济、便捷的选择。蒋梦麟在其自传《西潮·新潮》中说道：“坐木船从蒋村到宁波要花三天两夜，但是坐轮船从宁波到上海，路虽然远十倍，一夜之间就到了。”①

晚清时期，浙江境内建成的铁路线主要是沪杭铁路及它的支线江墅线。1907年沪杭铁路江墅线的建成，使得大运河和钱塘江的运输得以贯通，方便了市民的出行。宣统元年（1909），沪杭铁路通车使杭州、嘉兴地区与上海的联系更为便捷。

三、四海为家：人口流动与重商风气

海洋文明不是一种封闭自守的文明，而是一种不断从异质文化汲取营养的文明，它往往通过人口的流动在不断吸收外来人口的同时，又不断向外移民拓展。

浙江地处东南沿海，“东枕大海，西负高山”，扼中国南北水路之要冲。沿海土质多盐碱，“其土瘠而无灌溉之源，故耕者无终岁之给”②，难以辟为良田。沿海岸线狭长的平原人口稠密，民众生存压力大。根据统计，1820年宁波府人丁数为2354674人，人口密度达每平方公里523.26人。③此后这一状况并未得以缓解。但是，傍山海而居的地理环境使世居此地的民众养成了他们独特的品性。他们既有山地民族的刚毅和坚忍的性情，又具备傍海民族的冒险、开放、团结的性格特征。面对生存压力，沿海民众除了更多地谋食渔盐外，还率“饥驱寒袭，迫而之外，航海梯山，视若户庭”④之性，四出营生。

晚清时期浙江人口流动最大的地区发生在宁波。宁波地处沿海，自古以来民众善商贾，喜渔猎。民众在与海洋的互动中日益形成了迥异于浙江其他地区的民

---

① 蒋梦麟：《西潮·新潮》，岳麓书社 2000 年版，第 39 页。
② 参见洪锡范等修，王荣商等纂：民国《镇海县志》卷 41《风俗》，上海书店 1993 年版。
③ 参见王嗣均主编：《中国人口（浙江分册）》，中国财政经济出版社 1988 年版，第 45 页。
④ 陈训正、马瀛等纂修：民国《定海县志》，台北成文出版社 1970 年版。

风民俗。"宁、绍盛科名逢掖，其戚里善借为外营，又佣书舞文，竞贾贩锥刀之利，人大半食于外。"[1] 嘉道年间，上海利用得天独厚的地理优势，已经成为中国沿海重要的商品流通和交换的枢纽。在这种情况下，不少宁波人因此漂洋过海到上海讨生计。1803 年宁波同乡会组织"四明公所"建成。

开埠后，由于上海具备远比宁波优越的创业环境，吸引了更多的宁波人到这里谋生、从商，成为宁波人迁移的首选之地。

营生于上海的宁波人数量发展非常快。1852 年宁波赴沪人数大约为 6 万人，规模在上海外籍人口中仅次于广东人；19 世纪 50 年代末，宁波人已经成为上海外来居民中最大的移民集团。[2] 以后人数更是急剧增加。根据统计，光绪三十三年（1907），宁波旅沪人数估计在三十余万人左右。[3] 近人董启俊认为到清末"估计已达 40 万人"，接近当时上海三分之一人口数，在上海居民中"宁波人占有相当大比例"。[4] 他们当中，既有地主、商人，也有破产的农民、手工业者、城市居民、苦力者。一些人成为买办、商业巨子，一些人则在"船厂、货栈、轮舟码头、洋商住宅"从事"计工度日"的工作。[5]

当然，宁波人外出谋生不只是上海一地，他们四出营生，足迹遍履天下，"中国各口进出口旅客之多，除上海一埠外，无有能出其（指宁波）右者"[6]。

随着浙江开放区域的扩大，人口流动速度也不断加快，其中以杭州、绍兴、嘉兴、湖州、台州、温州等沿海地区尤为频繁。温州三面环山，一面临海，自古以来，商贸发达，境内人口流动频繁。鸦片战争后，温州就有以劳工身份到美洲种植园或南非金矿等地谋生闯天下者。道光二十七年至同治五年（1847—1866），"有洋人到浙江温州府平阳县地方，招有十几人同到澳门"，再被作为猪仔拐骗到

① （明）王士性：《广志绎》卷 4《江南诸省》，中华书局 1981 年版，第 67 页。

② 参见梁元生：《十九世纪中叶上海商界地区性集团之间的竞争》，《上海经济科学》1984 年第 1 期。

③ 参见陈伯熙编著：《老上海》中，上海泰东图书局 1919 年版，第 69 页。

④ 董启俊：《宁波旅沪同乡会》，见政协宁波市委员会文史资料研究委员会编：《宁波文史资料》第 5 辑，1987 年；宣统二年（1910）上海人口为 128.9 万（《上海通志》第三卷《人口》）。

⑤ （清）葛元煦：《沪游杂记》卷 1，上海古籍出版社 1989 年版，第 1 页。

⑥ 《海关关册》（中文本），宁波 1920 年，第 12 页。

古巴哈瓦那当苦力。[①]

1877 年温州开埠，英商怡和洋行"康克斯特"号客货轮开通了上海—温州—福州航线，将温州与上海、福州连接起来。上海是当时国内最大最开放的城市，而福州则是出洋人数较多的港口。之后，温州还开辟了远至香港、台湾、新加坡、马来西亚和印尼的轮船航线。温州的海外移民速度开始加快。他们出洋有的做工行商，有些则是为了求学。根据统计，1898 年 10 月至 1904 年 10 月，温州在日本的留学生共有 63 人；至 1911 年，乐清籍留日学生有 41 人。[②] 一些温州人在日本做工后回乡又"带了些浙江处州青田特产的石货，到日本行商"[③]，来回奔波于两地，带动其他乡民出国谋生。如瑞安桂峰乡于 1915 —1937 年间移民日本的就有 179 人。

第一次世界大战爆发后，英、法、俄等协约国向中国招募华工。温州当地青壮年争相报名，仅青田一县就招募 2000 多人。这些华工中的大多数在战后就定居在欧洲，其中仅在法国的就有 1000 多人。[④] 他们成了温州人在欧洲的第一批华侨华人。

梁启超在论及"地理与文明之关系"时指出："海也者，能发人进取之雄心也"，"彼航海者，其所求固在利也，然求之之始，却不可不先置利害于度外，以性命财产为孤注，冒万险而一掷之。故久于海上者，能使其精神日以勇猛，日以高尚"。[⑤] 浙江沿海地区居民不仅流淌着迁徙、远行、追逐的海洋文化基因，而且还具有吃苦耐劳、灵活变通的商业精神和冒险开拓的创新精神。因此，浙江人的"闯天下"精神与商业经营常常联系在一起。

由于特殊的原因，上海在开埠后利用其优越的地理位置，逐渐成为长江三角洲乃至全国的商业贸易中心。浙江各色人等，尤其是宁波、绍兴、湖州商人，借助这些有利条件，纷纷前往上海开辟他们的新市场。上海成为他们纵横捭阖、一

---

① 陈翰笙主编：《华工出国史料汇编》第 1 辑，中华书局 1985 年版，第 583 页。

② 参见王雄涛：《清末温州留日学生研究》，温州大学人文学院 2011 年版。

③ 胡珠生：《温州近代史》，辽宁人民出版社 2002 年版，第 298 页。

④ 参见青田华侨史编纂委员会编著：《青田华侨史》，浙江人民出版社 2011 年版，第 32 页。

⑤ 梁启超：《饮冰室合集》文集之十，中华书局 1989 年版，第 108 页。

展身手的商业舞台。他们将众多的资金、技术、人才齐聚于上海，凭借既有的商贸经验在传统丝、茶贸易中独占鳌头，在金融、五金、洋油等新兴领域也占据重要地位，形成了宁波商帮、宁绍钱帮、湖州丝商等近代中国著名的财团，为上海的崛起提供了重要的人力和财力支撑。

当然，浙江人"闯天下"并不只限于上海。以宁波商人为例，他们"益奔走驰逐，自二十一行省至东南洋群岛，凡商贾所萃，皆有甬人之车辙马迹焉"[①]。孙中山先生曾为此赞叹："凡吾国各埠，莫不有甬人事业，即欧洲各国，亦多甬商足迹，其能力与影响之大，固可首屈一指也。"[②]因此，上海只是浙江人口迁移最重要的一个目的地。

由于上海与浙江地相连、海相通，两地经济与文化交流频繁。上海迅速发展的工商业吸引了大批浙江人前去谋生、创业，同时又把上海新的生活方式带到了浙江，从而带动了浙江社会风气及价值观念的演变。

随着近代商业经济的发展，商人在人口中的比例逐年提高，埋藏在浙江民众思想深处的商贾思想也愈演愈烈。人们开始弃农经商，"弃儒习贾者益众"，即使在农村也呈现出"舍本逐末，以农为贱役，往往轻去其乡，争趋沪汉为佣"[③]的景象。有些读书人，甚至是留学归国者"其志则多在通晓英算，为他日可得商界高尚之位置……其望入仕途者固十人中无一二"[④]。可见，追逐财富和金钱的重商思想已经逐渐成为社会新风尚。这种社会价值观念的形成对于商人的近代转型打下了牢固的基础。

---

①　盛炳纬：《养园賸稿》卷1《勤稼别墅记》，四明张氏约园出版，第19页。

②　《孙中山先生在宁波各界欢迎会上之演说词》，《民国日报》1916年8月25日。

③　陈训正、马瀛等纂修：民国《定海县志》卷16《风俗》，台北成文出版社1970年版。

④　张传保等修，陈训正等纂：民国《鄞县通志》，《礼俗》，上海书店1993年版。

主要参考文献

一、史志

（汉）袁康：《越绝书》。

（宋）陈耆卿纂：嘉定《赤城志》，《宋元方志丛刊》第 7 册，中华书局 1990 年版。

（宋）罗濬：宝庆《四明志》，文渊阁四库全书本。

（元）冯福京等纂：《大德昌国州图志》，《宋元方志丛刊》第 6 册，中华书局 1990 年版。

（明）王士性：《广志绎》，中华书局 1981 年版。

（明）王瓒、（明）蔡芳编：弘治《温州府志》，上海社会科学院出版社 2006 年版。

（清）鲍复泰等修：康熙《台州府志》。

（清）曹秉仁等修：雍正《宁波府志》，上海书店 1993 年版。

（清）陈遹声修，（清）蒋鸿藻纂：光绪《诸暨县志》，上海书店出版社 1993 年版。

（清）储家藻修，（清）徐致靖纂：光绪《上虞县志校续》，上海书店 1993 年版。

（清）戴枚修纂：光绪《鄞县志》，清光绪三年（1877）刻本。

（清）丁丙修，（清）王棻纂：光绪《杭州府志》。

（清）高桌、（清）沈煜纂：《浒山志》，上海书店 1992 年版。

（清）和坤等撰：《钦定大清一统志》，文渊阁四库全书本。

（清）李亨特修：《绍兴府志》。

（清）李前泮修，（清）张美翊纂：光绪《奉化县志》。

（清）李卫、（清）嵇曾筠等修：雍正《浙江通志》，光绪二十五年（1899）重刊本。

（清）连仲愚：《上虞塘工纪略》，广陵书社 2006 年版。

（清）彭润章等修，（清）叶廉锷等纂：光绪《平湖县志》，上海书店 1993年版。

（清）孙诒让著，张宪文编：《孙诒让遗文辑存》，浙江人民出版社 1990 年版。

（清）王梦弼修：乾隆《镇海县志》。

（清）延丰等纂修：《两浙盐法志》，《续修四库全书》第 841 册，上海古籍出版社 2002 年版。

（清）杨泰亨、（清）冯可镛纂：光绪《慈溪县志》，台北成文出版社 1975年版。

（清）尹元炜：《溪上遗闻集录》，1868 年本。

（清）张宝琳修，（清）王棻等纂：《永嘉县志》，台北成文出版社 1983 年版。

（清）赵钧：《过来语》，见中国社会科学院近代史研究所近代史资料编辑组编：《近代史资料》总 41 号，中华书局 1980 年版。

（清）周炳麟修，（清）邵友濂、（清）孙德祖纂：光绪《余姚县志》，上海书店 1993 年版。

（清）朱正元辑：《浙江省沿海图说》，台北成文出版社 1974 年版。

（清）邹璟纂：《乍浦备志》。

苍南县地方志编纂委员会编：《苍南县志》，浙江人民出版社 1997 年版。

陈训正、马瀛等纂修：民国《定海县志》，台北成文出版社 1970 年版。

慈溪市地方志编纂委员会编：《慈溪县志》，浙江人民出版社 1992 年版。

慈溪教育志编纂小组编：《慈溪教育志》，慈溪市教育委员会，内部资料，1993 年。

《第一次教育年鉴》，上海开明书店 1934 年版。

东阳市地方志编委会编：《东阳市志》，汉语大词典出版社 1993 年版。

龚嘉儁修，李榕纂：《杭州府志》，1922 年铅印本。

杭州海关志编纂委员会编：《杭州海关志》，浙江人民出版社 2003 年版。

杭州市地方志编纂委员会编：《杭州市志》第 2、5、9 卷，中华书局 1997 年版。

杭州市教育委员会编纂：《杭州教育志（1028—1949）》，浙江教育出版社 1994 年版。

杭州市金融志编纂委员会编：《杭州市金融志（1912—1985）》，内部资料，1990 年。

洪锡范等修，王荣商等纂：民国《镇海县志》，上海书店 1993 年版。

侯祖畬主修，吕寅东总纂：《夏口县志》。

湖州市地方志编纂委员会编：《湖州市志》，昆仑出版社 1999 年版。

黄序鹤：《海关通志》，商务印书馆 1917 年版。

嘉兴市地方志编纂委员会编：《嘉兴市志》，中国书籍出版社 1997 年版。

姜卿云编：《浙江新志》，杭州正中书局 1936 年版。

金城修，陈畲等纂：民国《新昌县志》。

来裕恂：《萧山县志》，天津古籍出版社 1991 年版。

李涞修，陈汉章纂：《象山县志》，台北成文出版社 1974 年版。

丽水地方志编纂委员会编：《丽水地区志》，浙江人民出版社 1993 年版。

临海市志编纂委员会编：《临海县志》，浙江人民出版社 1989 年版。

罗尔纲：《绿营兵志》，商务印书馆 2011 年版。

罗士筠修，陈汉章等纂：民国《象山县志》，上海书店出版社 1993 年版。

吕耀钤等修，吕芝延等纂：民国《南田县志》，上海书店 1993 年版。

南浔镇志编纂委员会编：《南浔镇志》，上海科学技术文献出版社 1995 年版。

宁波海关志编纂委员会编：《宁波海关志》，浙江科学技术出版社 2000 年版。

宁波金融志编纂委员会编：《宁波金融志》第 1 卷，中华书局 1996 年版。

宁波市地方志编纂委员会编：《宁波市志》，中华书局 1995 年版。

宁波市对外贸易经济合作委员会编：《宁波市对外经济贸易志（638—

1995）》，宁波出版社 1997 年版。

《宁波市水利志》编纂委员会编：《宁波市水利志》，中华书局 2006 年版。

平阳县志编纂委员会编：《平阳县志》，汉语大词典出版社 1993 年版。

钱塘江志编纂委员会编：《钱塘江志》，方志出版社 1998 年版。

青田县志编纂委员会编：《青田县志》，浙江人民出版社 1990 年版。

衢州市志编纂委员会编：《衢州市志》，浙江人民出版社 1994 年版。

瑞安县地名委员会编：《瑞安县地名志》，1988 年油印版。

瑞安县修志委员会重印：民国《瑞安县志稿》。

三门县志编纂委员会编：《三门县志》，浙江人民出版社 1992 年版。

上海市通志馆年鉴委员会编：《上海市年鉴》，中华书局 1937 年版。

上海渔业志编纂委员会编：《上海渔业志》，上海社会科学院出版社 1998 年版。

上虞县志编纂委员会编：《上虞县志》，浙江人民出版社 1990 年版。

绍兴市地方志编纂委员会编：《绍兴市志》，浙江人民出版社 1996 年版。

邵祖德等编纂：《浙江教育简志》，浙江人民出版社 1988 年版。

实业部国际贸易局编纂：《中国实业志（浙江省）》，实业部国际贸易局 1933 年版。

台州地区地方志编纂委员会编：《台州地区志》，浙江人民出版社 1995 年版。

天台县志编纂委员会编：《天台县志》，汉语大词典出版社 1995 年版。

温岭县志编纂委员会编：《温岭县志》，浙江人民出版社 1992 年版。

温州海关志编纂委员会编：《温州海关志》，上海社会科学院出版社 1996 年版。

温州教育史志编辑部编：《温州教育志》试刊号，内部刊物，2014 年 8 月。

温州市地方志编纂委员会编：《温州市志》，中华书局 1998 年版。

温州市水利志编纂委员会编：《温州市水利志》，中华书局 1998 年版。

项士元纂：《海门镇志》，临海市博物馆打字油印本 1988 年版。

新昌县志编纂委员会编：《新昌县志》，上海书店 1994 年版。

杨积芳纂：《余姚六仓志》，上海书店出版社 1990 年版。

永康县志编纂委员会编：《永康县志》，浙江人民出版社 1991 年版。

喻长霖修，柯骅威纂：民国《台州府志》，上海书店 1993 年版。

余姚市地方志编纂委员会编：《余姚市志》，浙江人民出版社 1993 年版。

云南省志编纂委员会办公室：《续云南通志长编》，1985 年。

张传保等修，陈训正等纂：民国《鄞县通志》，上海书店 1993 年版。

浙江民俗学会编：《浙江风俗简志》，浙江人民出版社 1986 年版。

浙江省教育志编纂委员会编：《浙江省教育志》，浙江大学出版社 2004 年版。

浙江省通志馆编：《重修浙江通志稿资料》，方志出版社 2010 年版。

浙江通志局修：民国《浙江续通志稿·大事记》，浙江图书馆古籍部藏稿本。

浙江省外事志编纂委员会编：《浙江省外事志》，中华书局 1996 年版。

周庆云纂：《南浔志》。

周时奋主编：《鄞县志》，中华书局 1996 年版。

舟山市地方志编纂委员会编：《舟山市志》，浙江人民出版社 1992 年版。

朱从亮主编：《南浔新志》（油印稿）。

二、相关文集、资料

（宋）吴泳：《鹤林集》，商务印书馆 1934—1935 年版。

（明）胡宗宪、（明）郑若曾辑：《筹海图编》。

（明）陆容撰，李健莉校点：《菽园杂记》，上海古籍出版社 2012 年版。

（明）梦觉道人、（明）西湖浪子辑：《三刻拍案惊奇》，上海古籍出版社 1990 年版。

（明）徐光启：《农政全书》，中华书局 1956 年版。

（明）张瀚：《松窗梦语》，中华书局 1985 年版。

（清）萨承钰：《南北洋炮台图说》，2008 年影印版。

（清）陈炽著，赵树贵、曾丽雅编：《陈炽集》，中华书局 1997 年版。

（清）陈其元：《庸闲斋笔记》，中华书局 1989 年版。

（清）董沛：《宝顺轮船始末》，上海古籍出版社 1996 年版。

（清）杜臻：《海防述略》，中华书局 1991 年版。

（清）段光清：《镜湖自撰年谱》，中华书局 2009 年版。

（清）葛元煦：《沪游杂记》，上海古籍出版社 1989 年版。

（清）顾炎武：《天下郡国利病书》，上海古籍出版社 2012 年版。

（清）贺长龄等编：《皇朝经世文编》，台北文海出版社 1966 年版。

（清）崑冈、（清）李鸿章等修：《钦定大清会典事例》。

（清）李邺嗣：《杲堂诗文集》，浙江古籍出版社 2013 年版。

（清）梁章钜：《归田琐记》，中华书局 1981 年版。

（清）刘锦藻：《皇朝续文献通考》，浙江古籍出版社 2000 年版。

（清）马新贻：《马端敏公奏议》，台北成文出版社 1969 年版。

（清）屈大均：《广东新语》，中华书局 1985 年版。

（清）阮元撰，邓经元点校：《揅经室集》，中华书局 1993 年版。

（清）沈同芳：《中国渔业历史》，上海中国图书公司 1911 年铅印本。

（清）盛康辑：《皇朝经世文续编》，光绪二十三年（1897）刻本。

（清）王庆云：《石渠余纪》，北京古籍出版社 1985 年版。

（清）王彦威、王亮辑编：《清季外交史料》，湖南师范大学出版社 2015 年版。

（清）魏源：《圣武记》。

（清）魏源：《海国图志》，岳麓书社 1998 年版。

（清）席裕福、（清）沈师徐辑：《皇朝政典类纂》，台北文海出版社 1966 年版。

（清）徐鼒：《小腆纪年》，中华书局 2010 年版。

（清）徐时栋：《烟屿楼文集》，上海古籍出版社 2010 年版。

（清）徐兆昺：《四明谈助》，宁波出版社 2003 年版。

（清）薛传源：《防海备览》，望山堂藏版。

（清）严如煜辑：《中国南海诸群岛文献汇编之四》，台湾学生书局 1975 年版。

（清）叶梦珠撰，来新夏点校：《阅世编》，中华书局 2007 年版。

（清）张鉴等：《阮元年谱》，中华书局 1995 年版。

（清）郑观应：《盛世危言》，内蒙古人民出版社 1996 年版。

（清）钟琦辑录：《皇朝琐屑录》，台北文海出版社 1970 年版。

《清实录》，中华书局 1986 年版。

《清代钞档》，中华书局 1986 年版。

《筹办夷务始末（道光朝）》，中华书局 1964 年版。

《筹办夷务始末（咸丰朝）》，中华书局 1979 年版。

陈翰笙主编：《华工出国史料汇编》，中华书局 1985 年版。

陈夔龙：《梦蕉亭杂记》，北京古籍出版社 1995 年版。

陈旭麓、顾廷龙、汪熙主编：《上海机器织布局 —— 盛宣怀档案资料选辑之六》，上海人民出版社 2001 年版。

陈学恂、田正平编：《中国近代教育史资料汇编·留学教育》，上海教育出版社 1991 年版。

陈真、姚洛、逄先知编：《中国近代工业史资料》，生活·读书·新知三联书店 1958 年版。

褚德新、梁德主编：《中外约章汇要（1689—1949）》，黑龙江人民出版社 1991 年版。

戴鞍钢、黄苇主编：《中国地方志经济资料汇编》，汉语大辞典出版社 1999 年版。

岱山县民间文学集成办公室编：《中国民间文学集成·浙江省舟山市岱山县故事歌谣谚语卷》，1988 年。

丁世良、赵放主编：《中国地方志民俗资料汇编·华东卷》，书目文献出版社 1995 年版。

丁守和主编：《辛亥革命时期期刊介绍》第 5 集，人民出版社 1987 年版。

国民政府交通部铁道部交通史编纂委员会编纂：《交通史航政编》，1931 年。

建设委员会调查浙江经济所编：《杭州市经济调查》，台北传记文学出版社 1971 年版。

建设委员会经济调查所统计课编辑：《浙江之平水茶》，建设委员会经济调查所 1937 年版。

姜彬主编：《东海岛屿文化与民俗》，上海文艺出版社 2005 年版。

康有为著，汤志钧编：《康有为政论集》，中华书局 1998 年版。

李楚材辑：《帝国主义侵华教育史资料——教会教育》，教育科学出版社1987年版。

李华编：《明清以来北京工商业会馆碑刻选编》，文物出版社1980年版。

李文治编：《中国近代农业史资料》第1辑，生活·读书·新知三联书店1957年版。

茅家琦、黄胜强、马振犊主编：《中国旧海关史料（1859—1948）》，京华出版社2001年版。

梅冷生著，潘国存编：《梅冷生集》，上海社会科学院出版社2006年版。

聂宝璋编：《中国近代航运史资料》第1辑，上海人民出版社1983年版。

聂宝璋、朱荫贵编：《中国近代航运史资料》第2辑，中国社会科学出版社2002年版。

宁波帮博物馆编：《朱葆三史料集》，宁波出版社2016年版。

宁波市教育委员会编著：《宁波市校史集》，浙江教育出版社1989年版。

宁波市民建、工商联史料组编：《宁波工商史话》第2辑，1981年编印。

宁靖编：《鸦片战争史论文专集（续编）》，人民出版社1984年版。

牛创平、牛冀青编著：《近代中外条约选析》，中国法制出版社1998年版。

彭泽益编：《中国近代手工业史资料》，中华书局1962年版。

清议报报馆编：《清议报》，中华书局2006年版。

桑兵：《清代稿钞本》，广东人民出版社2009年版。

上海博物馆图书资料室编：《上海碑刻资料选辑》，上海人民出版社1980年版。

上海东亚同文书院：《清国商业惯习及金融事情》，1904年。

上海海关总税务司署统计科：《海关十年报告（1922—1931）》，1932年。

上海经世文社辑：《民国经世文编》，北京图书馆出版社2006年版。

上海市档案馆藏：《四明银行档案全宗》。

上海通社编：《上海研究资料续集》，上海书店1984年版。

上海图书馆编：《汪康年师友书札》第3册，上海古籍出版社1986年版。

绍兴市政协文史资料委员会编：《绍兴文史资料》第12辑，1998年。

绍兴县修志委员会辑：民国《绍兴县志资料》第 1 辑，台北成文出版社 1983 年版。

沈云龙主编：《近代中国史料丛刊续编》第 100 辑，台北文海出版社。

水利电力部水管司科技司、水利电力科学研究院编：《清代闽浙台诸流域洪涝档案史料》，中华书局 1998 年版。

孙毓棠编：《中国近代工业史资料》第 1 辑，科学出版社 1957 年版。

孙忠焕主编：《杭州运河文献集成》，杭州出版社 2009 年版。

Statistical Returns, *Accounts and Other Papers Respecting the Fade between Great Britain and China, 1802-1888*, Ireland：Irish University Press，1972.

太平天国历史博物馆编：《太平天国史料丛编简辑》第 4 册，中华书局 1963 年版。

汪敬虞编：《中国近代工业史资料》第 2 辑，科学出版社 1957 年版。

王慕民、张伟、何灿浩：《宁波与日本经济文化交流史》，海洋出版社 2006 版。

王清毅主编：《慈溪海堤集》，方志出版社 2004 年版。

王树楠编：《张文襄公全集》，中国书店 1990 年版。

王铁崖编：《中外旧约章汇编》，生活・读书・新知三联书店 1957 年版。

温州市政协文史资料委员会编：《温州文史资料》创刊号，1986 年。

温州市政协文史资料委员会编：《温州文史资料》第 7 辑，1991 年。

温州市政协文史资料委员会编：《温州文史资料》第 9 辑，浙江人民出版社 1994 年版。

薛绥之主编：《鲁迅生平史料汇编》第 2 辑，天津人民出版社 1982 年版。

炎明主编：《浙江鸦片战争史料》，宁波出版社 1997 年版。

严中平等编：《中国近代经济史统计资料选辑》，科学出版社 1955 年版。

杨家骆主编：《鸦片战争文献汇编》，台北鼎文书局 1973 年版。

姚贤镐编：《中国近代对外贸易史资料（1840—1895）》，中华书局 1962 年版。

张謇：《张謇全集》，江苏古籍出版社 1994 年版。

张静庐辑注：《中国近代出版史料初编》，中华书局 1957 年版。

张侠等主编：《清末海军史料》，海洋出版社 1982 年版。

《慈东马径张氏宗谱》，永思堂 1926 年木活字刻本。

赵春晨编：《丁日昌集》，上海古籍出版社 2010 年版。

赵尔巽等撰：《清史稿》，中华书局 2015 年版。

赵之恒标点：《大清十朝圣训》，北京燕山出版社 1988 年版。

浙江省政协文史资料委员会编：《宁波帮企业家的崛起》（《浙江文史资料选辑》第 39 辑），浙江人民出版社 1989 年版。

浙江省政协文史资料委员会编：《新编浙江百年大事记（1840—1949）》（《浙江文史资料选辑》第 42 辑），浙江人民出版社 1990 年版。

浙江省辛亥革命史研究会、浙江省图书馆编：《辛亥革命浙江史料选辑》，浙江人民出版社 1981 年版。

政协湖州市文史资料委员会编：《湖州文史资料》第 4 辑，1986 年。

政协宁波市委员会文史资料研究委员会编：《宁波文史资料》第 2 辑，1984 年。

政协宁波市委员会文史资料研究委员会编：《宁波文史资料》第 3 辑，1985 年。

政协宁波市委员会文史资料研究委员会编：《宁波文史资料》第 4 辑，1986 年。

政协宁波市委员会文史资料研究委员会编：《宁波文史资料》第 5 辑，1987 年。

政协瑞安市文史资料委员会编：《瑞安文史资料》第 21 辑，2002 年。

政协余姚市委员会文史资料委员会编：《泗门古今》（《余姚文史资料》第 9 辑），1991 年。

中法镇海之役资料选辑编委会：《中法战争镇海之役史料》，光明日报出版社 1988 年版。

中国第一历史档案馆编：《光绪朝朱批奏折》，中华书局 1995 年版。

中国第一历史档案馆编：《雍正朝汉文朱批奏折汇编》，江苏古籍出版社 1989 年版。

中国第一历史档案馆等编：《鸦片战争在舟山史料选编》，浙江人民出版社 1992 年版。

中国第一历史档案馆编：《鸦片战争档案史料》第 7 册，天津古籍出版社

1992 年版。

中国海关总税务司署汇编：《1865—1881 年通商口岸贸易报告》(*Reports on Trade at the Treaty Ports for the Year 1865-1881*)。

中国近代经济史丛书编委会编：《中国近代经济史研究资料》第 4 辑，上海社会科学院出版社 1985 年版。

中国近代史资料汇编编辑委员会编著：《海防档（乙）神州船厂》，"中央研究院"近代史研究所 1957 年版。

中国经济统计研究所编：《吴兴农村经济》，文瑞印书馆 1939 年版。

中国农业全书总编辑委员会等编：《中国农业全书·浙江卷》，中国农业出版社 1997 年版。

中国人民银行上海市分行编：《上海钱庄史料》，上海人民出版社 1960 年版。

中国人民政治协商会议上海市委员会文史资料委员会编：《旧上海的房地产经营》(《上海文史资料选辑》第 64 辑)，上海人民出版社 1990 年版。

中国人民政治协商会议浙江省委员会文史资料研究委员会编：《浙江文史资料选辑》第 11 辑，浙江人民出版社 1979 年版。

中国人民政治协商会议浙江省委员会文史资料委员会编：《浙江近代著名学校和教育家》(《浙江文史资料选辑》第 45 辑)，浙江人民出版社 1991 年版。

中国人民政治协商会议浙江省温州市鹿城区委员会文史组编：《鹿城文史资料》第 1 辑，内部发行，1986 年。

中国社会科学院近代史研究所近代史资料编辑部编：《近代史资料》总 117 号，中国社会科学出版社 2008 年版。

中国社会科学院近代史研究所中华民国史组编：《清末新军编练沿革》，中华书局 1978 年版。

中国史学会主编：《中国近代史资料丛刊》，上海书店出版社 2000 年版。

中国通商银行编：《五十年来之中国经济》，台北文海出版社 1974 年版。

中华人民共和国杭州海关译编：《近代浙江通商口岸经济社会概况 —— 浙海关、瓯海关、杭州关贸易报告集成》，浙江人民出版社 2002 年版。

中华续行委办会调查特委会编：《1901—1920 年中国基督教调查资料》，中国社会科学出版社 1987 年版。

"中央研究院"近代史研究所编：《清季教务教案档》，"中央研究院"近代史研究所 1980 年版。

周健初：《梦坡公年谱》（未刊稿）。

朱向农主编：《浙江文史大典》，中华书局 2004 年版。

朱有献主编：《中国近代学制史料》，华东师范大学出版社 1989 年版。

主要报纸：《德商甬报》、《捷报》、《中外日报》、《民国日报》、《南洋商务报》、《商务官报》、《农工商报》、《东方杂志》、《北华捷报》、《中外日报》、《大公报》、《申报》、《杭报》、《杭州白话报》。

三、专著

（汉）司马迁：《史记》，中华书局 1982 年版。

（明）宋应星著，钟广言注释：《天工开物》，广东人民出版社 1976 年版。

（清）盛炳纬：《养园賸稿》，四明张氏约园出版。

白斌：《明清以来浙江海洋渔业发展与政策变迁研究》，海洋出版社 2015 年版。

〔法〕白吉尔著，张富强、许世芬译：《中国资产阶级的黄金时代（1911—1937 年）》，上海人民出版社 1994 年版。

北京太平天国历史研究会编：《太平天国史译丛》，中华书局 1981—1985 年版。

〔美〕本杰明·艾尔曼著，王红霞等译：《中国近代科学的文化史》，上海古籍出版社 2009 年版。

曹纯贫：《浙江省地图册》，中国地图出版社 2010 年版。

陈伯熙：《老上海》，上海泰东图书局 1919 年版。

陈锋：《清代盐政与盐税》，中州古籍出版社 1988 年版。

陈吉余主编：《中国围海工程》，水利水电出版社出版 2000 年版。

陈君静、刘丹：《沧海桑田：明清时期杭州湾南岸海涂围垦史研究》，中国社会科学出版社 2014 年版。

陈梅龙主编：《商海巨子——活跃在沪埠的宁波商人》，中国文史出版社1998年版。

陈梅龙、景消波译编：《近代浙江对外贸易及社会变迁——宁波、温州、杭州海关贸易报告译编》，宁波出版社2003年版。

陈桥驿、臧威霆、毛必林：《浙江省地理》，浙江教育出版社1985年版。

陈诗启：《中国近代海关史》，人民出版社2002年版。

陈志鹏主编：《浙江省盐业志》，中华书局1996年版。

戴逸、李文海主编：《清通鉴》，山西人民出版社2000年版。

邓铁涛主编：《中医近代史》，广东高等教育出版社1999年版。

丁长清主编：《民国盐务史稿》，人民出版社1990年版。

丁名楠等：《帝国主义侵华史》第1卷，人民出版社1973年版。

丁日初主编：《上海近代经济史第一卷（1843—1894年）》，上海人民出版社1994年版。

杜恂诚：《民族资本主义与旧中国政府（1840—1937）》，上海人民出版社2014年版。

复旦大学历史系等编：《近代中国资产阶级研究》，复旦大学出版社1984年版。

樊百川：《中国轮船航运业的兴起》，四川人民出版社1985年版。

樊百川：《清季的洋务新政》，上海书店出版社2003年版。

〔美〕费正清编：《剑桥中国史（晚清卷）》，中国社会科学出版社1985年版。

傅璇琮主编：《宁波通史》，宁波出版社2009年版。

高尚举：《马新贻文案集录》，中央民族大学出版社2001年版。

Gilbert McIntosh, *The Mission Press in China*, Shanghai: American Presbyterians Mission Press，1895.

顾长声：《传教士与近代中国》，上海人民出版社1981年版。

顾长声：《从马礼逊到司徒雷登——来华新教传教士评传》，上海人民出版社1985年版。

郭正忠主编：《中国盐业史（古代编）》，人民出版社1997年版。

〔美〕郝延平著，李荣昌等译：《十九世纪的中国买办 —— 东西间桥梁》，上海社会科学院出版社 1988 年版。

洪焕椿：《浙江文献丛考》，浙江人民出版社 1983 年版。

胡丕阳、乐承耀：《浙海关与近代宁波》，人民出版社 2011 年版。

胡珠生：《温州近代史》，辽宁人民出版社 2002 年版。

黄苇：《上海开埠初期对外贸易研究》，上海人民出版社 1979 年版。

John King Fairbank, *Trade and Diplomacy on the China Coast*, Stanford: Stanford University Press, 1969.

蒋梦麟：《西潮·新潮》，岳麓书社 2000 年版。

蒋梦麟：《蒋梦麟自传》，团结出版社 2004 年版。

蒋兆成：《明清杭嘉湖社会经济研究》，浙江大学出版社 2002 年版。

孔令仁、李德征主编：《中国近代企业的开拓者》，山东人民出版社 1991 年版。

李圭：《环游地球新录》，湖南人民出版社 1980 年版。

李国祁：《中国现代化的区域研究：闽浙台地区（1860—1916）》，台北"中央研究院"近代史研究所 1982 年版。

李士豪、屈若搴：《中国渔业史》，上海商务印书馆 1937 年版。

李孝聪：《中国区域历史地理》，北京大学出版社 2004 年版。

梁启超：《饮冰室合集》文集之十，中华书局 1989 年版。

梁思成：《中国建筑史》（手抄本），1955 年。

〔美〕刘广京著，曹铁珊等译：《英美航运势力在华的竞争 1862—1874 年》，上海社会科学院出版社 1988 年版。

刘淼：《明代盐业经济研究》，汕头大学出版社 1996 年版。

刘志宽、缪克沣、胡俞越主编：《十大古都商业史略》，中国财政经济出版社 1990 年版。

刘志强、张学继：《留学史话》，社会科学文献出版社 2011 年版。

刘子扬编著：《清代地方官制考》，紫禁城出版社 1988 年版。

马叙伦：《我在六十岁以前》，生活·读书·新知三联书店 1983 年版。

〔美〕马士著，张汇文等译：《中华帝国对外关系史》，上海书店出版社 2006 年版。

〔日〕木宫泰彦著，胡锡年译：《日中文化交流史》，商务印书馆 1980 年版。

聂宝璋：《中国买办阶级的发生》，中国社会科学出版社 1979 年版。

潘子豪：《中国钱庄概要》，台北文海出版社 1987 年版。

钱茂伟、应芳舟：《一诺九鼎：朱葆三传》，中国社会科学出版社 2008 年版。

青田华侨史编纂委员会编著：《青田华侨史》，浙江人民出版社 2011 年版。

曲金良主编：《中国海洋文化史长编（近代卷）》，中国海洋大学出版社 2013 年版。

申屠丹荣编著：《桐庐与名人》，中国档案出版社 2006 年版。

〔日〕胜部国臣著，霍颖西译：《中国商业地理》，广智书局 1913 年版。

〔美〕施坚雅主编，陈桥驿等译校：《中华帝国晚期的城市》，中华书局 2000 年版。

寿勤泽：《浙江出版史研究（民国时期）》，浙江大学出版社 1994 年版。

〔英〕苏慧廉著，张永苏、李新德译：《晚清温州纪事》，宁波出版社 2011 年版。

孙善根：《民国时期宁波慈善事业研究（1912—1936）》，人民出版社 2007 年版。

唐力行：《商人与中国近世社会》，商务印书馆 2003 年版。

唐仁粤主编：《中国盐业史（地方编）》，人民出版社 1997 年版。

陶水木：《浙江商帮与上海经济近代化研究（1840—1936）》，上海三联书店 2000 年版。

田秋野、周维亮编著：《中华盐业史》，台湾商务印书馆 1979 年版。

汪北平、郑大慈：《虞洽卿先生》，宁波文物社 1946 年版。

王刚编著：《渔业经济与合作》，正中书局 1937 年版。

王立新：《美国传教士与晚清中国现代化》，天津人民出版社 1997 版。

王嗣均主编：《中国人口（浙江分册）》，中国财政经济出版社 1988 年版。

王雄涛：《清末温州留日学生研究》，温州大学人文学院 2011 年版。

王种麟：《全国商埠考察记》，世界书局 1926 年版。

沃丘仲子：《近代名人小传》，中国书店 1988 年版。

吴立乐编：《浸会在华布道百年略史》，上海书店 1996 年影印版。

吴民祥：《浙江近代女子教育史》，杭州出版社 2010 年版。

谢红莉、瞿佳主编：《中国最早的中医学校利济医学堂》，高等教育出版社 2012 年版。

熊月之主编：《上海通史》，上海人民出版社 1999 年版。

徐鼎新、钱小明等：《上海总商会史（1902—1929）》，上海社会科学院出版社 1991 年版。

徐季子、郑学溥、袁元龙：《宁波史话》，浙江人民出版社 1986 年版。

徐新吾主编：《中国近代缫丝工业史》，上海人民出版社 1990 年版。

徐雪筠等译编：《上海近代社会经济发展概况（1882—1931）》，上海社会科学院出版社 1985 年版。

许涤新：《中国资本主义发展史》，人民出版社 2003 年版。

严昌洪：《中国近代社会风俗史》，浙江人民出版社 1992 年版。

严中平：《中国棉纺织史稿》，科学出版社 1955 年。

严中平主编：《中国近代经济史（1840—1894）》，人民出版社 2001 年版。

姚公鹤：《上海闲话》，上海古籍出版社 1989 年版。

叶建华：《浙江通史·清代卷》，浙江人民出版社 2005 年版。

于恩德：《中国禁烟法令变迁史》，上海中华书局 1934 年版。

袁代绪：《浙江省手工造纸业》，科学出版社 1959 年版。

曾仰丰：《中国盐政史》，台湾商务印书馆 1978 年版。

张彬：《浙江教育史》，浙江教育出版社 2006 年版。

张彬村、刘石吉主编：《中国海洋发展史论文集》第 5 辑，"中央研究院"中山人文社科所 1993 年版。

张洪祥：《近代中国通商口岸与租界》，天津人民出版社 1993 年版。

张力、刘鉴唐：《中国教案史》，四川省社会科学院出版社 1987 年版。

张震东、杨金森：《中国海洋渔业简史》，海洋出版社 1983 年版。

浙江省图书馆古籍部藏：《桐庐县濮振声教案》（残本）。

浙江省政协文史资料研究委员会编：《浙江籍资本家的兴起》，浙江人民出版社 1986 年版。

郑绍昌主编：《宁波港史》，人民交通出版社 1989 年版。

中国人民银行上海市分行金融研究室编：《中国第一家银行》，中国社会科学出版社 1982 年版。

中国社会科学院经济研究所：《上海棉布商业》，中华书局 1979 年版。

周葆銮：《中华银行史》，商务印书馆 1919 年版。

周峰主编：《元明清名城杭州》，浙江人民出版社 1990 年版。

周厚才编著：《温州港史》，人民交通出版社 1990 年版。

周景濂编著：《中葡外交史》，商务印书馆 1991 年版。

周千军主编：《百年辉煌》，宁波出版社 2005 年版。

周时奋：《宁波老俗》，宁波出版社 2008 年版。

朱德明：《浙江医药史》，人民军医出版社 1999 年版。

朱金甫主编：《清末教案》，中华书局 1998 年版。

《和丰纱厂史（1905—1989）》，内部未刊稿。

四、论文

陈梅龙、景消波译：《宁波英国领事贸易报告选译》，《档案与史学》2001 年第 4 期。

陈梅龙、沈月红：《近代浙江洋油进口探析》，《宁波大学学报》（人文科学版）2006 年第 3 期。

陈梅龙：《试论近代浙江的棉花出口》，《史林》2005 年第 4 期。

陈勇：《简论晚清海关制度的双重性》，《理论界》2007 年第 3 期。

戴一航：《妈祖文化与海洋神灵信仰》，《语文学刊》（基础教育版）2012 第 3 期。

都樾、王卫平：《张謇与中国渔业近代化》，《中国农史》2009 年第 4 期。

范金民：《明清时期江南与福建广东的经济联系》，《福建师范大学学报》

2004 年第 1 期。

冯天瑜：《日本幕末"开国"与遣使上海》，《武汉大学学报》（人文社科版）
2000 年第 5 期。

黄逸峰：《关于旧中国买办阶级的研究》，《历史研究》1964 年第 3 期。

金德章：《舟山渔民风俗浅谈》，《浙江民俗》1983 年第 3 期。

金晓冬、谢红莉：《温州白累德医院的创建与发展》，《中华医史杂志》2009
年第 4 期。

李家芳：《浙江省海岸带自然环境基本特征及综合分区》，《地理学报》1994
年第 6 期。

梁元生：《19 世纪中叶上海商界地区性集团之间的竞争》，《上海经济科学》
1984 年第 1 期。

刘丹、陈君静：《试论清代宁绍地区海塘修筑的经费来源与筹措方式》，《中
国社会经济史研究》2010 年第 4 期。

刘丹：《杭州湾南岸宁绍海塘研究》，宁波大学硕士学位论文，2011 年。

娄娜：《近代宁波港口贸易研究（1844—1949）：以宁波港口腹地演变为考察
中心》，宁波大学硕士学位论文，2012 年。

吕树本：《私立之江大学》，《浙江教育史志资料》1989 年第 3 期。

吕允福：《浙江之平水茶业》，实业部国际贸易局《国际贸易导报》第 6 卷第
6 期，1934 年。

陶水木：《论浙江帮钱业集团》，《史林》2000 年第 1 期。

田力：《华花圣经书房考》，《历史教学》2012 年第 16 期。

汪敬虞：《十九世纪外国侵华事业中的华商附股活动》，《历史研究》1965 年
第 4 期。

王列辉：《近代宁波港腹地的变迁》，《中国经济史研究》2008 年第 1 期。

吴佩琳、季玉章：《关于中国近代农业教育起点问题的探讨 —— 浙江蚕学馆
是我国近代最早的一所农业职业学校》，《南京农业大学学报》1985 年第 3 期。

谢振声：《设在宁波江北岸的花华圣经书房 —— 外国人在中国大陆经营印刷

企业之始》，《出版史料》2004 年第 2 期。

　　杨国桢：《论海洋人文社会科学的概念磨合》，《厦门大学学报》2000 年第 1 期。

　　周一川：《清末留日学生中的女性》，《历史研究》1989 年第 6 期。

后 记

　　本书作为《浙江近代海洋文明史》(全三卷)的其中一卷,从立项、资料收集与整理、撰写,到最终出版,得到了各方帮助与支持。

　　中国社会科学院近代史研究所虞和平研究员从课题论证到相关细节的研究提出过许多宝贵建议,并为本书作序。在本卷的写作过程中,课题组成员孙善根教授、白斌博士更是无私地提供相关研究材料,其中白斌还直接参与了"海洋渔业"、"海洋盐业"的撰写。研究生廖玉原、黄颖萍、李雪雁、刘影也参与了相关资料的收集与整理工作,并对部分章节的撰写做了许多前期工作。此外,浙江省海洋经济与文化研究基地的李加林教授、周梅女士,以及同事张伟教授、王瑞成教授、田力博士等对本书的完成也给予了大力支持。本书的出版还得到了商务印书馆郭玉春编辑及其同事的大力支持,他们对书稿的最终成形提出了许多宝贵的意见。在此,笔者对他们的帮助与支持一并致以深挚的谢忱。

　　晚清以来,浙江海洋文明呈现东西交融、新旧转换的景象,内容十分丰富与精彩。限于我们现有的学识和占据的资料,挂一漏万在所难免,一些问题只能留待今后继续研究和完善,对于书中存在的谬误之处,也敬祈各位专家和广大读者批评指正。

陈君静

2017 年 4 月于宁波大学科技学院杨咏曼楼